博士后文库
中国博士后科学基金资助出版

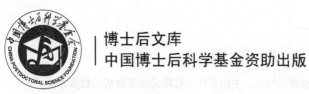

金属体积成形过程建模仿真及应用

张大伟 著

科 学 出 版 社

北 京

内 容 简 介

　　本书系统介绍了滑移线场法、主应力法、有限元法等解析与数值方法的金属体积成形过程建模仿真分析技术及其应用，主要介绍了这些解析与数值方法的理论基础，金属体积成形常用摩擦模型及其数值化、摩擦参数测定方法；阐述了花键轴类零件冷滚轧成形过程的滑移线场法建模、筋板类构件局部加载主应力法建模、大型锻件的等温成形与非等温成形过程刚黏塑性有限元法建模、大直径筒体局部加热—温成形—冷却全过程弹塑性有限元法建模，以及运用这些模型探索新工艺、揭示变形机理、优化设计成形过程。

　　本书可供从事塑性变形理论研究、技术开发与应用等方面工作的科研及工程技术人员参考，也可作为高等院校相关专业高年级本科生、研究生、教师的参考书。

图书在版编目(CIP)数据

金属体积成形过程建模仿真及应用/ 张大伟著. —北京：科学出版社，2022.2

　(博士后文库)

ISBN 978-7-03-071301-8

Ⅰ.①金…　Ⅱ.①张…　Ⅲ.①金属材料-成型-系统建模 ②金属材料-成型-系统仿真　Ⅳ.①TG39

中国版本图书馆CIP数据核字(2022)第006590号

责任编辑：刘宝莉 / 责任校对：任苗苗
责任印制：赵　博 / 封面设计：智子文化

科 学 出 版 社 出版
北京东黄城根北街 16 号
邮政编码：100717
http://www.sciencep.com

北京中科印刷有限公司印刷
科学出版社发行　各地新华书店经销

*

2022 年 2 月第　一　版　开本：720×1000 1/16
2025 年 1 月第二次印刷　印张：19 1/4
字数：388 000

定价：138.00 元
(如有印装质量问题，我社负责调换)

"博士后文库"编委会

"博士后文库"序言

　　1985 年，在李政道先生的倡议和邓小平同志的亲自关怀下，我国建立了博士后制度，同时设立了博士后科学基金。30 多年来，在党和国家的高度重视下，在社会各方面的关心和支持下，博士后制度为我国培养了一大批青年高层次创新人才。在这一过程中，博士后科学基金发挥了不可替代的独特作用。

　　博士后科学基金是中国特色博士后制度的重要组成部分，专门用于资助博士后研究人员开展创新探索。博士后科学基金的资助，对正处于独立科研生涯起步阶段的博士后研究人员来说，适逢其时，有利于培养他们独立的科研人格、在选题方面的竞争意识以及负责的精神，是他们独立从事科研工作的"第一桶金"。尽管博士后科学基金资助金额不大，但对博士后青年创新人才的培养和激励作用不可估量。四两拨千斤，博士后科学基金有效地推动了博士后研究人员迅速成长为高水平的研究人才，"小基金发挥了大作用"。

　　在博士后科学基金的资助下，博士后研究人员的优秀学术成果不断涌现。2013 年，为提高博士后科学基金的资助效益，中国博士后科学基金会联合科学出版社开展了博士后优秀学术专著出版资助工作，通过专家评审遴选出优秀的博士后学术著作，收入"博士后文库"，由博士后科学基金资助、科学出版社出版。我们希望，借此打造专属于博士后学术创新的旗舰图书品牌，激励博士后研究人员潜心科研，扎实治学，提升博士后优秀学术成果的社会影响力。

　　2015 年，国务院办公厅印发了《关于改革完善博士后制度的意见》(国办发〔2015〕87 号)，将"实施自然科学、人文社会科学优秀博士后论著出版支持计划"作为"十三五"期间博士后工作的重要内容和提升博士后研究人员培养质量的重要手段，这更加凸显了出版资助工作的意义。我相信，我们提供的这个出版资助平台将对博士后研究人员激发创新智慧、凝聚创新力量发挥独特的作用，促使博士后研究人员的创新成果更好地服务于创新驱动发展战略和创新型国家的建设。

　　祝愿广大博士后研究人员在博士后科学基金的资助下早日成长为栋梁之才，为实现中华民族伟大复兴的中国梦做出更大的贡献。

中国博士后科学基金会理事长

前　言

塑性成形过程不存在连续冶金过程，也没有金属纤维被切断的现象，其所成形零件具有完整的金属流线，并沿零件外形分布，零件的力学性能可得到有效提升，是支撑国民经济发展与国防建设的主要技术之一。在第四次工业革命的进程中，制造业都面临产业升级与制造智能化，智能制造不仅包括智能传感、智能装备等硬方面，更需要软方面的工艺智能化。

工艺智能化是设计制造全流程一体化进程中承前启后的必要桥梁，是实现成形成性一体化调控的重要手段，是智能制造不可或缺的重要环节。塑性成形过程的建模仿真技术不仅一直是研究和发展塑性成形技术的重要手段，其集成化和智能化也是实现工艺智能化的重要基础与途径。解析法和数值法是金属塑性成形的主要建模方法。解析模型计算简单、计算时间少、对软硬件要求低，其数学表达式具有明确的参数关系和物理意义，便于迅速地探究成形机理、把握工艺参数的影响规律。特别是根据成形特征分区域(单元)分别采用解析模型，甚至在离散网格内采用解析模型，可获得较好的预测结果，但计算时间比有限元法少多个数量级。而有限元法等数值模型可以准确描述材料性能和变形行为，可以获得更精确的结果，还可以获取成形过程详细的场变量信息。根据不同工艺特点，解析模型和数值模型单独或结合使用，可有效探究成形机理、掌握成形规律、缩短优化设计周期。

本书系统介绍了滑移线场法、主应力法、有限元法等解析与数值方法的金属体积成形过程建模仿真分析技术及其应用。第 1 章概述建模仿真技术在金属塑性成形研究与发展及智能制造中的作用。第 2、3 章介绍几种解析与数值方法的理论基础及摩擦边界条件的描述与评估。第 4、5 章分别阐述解析方法的建模与应用，构建花键轴类零件冷滚轧成形过程的滑移线场，以此为基础建立滚轧力、滚轧力矩的解析模型及其计算程序实现，以及应用主应力法建立筋板类构件局部加载、整体加载状态以及两类局部加载状态下的材料流动解析模型，揭示变形模式、型腔充填与成形条件的关联关系；第 6、7 章介绍有限元法的建模与应用，基于刚黏塑性有限元法建立大型钛合金锻件局部、整体加载以及关键阀体多向挤压成形工艺的等温成形与热力耦合成形过程有限元模型，以及基于弹塑性有限元法建立大直径厚壁筒体局部加热—温成形—冷却全过程有限元模型，分析制造全过程的温度场演化及翻边变形特征，揭示典型缺陷形成机理及其控制方法；第 8 章基于建模仿真技术的三种典型体积成形过程优化设计，发展大型复杂钛合金构件局部加载用预成形坯料的解析-数值混合设计方法，建立大型钛合金支柱锻造坯料初始放置位置优化模型，并经过一次迭代确定适合的放置位置，揭示不同加载路径下多通阀体多向挤压变形行为及缺陷形成机理与控制方法。

　　本书包含了作者攻读硕士学位、博士学位期间以及工作后研究成果的部分内容，是关于体积成形建模仿真方面典型研究工作较为系统的阶段性总结。十二载苦读沂沭畔，十二载求学晋陕地；八春秋教学与科研，艰辛步入不惑年。其间所受帮助不胜枚举，特别是专业成长道路上离不开我硕、博士研究生导师与博士后合作导师李永堂教授、杨合教授、赵升吨教授的培养与教诲，谨向三位导师表达我崇高的敬意与衷心的感谢。深切怀念杨合老师！

　　本书的出版也得益于博士后科学基金的资助，在此，作者表示衷心的感谢。

　　由于作者水平和认识有限，书中难免存在不足之处，敬请读者和专家批评指正。

目　录

第1章 绪 论

1.1 塑性成形的含义及发展

金属塑性成形技术是人类历史上最为久远的制造技术之一,直至信息时代,它仍是制造金属零件的基本方式之一[1~5]。塑性成形技术主要是通过施加力场,或同时辅以温度场、磁力场等能量场使材料发生塑性变形实现体积转移,在合适的成形方式和成形条件下,可以实现少无切削甚至近净、精确成形,并且能够使材料的组织和性能得到改善和提高,从而获得形状、尺寸和性能都满足要求的高性能零件,是支撑国民经济发展与国防建设的主要技术之一。塑性成形过程中对金属材料施加力场和做功,金属材料承受很大压力,做功功率很大,因此也称为压力加工。

弹性、塑性、黏性是材料的三种基本理想性质。塑性是指材料在外力作用下发生永久不能恢复的变形而不破坏其完整性的能力。塑性变形的前提条件是材料的塑性,而材料的塑性由内部条件和外部条件共同决定。内部条件主要是金属材料自身的化学成分、组织状态、晶体结构等,外部条件主要是成形温度、变形速率、应力状态等。即使为脆性材料的大理石,在适当的三向压应力状态下也会发生塑性变形。

与金属 3D 打印增材成形、切削加工的减材成形不同,塑性成形理论上为等材成形,相对于切削加工,塑性成形高效节材,某些零件可节材 75%以上。塑性成形过程不存在连续冶金过程,也没有金属纤维被切断的现象,塑性成形零件具有完整的金属流线,并沿零件外形分布,零件的力学性能可得到有效提升。75%以上的金属材料,特别是 90%以上的铸钢,要经过塑性变形成为零件或下一工序的坯料[4,6,7]。航空航天飞行器中的关键承力部件都需要经过一定的塑性变形。

从材料工艺形态学视角出发,凝固成形、塑性成形、焊接成形、切削加工等机械制造过程包含材料、能量和信息三个基本流程[8]。零件信息一般包括形状信息和性能信息两个方面,材料加工过程就是借助能量流程把信息流程施加于材料流程的过程。例如,塑性成形中形状的变化就是借助一定的运动(模具和工件之间的相对运动)将模具所包含的形状信息施加于加工材料。模具所包含的零件形状信息量越少,相对运动对零件形状变化所起的作用越大,如单点渐进成形,工具头所包含的形状信息量很少,模具和工件之间的相对运动十分复杂。如图 1.1 所示,非对称截锥零件的单点渐进成形过程工具头运动轨迹异常复杂[9]。反之，模具所包含的零件形状信息量越多，相对运动对零件形状变化所起的作用越小，如闭式模锻，模具几乎包含了所有形状信息，因此相对运动就很简单。这一过程中运动与能量的施加是通过成形设备实现的，不同类型的设备，施加能量与运动的介质和方式也是不同的。金属塑性成形设备施加能量或力的介质主要有机械、液体、气体等；金属焊接设备产生热量的方式主要有电路短路热量、焦耳热、摩擦热等；金属铸造成形设备产生质量力的方式主要有重力、离心力、流体压力等。

(a) 零件几何模型　　　　　(b) 工具头螺旋轨迹　　　　　(c) 渐进成形零件

图 1.1　单点渐进成形工具轨迹及成形零件[9]

　　最终零件信息（形状信息和性能信息）等于工件/坯料的初始信息与成形过程所施加的信息变化之和。可将成形过程的概念外延，向后可包括机加工、热处理工艺，向前可包括制坯工艺，乃至追溯至冶金过程，从而可涵盖全制造过程。零件的形状信息由模具形状及模具和工件间相对运动决定，然而性能变化更加复杂。组织性能变化不仅与材料自身属性密切相关，也和塑性成形条件密切相关，并且组织形态的变化将影响材料流变行为，进而也会影响塑性变形特征。

　　塑性成形技术不断追求成形成性一体化调控，然而最终零件信息是复杂塑性变形、非线性变化的几何形状、组织形态演变及外部施加的力场、温度场、磁力场等能量场相互耦合作用下的综合结果。虽然基于数字图像相关（digital image correlation, DIC）技术的动态变形测量分析系统及集成材料拉伸试验和显微成像仪器的原位测试系统在小规格试样的变形及组织演化研究中有所应用，但是最终零件信息（特别是性能信息及成形过程的性能演变）对成形过程中工艺参数、几何参数、材料参数以及多参数之间的相互耦合作用十分敏感。绝大多数用于塑性成形的材料内部无法直接观测，并且由于模具及施加力场、温度场、磁力场等能量场装备的遮挡，以及这些能量场（如高温）对成像技术的影响，对塑性成形过程形状、性能（组织形态）的直接观察极难实现，尚难以建立有效的直接观察方法用以深入研究。基于解析法（理论分析）、数值法（计算机仿真）、反复试验的研究方法对高度非线性、多场多参数影响的复杂塑性成形工艺研发极具挑战性。

金属塑性成形技术是人类历史上最为久远的制造技术之一，人类使用金属塑性成形方法可追溯至 6000 年前[10]。人类首次接触的金属材料是材质较软的天然金属，如紫铜(红铜)，通过锤击天然金属获得相应金属制品。齐家文化从新石器时代晚期至青铜时代早期延续数百年，皇娘娘台遗址是齐家文化重要遗址之一。皇娘娘台遗址出土的铜刀(图 1.2)、锥、錾等纯铜制品具有明显的锤击痕迹[11]。而在新石器时代四坝文化的东灰山遗址竟发现青铜合金热锻成形制品[12]。

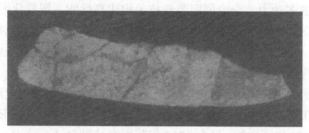

图 1.2 皇娘娘台遗址出土的铜刀[11]

"工欲善其事，必先利其器"。从人力直接捶打(图 1.3(a))逐渐发展为人力、畜力、水力通过一定的机械装置举起重锤锻打工件(图 1.3(b))，锻压设备开始出现。随着蒸汽机商业化，第一次工业革命袭来，机械生产代替手工生产，经济社会从农业、手工业为基础转型到以工业及机械制造带动经济发展的模式，对更大

(a) 手工工具锻打　　　　　　　(b) 人力驱动锻压设备(螺旋压力机)

(c) 蒸汽锤　　　　(d) 机械压力机　　　(e) 全电伺服分散动力对轮数控旋压机

图 1.3 塑性成形工具/装备的发展

锻件的需求也增加了。1842 年，英国内史密斯(James Nasmyth)设计制造了第一台蒸汽锤，开始锻压设备动力源的革新历程(图 1.3(c))。19 世纪末出现了以电为动力的机械压力机(图 1.3(d))和空气锤，工业 2.0 时代动力源以交流异步电机驱动为特征，进入电气一代。随着塑性成形工艺的不断发展革新，对锻压设备的速度、精度、可控性提出了更高要求，伺服电机成为锻压设备动力源，迈入数控一代。正在进行的新一代工业变革中，锻压设备向着柔性可控、全生命周期内机电软一体化发展，分散多动力、全电伺服等新技术构建高性能、智能化锻压设备为目前的发展趋势。图 1.3(e)为西安交通大学研发的全电伺服分散动力对轮数控旋压设备，其柔性高、可控性强。该设备支持普旋和强旋，可通过控制各旋轮轴的运动，完成各种具有沟槽等复杂曲面的旋压加工。

　　成形装备所提供的有效载荷、有效能量、有效功率必须满足成形工艺的要求，才能实现成形工艺规定获得预期的变形。随着大尺寸构件、高变形抗力材料不断应用，锻压设备吨位不增加。早在 1795 年英国布拉默(J. Joseph Bramah)就已经发明液压机(水压机)，但直到半个世纪后由于大锻件的需要，液压机才应用于锻造。1893 年，首台 126MN 液压机(水压机)问世，标志着锻压设备迈入"万吨级"时代，在第二次世界大战中万吨级重型锻压装备得到迅猛发展，第二次世界大战结束后更是不断升级。苏联在 20 世纪 50 年代末 60 年代初先后建成 2 台 7.5 万 t 重型模锻液压机，锻压装备吨位达到顶峰，直到 50 余年后，我国 8 万 t 重型模锻液压机投入使用，再次推高了重型装备吨位。然而，在 20 世纪 70 年代中期以后，西方国家就几乎停止建造此等规模的重型模锻液压机，虽然进入 21 世纪后面对新的制造挑战，美国、法国等西方国家又开始建造重型模锻液压机，但吨位均在 4 万 t 左右。美国在 4.5 万 t 液压机上成形出投影面积 5.16m^2 的 F-22 战斗机发动机舱用整体隔框锻件，而我国在 8 万 t 液压机上成形出类似构件的投影面积也仅稍大于 5.16m^2，设备使用潜力有待进一步挖掘。通过工艺优化控制与新工艺的创新发展的技术路线已成为实现难变形材料、大型复杂锻件精确塑性成形的途径。例如，通过全过程工艺路径优化与工艺装备智能化控制以及新型省力新工艺优化设计、新型装备原理及研制，以解决目前存在的工艺路径不佳、过程控制困难、装备使用不足、成本高、能耗大等问题，如图 1.4 所示。张大伟等[13~16]开展大型复杂构件局部加载专用设备研发工作，提出一种能快速稳定实现局部加载的液压机液压系统及其伺服控制系统，实现加载区连续变换以及加载区主液压系统和未加载区液压系统功能变换，一火加热中快速实现多道次、多局部加载步成形，研制了 10t 级低功耗多道次局部加载液压机实验室样机，并具有完全自主知识产权。所研制的实验室试验样机实现多道次、每道次两局部加载步的省力成形，提供 10t 成形载荷与 2t 约束载荷，可以成形整体加载条件下所需成形载荷为 20t 的锻件，与同等成形能力整体加载传统液压系统相比，其液压系统所需功率减小了约 60%。

其用于现有大中型锻压装备(5000～20000t)技术改造升级，可极大拓展设备成形能力，盘活现有设备，与适当的工艺控制相配合可实现目标零件形性调控，并有效降低设备投资和使用成本，降低单产能耗。

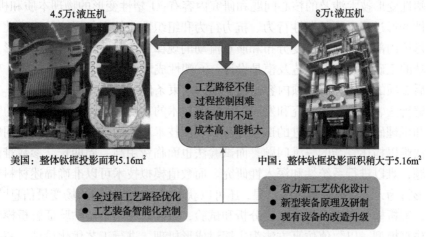

图 1.4　大型复杂锻件精确成形实施途径

零件结构设计的终点是塑性成形的起点，而成形设备是成形工艺的载体，借助成形设备将工艺和模具信息施加于材料以获得满足或接近设计要求的零件结构，如图 1.5(a)所示。材料-工艺-设备一体化是锻压设备有别于其他机械设备的显著特点[17]。

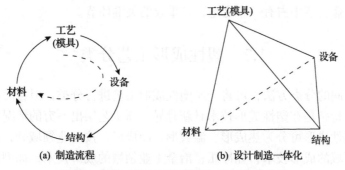

图 1.5　结构-材料-工艺(模具)-设备关联关系

Zhao[18]在 2009 年尝试探索结构设计与制造一体化，并应用于新型电梯轿顶轮设计与制造。林忠钦[19]在 2019 年第十六届全国塑性工程学术年会大会主旨报告中指出材料-结构一体化是材料多样化、结构整体化、性能高要求下满足和提高服役性能的重要途径，而设计与制造一体化是现实材料-结构一体化的重要手段。正在进行的新一代工业变革中"结构-材料-工艺(模具)-设备"制造流程的进一步融合是必然趋势，相互之间的关联关系更加密切，如图 1.5(b)所示。高效智能结构-

材料-工艺(模具)-设备一体化是减少设计性能和制造性能之间差异的重要途径，工艺智能化是设计制造全流程一体化进程中承前启后的必要桥梁，也是智能制造不可或缺的重要环节。

塑性变形技术涉及的核心问题和研究内容有：①塑性变形的物理本质和机理；②塑性变形过程金属的塑性行为、抗力行为和组织性能的变化规律；③弹性与塑性变形体内部的应力、应变分布和质点流动的规律；④塑性变形所需的变形力及变形功的正确计算；⑤工艺及模具设计；⑥塑性成形设备的正确选择。前4项内容是后2项的基础，后2项内容是前4项的约束条件，对其有密切影响。

解析法、试验法是研究和发展塑性成形技术的重要手段，如塑性变形的物理本质和机理研究离不开先进的试验方法和表征技术。然而，对于实际工程问题，解析法难以描述复杂的三维问题，而试验法也面临费用高、周期长、参数难测量等问题，难以进行系统性和深入性研究。而数值模拟技术可以准确描述材料性能和变形行为，以获得更精确的结果，还可以获取成形过程详细的场变量信息[20,21]。因此，解析模型多用于指导数值分析和试验，试验研究用于评估验证解析模型、数值仿真模型，以数值仿真方法为主探讨成形机理，进行工艺优化设计，三者相辅相成、不可或缺。

制造工艺建模仿真技术的发展促进了设计与制造一体化的进一步发展[19]，多场耦合全过程多尺度建模仿真、数字化、智能化是推进先进塑性成形理论与技术发展的主要研究方法[4]，塑性成形过程的建模仿真技术的集成化、智能化是实现工艺智能化的重要基础与途径。金属塑性成形过程的建模与仿真在智能制造进程和新一代工业变革中占有一席之地，是重要的关键环节。

1.2　塑性成形工艺分类

根据不同的分类方法，可将金属塑性成形工艺进行分类，但目前尚无统一的分类方法，特别是在塑性成形技术日新月异、新工艺层出不穷的情况下。根据成形温度，塑性成形可分为热成形、温成形、冷成形。按工业领域分，可分为机械制造工业领域的成形技术，如冲压；冶金工业领域的成形技术，如型材轧制。一般按照金属塑性成形的特点，可分为体积成形和板材成形两大类。每类又包括多种加工方法，形成各自的工艺领域。一般体积塑性成形更注重材料性能的改善，板料塑性成形更注重材料形状的获得。

金属塑性成形可分为体积成形和板材成形[6,22,23]。然而有些工艺也很难绝对地划分为体积成形或板材成形，如旋压工艺，强旋工艺更多体现体积成形特征，普旋工艺则体现板材成形特征。随着成形装备不断进行数控化与智能化升级，甚至在同一台成形设备上可分别实现具有体积成形特征、板材成形特征的塑性成形工艺。例如，在西安交通大学研制的全电伺服 1m 级对轮旋压机(图 1.3(e))上分别实现了 720mm 直径 5052 铝合金筒形件的对轮强旋成形(图 1.6(a))和 1000mm 直径 Q235 钢筒/304 不锈钢网筒的轮槽对轮普旋成形(图 1.6(b))[24]。

(a) 5052铝合金筒形件对轮强旋成形　　　　(b) Q235钢筒对轮普旋成形

图 1.6　全电伺服对轮旋压机上不同旋压工艺试验[24]

1.2.1 体积成形

体积成形是在外力等约束作用下产生材料体积的转移和分配，获得一定形状、尺寸、性能的零件，如锻造、挤压、轧制等工艺，如图 1.7 所示。体积成形过程中，变形材料一般经受很大的塑性变形，使坯料的形状或横截面积、坯料的表面积和体积之比发生显著的变化。工件在成形中经受的塑性变形远大于弹性变形，因此变形后的弹性恢复一般可以忽略。

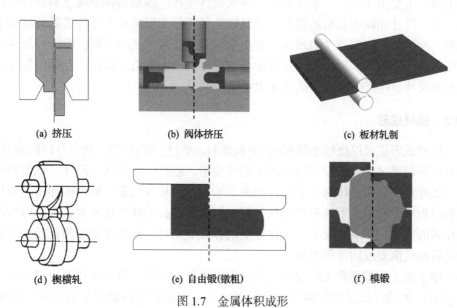

(a) 挤压　　　(b) 阀体挤压　　　(c) 板材轧制

(d) 楔横轧　　　(e) 自由锻(镦粗)　　　(f) 模锻

图 1.7　金属体积成形

体积成形可分为一次加工和二次加工。一次加工是冶金工业中生产原材料的成形方法,如轧制、挤压等工艺,可提供型材、板材、棒材、管材等产品。二次加工是机械制造工业中成形零件或坯料的成形方法,如锻造。但成形工艺并不是简单归属于一次加工和二次加工,每一小类又演化出具有不同特征的加工方法。既有用于生产棒材的挤压加工方法(图1.7(a)),也有用于成形阀体零件的挤压加工方法(图1.7(b))。既有用于生产板材的轧制加工方法(图1.7(c)),也有用于成形轴类零件或坯料的轧制加工方法(图1.7(d))。一般一次加工成形过程中,变形区的形状是不随时间变化的,属于稳定的变形过程;二次加工成形过程,变形区是随时间不断变化的,属于非稳定性塑性变形过程。

轧制是将金属坯料通过两个或多个旋转轧辊间的特定空间使其产生塑性变形,获得一定截面形状材料的塑性成形方法。这是由大截面材料变为小截面材料常用的加工方法。轧制可分为纵轧(图1.7(c))、横轧(图1.7(d))、斜轧,可生产型材、板材、管材或零件。纵轧工艺中,滚轧模具(轧辊)的旋转方向相反,而楔横轧、复杂型面滚轧等横轧工艺中,滚轧模具的旋转方向相同。

挤压是在大截面坯料的一端施加一定的压力或拉力,将金属材料通过一定形状和尺寸的模孔使其产生塑性变形,获得一定截面形状材料的塑性成形方法。一般挤压可分为正挤压、反挤压、复合挤压,可生产型材、棒材、管材或零件。

锻造可分为自由锻和模锻。自由锻是在砧板或锻锤、水压机等锻造设备上,依靠人力或锻造设备利用简单的工具将金属锭或坯料锻造成一定形状和尺寸的加工方法,如图1.7(e)所示。自由锻不使用专用模具,锻件的尺寸精度低,生产效率不高,主要用于单件、小批量生产或大锻件生产。模锻是将金属坯料放在与产品形状、尺寸相同或相似的模腔中使其产生的塑性变形接近于零件实际形状的锻件的一种工艺,如图1.7(f)所示。根据变形金属受限方式的不同,模锻可分为开式模锻和闭式模锻。由于成形过程中金属受模具型腔约束,锻件具有相当精度的外形和尺寸,生产效率高,适用于大批量生产。

1.2.2 板材成形

板材成形是对厚度较小的板料(平板坯料、型材、管材等),利用专门的模具,使金属板料通过一定的模具约束产生塑性变形,获得一定形状、尺寸、性能的零件,如冲裁、弯曲、拉深等工艺,如图1.8所示。板材成形一般也称冲压。板材成形过程中,板料变形为复杂形状,但一般板料截面形状变化不大,板料厚度没有显著的变化。某些情况下,工件经受的弹性变形可以和塑性变形相比较,因此变形后弹性恢复或回弹很明显。

冲压加工过程通常无须加热毛坯,但随着技术发展,热冲压技术也得到发展和应用,如(超)高强钢板热冲压(图1.8(a))。室温和加热情况下的内高压成形

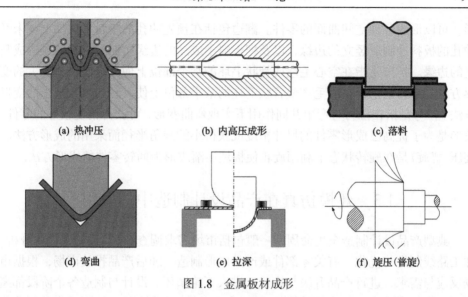

(a) 热冲压　　　　(b) 内高压成形　　　　(c) 落料

(d) 弯曲　　　　(e) 拉深　　　　(f) 旋压(普旋)

图 1.8　金属板材成形

(图 1.8(b))也广泛用于空心零件的成形。根据冲压加工的零件形状、尺寸、精度要求以及批量大小、毛坯性能的不同,在生产中采用冲压加工方法加工完成零件的工序是多种多样的。概括起来,可将冲压加工分为分离工序和成形工序两大类。

1)分离工序

分离工序是指在冲压加工过程中,使冲压件与板料沿一定的轮廓线相互分离,同时对冲压件分离断面的质量也有一定要求的成形工序,常用的有落料(图1.8(c))、冲孔、剪切、切边、剖切等工序。

落料是指用冲模沿封闭轮廓曲线冲切,冲下部分是零件,主要用于制造各种形状的平板零件或坯料。冲孔是指用冲模沿封闭轮廓曲线冲切,冲下部分是废料。剪切是指用剪刀或冲模沿不封闭曲线切断,多用于加工形状简单的平板零件。切边是指将成形零件的边缘修切整齐或切成一定形状。剖切是将冲压成形的半成品切开成为两个或数个零件,多用于不对称零件的成双或成组冲压成形之后,以提高成形效率。

2)成形工序

成形工序是指板料在不被破坏(破裂或起皱)的条件下产生塑性变形,获得所要求的产品形状,并达到所需尺寸精度和形状精度要求的成形工序,常见的有弯曲(图1.8(d))、拉深(图1.8(e))、胀形、翻边、扩口、缩口、拉弯、校形、旋压(普旋)(图1.8(f))等成形工序。

弯曲是指把板料沿直线弯成各种形状,可以加工形状极为复杂的零件。拉深是指把板料毛坯制成各种空心零件。变薄拉深是把拉深成形后的空心半成品进一步加工成底部厚度大于侧壁厚度的零件。胀形是指在双向拉应力作用下实现的变形,可以形成各种空间曲面的零件。翻边包括在预先冲孔的板料半成品上或未经冲孔的板料冲制成竖立的边缘,以及把板料半成品的边缘按曲线或圆弧成形成竖立的边缘。扩口是指在空心毛坯或管状毛坯的某个部位上使其径向尺寸扩大的变形方法。缩口是指在空心毛坯或管状毛坯的某个部位上使其径向尺寸减小的变形方法。拉弯是指在拉力与弯矩共同作用下实现弯曲变形,可获得精度较好的零件。校形是为了提高已成形零件的尺寸精度或获得小的圆角半径而采用的成形方法。旋压(普旋)是在旋转状态下利用旋轮使板坯逐渐成形为回转零件的成形方法。

1.3　建模仿真在产品设计制造中的应用

典型产品设计制造全生命周期一般包括市场需求调查、产品设计及优化分析、加工路线制定与优化、有关零部件或产品成形制造,随后产品投放市场,根据市场反应与需求,进行产品升级与换代,进入下轮循环。设计与制造各个阶段都离不开建模仿真技术,如产品结构静力分析、制造工艺仿真等。特别是当前制造业产业模式将实现从以产品为中心向以用户为中心的根本性转变,建模仿真技术将在快速响应市场、进行规模定制化生产,以及实现信息系统和物理系统的深度融合的数字孪生技术中扮演重要角色。先进的成形制造过程建模仿真,特别是智能仿真技术,是推进设计与制造一体化进程的重要手段。

本节以西安交通大学新型电梯轿顶轮设计与制造过程为例[18,25],简述设计与制造过程中建模仿真技术的应用,介绍设计与制造一体化的初级应用,如图 1.9 所示。在随后的第 4~8 章,将会结合作者从事科研工作近二十年的相关成果,阐述滑移线场法、应力法、有限元法等建模分析方法在发展新成形工艺、研究成形规律、工艺优化设计等方面的应用。

2000 年以来,我国电梯制造业迅猛发展,2007 年我国电梯产量首次突破 20 万部,占当年世界总产量的三分之一,然而人均电梯数量仅为世界人均电梯数量的三分之一,为发达国家人均电梯数量的十分之一。直至 2012 年,我国人均电梯数量才达到世界人均电梯数量。2018 年我国人均电梯数量提升至每千人 4 台,远小于同期的意大利、韩国、法国等,与发达国家相比差距仍然很大,电梯市场尚未饱和。随着我国城镇化、人口老龄化、老旧住宅加建电梯方案推进等,我国电梯市场需求仍然很旺盛。

我国电梯产销中直梯(如图 1.9(a)所示电梯结构)占有绝对市场份额,一直占有约 85%的市场份额。轿顶轮是电梯(直梯)的重要组成部分和承载传力零件,目前加工工艺一般为铸造后切削加工,如图 1.9(b)所示。其铸件约为 75kg,机加工后零件约为 54kg,壁厚、重量、机加工量均较大,成本高、周期长,难以符合制造、服役全周期内的节能环保要求,轻量化需求迫切。

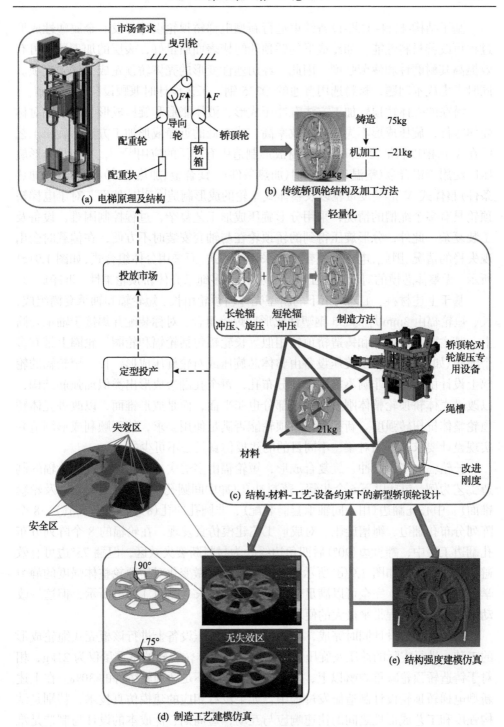

图 1.9　新型电梯轿顶轮设计制造一体化工程

　　基于结构-材料-工艺-设备约束进行新型电梯轿顶轮设计开发。金属塑性成形过程可改善材料性能，如冷成形的轿顶轮绳槽表面质量好，表层的加工硬化可有效提高其耐磨性和疲劳强度。因此，经历塑性变形的壳体轿顶轮成为优先选项。同时考虑成本问题，材料选用普通的 Q235 钢，工艺设计时兼顾设备投资成本。

　　潜在的壳体轿顶轮加工方法有冲压成形、液压胀形和旋压成形。对于轴对称壳体零件，旋压成形不失为一种效率高、成本低的近净成形加工方法。旋压工艺已在 V 形槽钣制带轮的高效、节材成形制造中有广泛的应用[26,27]，特别是分形旋压广泛用于铝合金(室温条件)、钢(加热条件)、镁合金(加热条件)、钛合金(加热条件)整体式 V 形槽皮带轮以及整体式车轮的成形制造[28~31]。然而，对于电梯轿顶轮具有多个绳槽的情况，采用分形旋压成形工艺复杂，过程控制困难，设备及工装复杂。此外，分形旋压得到的轿顶轮在与轴套安装时不方便，在偏载时会出现失稳的情况。因此，电梯轿顶轮不宜采用整体式，而采用分体组合式，如图 1.9(c)所示。无整体芯模的对轮旋压工艺十分适用于多绳槽壳体轿顶轮柔性、近净成形。

　　基于上述材料、工艺约束下的新型壳体轿顶轮由长、短轮辐和轴承套筒组成，长、短轮辐由 3mm 厚 Q235 钢塑性成形后焊接组合，对称装配并焊接于轴承套筒上，其主要几何尺寸和铸造轿顶轮相似。长轮辐包括轮辐和轮圈，轮圈上带有多个绳槽(如 5 个)，根据旋压设备由整体芯旋压或对轮旋压成形。长、短轮辐的轮辐上设计由有八个非圆不规则阵列分布孔，每个孔翻边成形出类似加强筋结构，以改进壳体轿顶轮整体刚度。轮辐部分也非平面，而是成形锥面，以改进壳体轿顶轮整体抗扭转强度。新型壳体轿顶轮能否满足使用要求，能否顺利成形制造并实现设计要求，不同对象、不同目的的建模仿真是必不可少的。

　　长轮辐由多道次冲、旋复合成形，短轮辐由多道次冲压成形。以长轮辐的制造工艺为例，包括以下 6 个步骤：落料冲孔(冲中间圆孔)、拉深(成形轮圈及轮辐锥面)、中心孔翻边(用于同轴承套筒装配)、非圆孔冲孔(8 个阵列分布孔)、8 个阵列分布孔翻边、绳槽旋压。对成形工艺建模仿真发现，在轮辐的 8 个阵列分布孔翻边工序中，翻直边(90°)后四角边缘处为材料断裂失效区，但翻 75°边可有效避免这一问题，如图 1.9(d)所示。该结构上的细微变化对轿顶轮整体强度的静力学分析影响不大，完全可以满足轿顶轮的使用要求，如图 1.9(e)所示，但这一改动给成形制造过程带来极大的便利。

　　结构与工艺设计同时完成，在相关冲压及旋压设备上进行该板壳式绳轮成形的工装，进行实际的冲压及旋压成形。最终该壳体轿顶轮的总重量仅为 21kg，相对于铸造轿顶轮减重 60%以上，使用的材料重量不足轿顶轮铸件的 30%。在上述新型电梯轿顶轮设计制造研发过程中，如果没有相应的建模仿真技术，特别是结构强度和工艺成形性之间的快速响应与互动，短周期、低成本的设计与制造是难以完成的，更不用说设计与制造一体化。

参 考 文 献

[1] 海锦涛. 塑性成形技术的新思路. 中国机械工程, 2000, 11(1-2): 180-182, 230.

[2] 周贤宾. 塑性加工技术的发展——更精、更省、更净. 中国机械工程, 2003, 14(1): 85-87.

[3] 杨合, 孙志超, 詹梅, 等. 局部加载控制不均匀变形与精确塑性成形研究进展. 塑性工程学报, 2008, 15(2): 6-14.

[4] 杨合, 等. 局部加载控制不均匀变形与精确塑性成形——原理和技术. 北京: 科学出版社, 2014.

[5] 张大伟. 钛合金复杂大件局部加载等温成形规律及坯料设计[博士学位论文]. 西安: 西北工业大学, 2012.

[6] 俞汉清, 陈金德. 金属塑性成形原理. 北京: 机械工业出版社, 1999.

[7] 国家自然科学基金委员会工程与材料科学部. 机械工程学科发展战略报告(2011~2020). 北京: 科学出版社, 2010.

[8] 王敏, 方亮, 赵升吨, 等. 材料成形设备及自动化. 北京: 高等教育出版社, 2010.

[9] Lu B, Chen J, Ou H, et al. Feature-based tool path generation approach for incremental sheet forming process. Journal of Materials Processing Technology, 2013, 213(7): 1221-1233.

[10] 王德拥, 王丽娟. 追溯中国古代的锻造. 塑性工程学报, 2006, 13(3): 115-117.

[11] 甘肃省博物馆. 甘肃武威皇娘娘台遗址发掘报告. 考古学报, 1960, (2): 53-71, 143-148.

[12] 王克智, 陈适先. 中国古代塑性加工初探. 塑性工程学报, 2006, 13(6): 114-125.

[13] 张大伟, 李晗晶, 董朋, 等. 一种能快速稳定实现局部加载的液压机液压系统: 中国, ZL201711268911.2. 2017.

[14] 张大伟, 李晗晶, 董朋, 等. 一种局部加载液压机的液压系统: 中国, ZL201711270024.9. 2017.

[15] 张大伟, 董朋, 李晗晶, 等. 一种局部加载的液压机液压伺服控制系统: 中国, ZL201910445255.1. 2019.

[16] 张大伟, 董朋, 李晗晶, 等. 一种局部加载的多加载步式压力机液压闭环控制系统: 中国, ZL201910463315.2. 2019.

[17] 赵升吨, 等. 高端锻压制造装备及其智能化. 北京: 机械工业出版社, 2019.

[18] Zhao S D. Sheet metal manufacturing process of new crosshead sheave for elevator and its numerical simulation//The Second Sino-German Workshop on Metal Forming Processes and Technology, Dortmund, 2009.

[19] 林忠钦. 材料-结构一体化设计与制造//第十六届全国塑性工程学术年会, 太原, 2019.

[20] 张大伟, 赵升吨. 螺纹花键同轴零件高效同步滚压成形研究动态. 精密成形工程, 2015, 7(2): 24-29, 40.

[21] 张大伟. 螺纹花键同步滚轧理论与技术. 北京: 科学出版社, 2020.

[22] 吕炎. 锻造工艺学. 北京: 机械工业出版社, 1995.

[23] 吴诗惇, 何声健. 冲压工艺学. 西安: 西北工业大学出版社, 1987.

[24] 张大伟, 朱成成, 赵升吨. 大型筒形件对轮旋压设备及应用进展. 中国机械工程, 2020, 31(9): 1049-1056.

[25] 张琦, 赵升吨, 范淑琴, 等. 电梯新型轿顶轮的板料塑性成形工艺及其数值模拟. 材料科学与工艺, 2010, 18(增刊 1): 176-181.

[26] 王忠清. 钣制旋压皮带轮在汽车行业的发展及其应用. 金属成形工艺, 1998, 16(5): 47-49.

[27] 夏琴香, 谢世伟, 叶小舟, 等. 钣制带轮近净成形技术及应用前景. 现代制造工程, 2007, (5): 131-134.

[28] Schmoeckel D, Hauk S. Tooling and process control for splitting of disk blanks. Journal of Materials Processing Technology, 2000, 98(1): 65-69.

[29] Hauk S, Vazquez V H, Altan T. Finite element simulation of the flow-splitting-process. Journal of Materials Processing Technology, 2000, 98(1): 70-80.

[30] 黄亮, 杨合, 詹梅. 分形旋压成形技术研究进展. 材料科学与工艺, 2008, 16(4): 476-480.

[31] Huang L, Yang H, Zhan M. 3D-FE modeling method of splitting spinning. Computational Materials Science, 2008, 42(4): 643-652.

第 2 章　金属塑性成形过程建模方法

在实际工程应用中，工程技术人员更关注零件宏观形状和性能的获得。金属成形过程建模与分析也围绕着一定力与速度边界条件下金属流动、力场和温度场分布及演变、组织演化、缺陷形成等方面展开。

成形过程的材料流动直接决定了材料的变形(应变)、充填以及形状等情况，这些是工艺路线优化、模具型面确定、预成形坯料设计等的基础。力场具体表现为应力、载荷等，是模具应力分析、设备选择的重要依据。预测分析金属成形过程中金属流动、力场、温度场等内容的建模与分析方法主要有解析法(理论分析)、数值法(计算机仿真)、试验法等。解析法主要有滑移线场法、主应力法等，数值法主要有有限元法、有限差分法等，金属塑性成形的数值分析以有限元法为主。解析法与数值法的建模流程如图 2.1 所示。

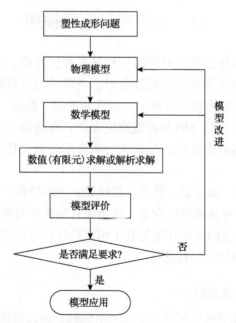

图 2.1　金属塑性成形过程解析法与数值法建模流程

获得物理模型、建立数学模型的过程中往往需要一定的假设和简化，一般数值模拟预测结果比解析模型预测结果更接近真实解，特别是对于三维复杂问题。数值法建模过程中的假设和简化更少，更接近物理模型。此外，数值模拟技术不仅可以准确描述材料性能和变形行为，还可以获取成形过程中详细的场变量信息。因此，解析模型多用于指导数值模型建立、试验过程确定，试验研究用于解析（理论）模型、数值仿真模型的可靠性评估与验证，以数值仿真方法获得塑性成形工艺的变形机理与参数影响规律，进行成形工艺优化设计。对于大型复杂构件的塑性成形问题，特别是热成形问题，由于存在费用高、周期长、参数难测量等问题，其试验研究往往以物理模拟试验为主、与实际完全一致的工艺试验为辅。

　　虽然解析法在分析复杂成形问题时存在一定的局限性，但是解析法数学计算较简单，所需计算时间很少，对软硬件要求远小于有限元法；所获得的数学表达式具有明确的参数关系和物理意义，便于分析其影响规律[1~3]，可较为简捷迅速地探究成形机理、把握工艺参数的影响规律。特别是根据成形特征分区域（单元）分别采用解析模型，甚至在离散网格内采用解析模型，可获得较好的预测结果，但计算时间比有限元法少多个数量级[4]。对于大型复杂构件的有限元正向模拟时间较长，可用解析法确定工艺参数及加载条件的大致范围，然后再进行有限元分析研究，缩短成形过程分析计算的周期[5]。

2.1　塑性变形问题描述

　　弹性、塑性、黏性是物质材料的三种基本理想性质。固态金属在外力作用下产生的非破坏性的永久变形为塑性变形，去除外力后可恢复的变形为弹性变形，与时间有关的变形为黏性变形。一般在短时间、低温、低速度加载条件下，应力应变与此外力的持续时间和加载速度无关；在高温、高速度加载条件下，变形都不同程度地随时间变化，反映在金属变形方面表现为材料对应变速率的敏感性。

　　金属体积成形中，如轧制、锻造、挤压等，金属材料产生较大的塑性变形，弹性变形相对极少，可忽略弹性变形，将金属材料看成刚塑性材料或刚黏塑性材料。因此，本章解析法的基础理论是基于刚塑性材料建立的，有限元法的基础理论是基于刚塑性/刚黏塑性材料建立的。

2.1.1　塑性变形的边值问题

　　刚塑性/刚黏塑性变形问题是一个边界值问题，可以描述如下[6]：设一块变形物体如图 2.2 所示，体积为 V、表面积为 S；边界 S 的一部分为力面 S_F，其上给定面力 F_i；边界 S 的另一部分为速度面 S_u，其上给定速度 u_i。

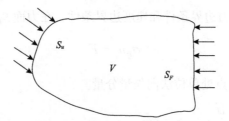

图 2.2　变形体的边界条件[6]

该塑性变形边值问题由以下塑性方程[7]和边界条件[8]定义。

(1) 平衡微分方程。

$$\sigma_{ij,j} = 0 \tag{2.1}$$

式(2.1)忽略了体积力和惯性力。

(2) 几何方程(协调方程)。

$$\dot{\varepsilon}_{ij} = \frac{1}{2}\left(u_{i,j} + u_{j,i}\right) \tag{2.2}$$

(3) 本构关系(Levy-Mises 方程)。

$$\dot{\varepsilon}_{ij} = \frac{3}{2}\frac{\dot{\bar{\varepsilon}}}{\bar{\sigma}}\sigma'_{ij} \tag{2.3}$$

式中，σ'_{ij} 为应力偏张量分量；$\bar{\sigma}$ 和 $\dot{\bar{\varepsilon}}$ 分别为等效应力和等效应变速率。

$$\bar{\sigma} = \sqrt{\frac{3}{2}\sigma'_{ij}\sigma'_{ij}} \tag{2.4}$$

$$\dot{\bar{\varepsilon}} = \sqrt{\frac{2}{3}\dot{\varepsilon}_{ij}\dot{\varepsilon}_{ij}} \tag{2.5}$$

(4) 米泽斯(Mises)屈服准则。

$$\sqrt{J'_2} - K = 0 \tag{2.6}$$

式中，J'_2 为偏应力张量第二不变量。

(5) 体积不可压缩条件。

$$\dot{\varepsilon}_V = \dot{\varepsilon}_{ij}\delta_{ij} = 0 \tag{2.7}$$

(6) 边界条件。

边界条件包括应力边界条件和速度边界条件，在力面 S_F 上，有

$$\sigma_{ij}n_j = F_i \tag{2.8}$$

式中，n_j 为表面相应点处单位法向矢量分量。

在速度面 S_u 上，有

$$u_i = \overline{u}_i \tag{2.9}$$

对于黏塑性材料，除屈服条件中的材料模型外，其他方程和条件都与刚塑性材料相同。

2.1.2　平面应变基本方程

解析法一般用于求解二维问题，如简化为平面应变问题的金属塑性成形问题。第 4、5 章应用滑移线场法、主应力法讨论的花键滚轧成形、筋板类构件断续局部加载问题均可简化为平面应变问题。基于关于平面应变问题的阐述[1,9~12]，平面应变分析过程所用基本方程叙述如下。

平面应变状态下沿一方向（z 向）没有变形，塑性流动都平行于给定的坐标面（xOy 坐标面），因此位移满足

$$\begin{cases} u = u(x, y) \\ v = v(x, y) \\ w = 0 \end{cases} \tag{2.10}$$

根据位移分量和应变分量之间关系的几何方程，可得应变分量为

$$\begin{cases} \varepsilon_x = \dfrac{\partial u}{\partial x} \\[2mm] \varepsilon_y = \dfrac{\partial v}{\partial y} \\[2mm] \varepsilon_z = \dfrac{\partial w}{\partial z} = 0 \end{cases} \tag{2.11a}$$

$$\begin{cases} \gamma_{xy} = \dfrac{1}{2}\left(\dfrac{\partial u}{\partial y} + \dfrac{\partial v}{\partial x}\right) \\[2mm] \gamma_{xz} = \dfrac{1}{2}\left(\dfrac{\partial w}{\partial x} + \dfrac{\partial u}{\partial z}\right) = 0 \\[2mm] \gamma_{yz} = \dfrac{1}{2}\left(\dfrac{\partial w}{\partial y} + \dfrac{\partial v}{\partial z}\right) = 0 \end{cases} \tag{2.11b}$$

因此，可得应变速率分量为

$$\dot{\varepsilon}_z = 0 \tag{2.12}$$

应用增量理论，根据塑性流动方程 $\dot{\varepsilon}_{ij} = \dot{\lambda}\sigma'_{ij}$ 可得

$$\dot{\varepsilon}_z = \dot{\lambda}\sigma'_z = \dot{\lambda}(\sigma_z - \sigma_m) = 0 \tag{2.13}$$

式中，$\dot{\lambda} = \dfrac{\mathrm{d}\lambda}{\mathrm{d}t} = \dfrac{3}{2}\dfrac{\bar{\dot{\varepsilon}}}{\bar{\sigma}}$，卸载时 $\dot{\lambda} = 0$；σ_m 为平均应力，$\sigma_m = \dfrac{1}{3}(\sigma_x + \sigma_y + \sigma_z)$。

根据式 (2.13)，加载变形时有

$$\sigma_z = \frac{1}{2}(\sigma_x + \sigma_y) = \sigma_m = \sigma_2 = \frac{1}{2}(\sigma_1 + \sigma_3) \tag{2.14}$$

加载变形过程中，物体内与 z 轴的平面始终不会倾斜扭曲，与塑性流平面(即发生变形的平面)相平行的平面之间没有相对错动，即有

$$\tau_{zx} = \tau_{zy} = 0 \tag{2.15}$$

由第一主应力(最大主应力)、第三主应力(最小主应力)可得最大剪切应力 $\tau_{\max}$ 为

$$\tau_{\max} = \frac{1}{2}(\sigma_1 - \sigma_3) \tag{2.16}$$

根据式 (2.14) 和式 (2.16)，加载变形过程中，在任一点 Q 的应力状态都可用平均应力和最大剪应力表示，即

$$\begin{cases} \sigma_1 = \sigma_m + \tau_{\max} \\ \sigma_2 = \sigma_m \\ \sigma_3 = \sigma_m - \tau_{\max} \end{cases} \tag{2.17}$$

则 Q 点的应力莫尔圆如图 2.3 所示，图中所示应力状态为花键滚轧过程中的应力状态[13]，φ_1 为主应力方向角，φ_2 为最大剪应力方向角，其值为

$$\begin{cases} \tan(2\varphi_1) = -\dfrac{2\tau_{xy}}{\sigma_x - \sigma_y} \\ \tan(2\varphi_2) = -\dfrac{\sigma_x - \sigma_y}{2\tau_{xy}} \end{cases} \tag{2.18}$$

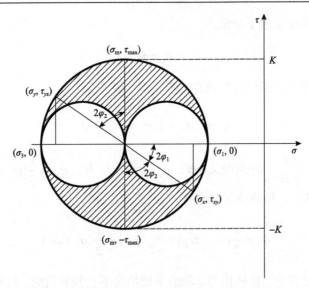

图 2.3　花键滚轧成形的应力莫尔圆（平面应变状态）

平面应变状态 Mises 屈服准则可表述为

$$(\sigma_x - \sigma_y)^2 + 4\tau_{xy}^2 = 4K^2 \tag{2.19}$$

式中，K 为剪切屈服强度。

采用主应力表示的屈服准则为

$$\sigma_1 - \sigma_3 = 2K \tag{2.20}$$

材料达到屈服点时进入塑性变形状态，屈服准则中常数与应力状态无关，可根据简单应力状态求得材料剪切屈服强度 K 和材料屈服应力 σ_s 之间的关系。二者之间的数学描述 $f(\sigma_s)$ 与选用的屈服准则密切相关。采用 Mises 屈服准则时，可应用单向均匀拉伸和纯剪应力状态确定 $f(\sigma_s)$；采用特雷斯卡（Tresca）屈服准则时，可应用单向均匀拉伸应力状态确定 $f(\sigma_s)$。

$$K = f(\sigma_s) = \begin{cases} \dfrac{\sigma_s}{2}, & \text{Tresca屈服准则} \\[3mm] \dfrac{\sigma_s}{\sqrt{3}}, & \text{Mises屈服准则} \end{cases} \tag{2.21}$$

2.2　滑移线场法

滑移线场法一般适用于平面应变问题，在一定条件下也可推广到平面应力及轴对称问题的建模分析中[1]。Prandtl[14]表述了平冲头压入半无限平面的滑移线场，如图 2.4(a)所示。Hill[15]给出了另外一种滑移线场解，如图 2.4(b)所示。

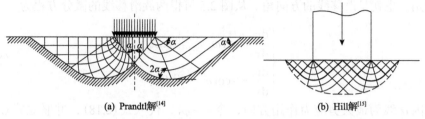

(a) Prandtl解[14]　　　　　　　　　(b) Hill解[15]

图 2.4　平冲头压入平面的滑移线场

1923 年，Hencyk[16]给出了描述平均应力沿线特征的应力方程。数年后，滑移线场理论趋于完善，形成了完整的应力场理论和速度场理论，用于求解拉拔、挤压、锻造等塑性成形问题[9~11,15]。直至 20 世纪 80 年代，滑移线场法在塑性成形问题的求解中占有重要地位，21 世纪仍有滑移线场法相关应用见诸文献报道[13,17~20]。

1950 年出版的 *The Mathematical Theory of Plasticity*[15]对滑移线场理论做了较为详细的叙述，国内也有相关文献[1,9~11]涉及滑移线场理论的系统性数学描述。应力场是金属塑性成形过程分析的重要内容，是求解变形力、塑性变形区应力分布特征的基础。

在塑性流动平面上，塑性变形区内各点的应力状态均满足屈服准则，而且过任一点 Q 都存在两个相互正交的第一、第二剪切方向，这两个方向一般会随 Q 点位置的变化而变化。Q 点代数值最大的主应力的指向称为第一主方向，由第一主方向顺时针转 $\pi/4$ 所确定的最大切应力方向称为第一剪切方向，另一个最大切应力方向称为第二剪切方向。当 Q 点的位置沿最大切应力方向连续变化时，得到两条相互正交的最大切应力方向轨迹线，称为滑移线，塑性变形区内任一点均可引出两条相互正交的滑移线，从而构成滑移线网络，如图 2.5 所示。由第一剪切方向所得的滑移线称为 α 线，由第二剪切方向所得的滑移线称为 β 线。

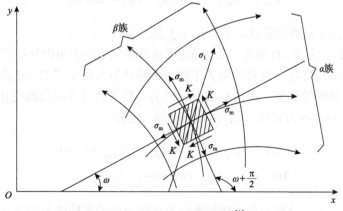

图 2.5　滑移线与滑移线场[1]

由坐标轴 Ox 逆时针转向第一剪切方向的角度 ω (图 2.5)称为第一剪切方向的方向角，也就是滑移线的方向角。从图 2.5 可得两族滑移线的微分方程为

$$
\begin{cases}
\dfrac{dy}{dx} = \tan\omega, & \text{沿}\,\alpha\,\text{线} \\[2mm]
\dfrac{dy}{dx} = -\cot\omega, & \text{沿}\,\beta\,\text{线}
\end{cases}
\tag{2.22}
$$

因 α 线为最大剪应力作用方向，令 $\omega = \varphi_2$，代入式 (2.18)，并联立式 (2.19) 可求得

$$
\begin{cases}
\sigma_x = \sigma_m - K\sin(2\omega) \\
\sigma_y = \sigma_m + K\sin(2\omega) \\
\tau_{xy} = K\cos(2\omega)
\end{cases}
\tag{2.23}
$$

式 (2.23) 为描述滑移线上平均应力变化规律的 Hencky 应力方程。当沿 α 线族（或 β 线族）中的同一滑移线移动时，函数 $\xi(S_\beta)$（或 $\eta(S_\alpha)$）为常数，只有从一条滑移线转到另一条滑移线时，常数值才改变。这些常数可根据滑移线场的应力边界条件确定。

$$
\begin{cases}
\sigma_m - 2K\omega = \xi(S_\beta), & \text{沿}\,\alpha\,\text{线} \\
\sigma_m + 2K\omega = \eta(S_\alpha), & \text{沿}\,\beta\,\text{线}
\end{cases}
\tag{2.24}
$$

由式 (2.24) 可知，沿着滑移线的平均应力的变化与滑移线方向角的变化成比例，即在任一族中的任意一条滑移线上任取两点 a、b，两点处的平均应力（$\sigma_{m,a}$、$\sigma_{m,b}$）和滑移线方向角（ω_a、ω_b）应满足

$$
\sigma_{m,a} - \sigma_{m,b} = \pm 2K(\omega_a - \omega_b) = \pm 2K\omega_{ab}
\tag{2.25}
$$

式中，正号用于 α 族滑移线，负号用于 β 族滑移线。

式 (2.22)、式 (2.24) 和式 (2.25) 描述了滑移线场中应力沿滑移线的变化特征及滑移线场的沿线特性。滑移线场关于应力的跨线特性可由式 (2.26) 描述，即同一族的一条滑移线转到另一条滑移线时，沿另一族滑移线方向角的变化 $\Delta\omega$ 及平均应力的改变 $\Delta\sigma_m$ 均为常数，此为 Hencky 第一定理。

$$
\begin{cases}
\Delta\sigma_m = \sigma_{m_{1,1}} - \sigma_{m_{2,1}} = \sigma_{m_{1,2}} - \sigma_{m_{2,2}} = \cdots = C_\sigma \\
\Delta\omega = \omega_{1,1} - \omega_{2,1} = \omega_{1,2} - \omega_{2,2} = \cdots = C_\omega
\end{cases}
\tag{2.26}
$$

式中，$\sigma_{m_{i,j}}$、$\omega_{i,j}$ 分别为滑移线场网格节点 (i,j) 处的平均应力和滑移线方向角，

i 为 α 族滑移线下标，j 为 β 族滑移线下标。

式(2.26)是 Hencky 第一定理的数学描述，描述滑移线节点切线夹角变化特征，滑移线曲率半径和位移之间的关系可由式(2.27)表示，此为 Hencky 第二定理。式(2.27)表示沿着某一滑移线移动，此时在节点处的另一族滑移线的曲率半径的变化即为沿该线所通过的距离。

$$\begin{cases} \dfrac{\partial R_\alpha}{\partial S_\beta} = -1 \\[2mm] \dfrac{\partial R_\beta}{\partial S_\alpha} = -1 \end{cases} \tag{2.27}$$

式中，R_α、R_β 分别为 α 族滑移线、β 族滑移线的曲率半径；S_α、S_β 分别为沿 α 族滑移线、β 族滑移线的弧长。

根据滑移线场的沿线特性和跨线特性，可确定滑移线的一些重要性质，这些性质在求解刚塑性平面应变问题时很有作用。在确定的滑移线场中(滑移线场网格确定，节点处滑移线方向角已知)，已知一条滑移线上任一点的平均应力，可以确定该滑移线场中各节点的平均应力；若滑移线场中某些区段是直线，则沿着那些滑移线的应力状态相同；若滑移线场的某一区域内，两族滑移线皆为直线，则此区域内各点的应力状态相同，称为均匀应力场；若一族的一条滑移线的某一区段为直线段，则被另一族滑移线所截得的该族滑移线的所有相应线段皆为直线。因此，根据边值条件，应用滑移线场的沿线特性和跨线特性，可建立滑移线场，确定应力分布。

建立滑移线场从已知的边界条件开始，根据边界条件的不同，可分三类边值问题。第一类边值问题，即已知两条相交滑移线 AD、AF，作出这两条滑移线所包围的塑性区内的滑移线场 $ADEF$；第二类边值问题，即已知塑性变形区的非滑移线光滑边界曲线 AB，作出塑性区 ABD 内的滑移线场；第三类边值问题，为混合边值问题，即已知塑性变形区的一条滑移线和另一条非滑移线，作出塑性区内的滑移线场。

常见的滑移线延伸至塑性区边界条件时应满足的受力条件有四种类型，不同类型应力边界条件下滑移线的方向角不同。第一种类型，不受力的自由表面，$\omega = \pm \dfrac{\pi}{4}$；第二种类型，无摩擦的光滑接触表面，$\omega = \pm \dfrac{\pi}{4}$；第三种类型，摩擦切应力达到最大值 K 的接触表面，$\omega = 0$ 或 $\omega = \dfrac{\pi}{2}$；第四种类型，摩擦切应力为某一中间值 $(0 < \tau_{xy} < K)$ 的接触表面，$\omega = \pm \dfrac{1}{2} \arccos \dfrac{\tau_{xy}}{K}$。

2.3　主应力法

主应力法是在变形区内切取很薄的基元板块以建立应力平衡微分方程,并联立屈服方程求解,也称切片法。基元板块平衡方程首先用于分析锻造问题,随后von Kármán[21]和 Sachs[22]采用类似的方法分别分析了板材轧制和线材拉拔成形问题,如图 2.6 所示。随后研究者不断改进和丰富主应力法的理论和数学模型,由于参数关系和物理意义明确、数学计算简单高效,主应力法在锻造、挤压、轧制、拉拔等金属塑性成形问题分析中得到广泛应用。直至 20 世纪 80 年代,主应力法开始在塑性成形问题的求解中占有重要地位。

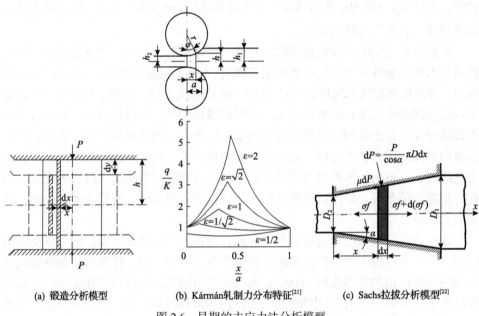

(a) 锻造分析模型　　　　(b) Kármán轧制力分布特征[21]　　　(c) Sachs拉拔分析模型[22]

图 2.6　早期的主应力法分析模型

主应力法从切取基元体或基元板块着手,将应力平衡微分方程和屈服方程联立求解,并利用应力边界条件确定积分常数,以求得接触面上的应力分布[23]。为了使问题简化以适用工程需要,一般采用一些假设求得其近似解。研究者应用主应力法对断续局部加载成形问题进行了深入研究[3~5,24~30],并对经典主应力法在典型工序中的应用进行阐述[31]。

主应力法解析分析时的假设和特点如下:将问题简化为平面问题或轴对称问题,变形过程中体积不变;在分析某瞬间变形状态时,变形体内应力分布沿某一坐标方向(垂直于金属流动方向)平均化,且仅作用有主应力;忽略变形体内部的剪切应力影响，通常采用忽略摩擦切应力的屈服方程，因此平面应变问题的屈服方程(2.19)简化为式(2.28)，但是接触面上作用有主应力和摩擦切应力。

$$\sigma_y - \sigma_x = 2K \tag{2.28}$$

式中，$\sigma_y > \sigma_x$，且 σ_x、σ_y 均取正值。

对于复杂的成形过程，可分区域、分阶段进行分析。主应力法主要用于求解接触面上的应力分布，进而求得变形力、轧制力矩等参数。根据应力状态，也可进一步分析成形过程中的材料流动和型腔充填等问题。

镦粗型材料流动是金属塑性变形过程常见的材料流动方式，以平面应变镦粗、轴对称镦粗为例阐述主应力法的建模过程。

对于图 2.7 所示的平面应变镦粗，以加载方向为 y 轴，以宽度方向(金属流动方向)为 x 轴，按上述假设 σ_x 与 y 轴无关，上下接触面上作用有主应力和摩擦切应力。对图中所示高为 h 的基元体，在单位长度(即长为 1)上列 x 方向的静力平衡方程，可得

$$\sigma_x h - (\sigma_x + \mathrm{d}\sigma_x)h - 2\tau \mathrm{d}x = 0 \tag{2.29}$$

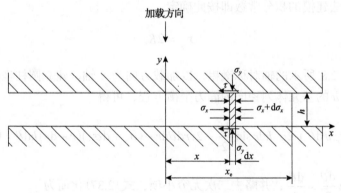

图 2.7　平面应变镦粗

对式(2.29)进行简化，可得

$$\mathrm{d}\sigma_x = -\frac{2\tau}{h}\mathrm{d}x \tag{2.30}$$

根据屈服方程(2.28)，有

$$\mathrm{d}\sigma_y = \mathrm{d}\sigma_x \tag{2.31}$$

联立式(2.30)和式(2.31)，可得

$$\sigma_y = -\frac{2\tau}{h}x + C \tag{2.32}$$

式中，C 为积分常数，可利用边界条件确定。

当 $x = x_e$ 时，有

$$\sigma_y = \sigma_{y_e} \tag{2.33}$$

将式(2.33)代入式(2.32)，整理可得

$$C = \sigma_{y_e} + \frac{2\tau}{h}x_e \tag{2.34}$$

将式(2.34)代入式(2.32)，可得

$$\sigma_y = \frac{2\tau}{h}(x_e - x) + \sigma_{y_e} \tag{2.35}$$

式中，σ_{y_e} 为锻件外端($x = x_e$)处的垂直应力，若该端为自由表面，则根据式 (2.28)，其可按式(2.36)计算；否则，由相邻的变形区确定，第 5 章筋板构件局部加载主应力法建模的积分常数即按此确定。

$$\sigma_{y_e} = 2K \tag{2.36}$$

对于图 2.8 所示的轴对称镦粗，以加载方向为 z 轴，建立圆柱坐标系。对图中所示高为 h 的基元体列径向的静力平衡方程，可得

$$\sigma_r hr\mathrm{d}\theta + 2\sigma_\theta h\mathrm{d}r\sin\frac{\mathrm{d}\theta}{2} - 2\tau r\mathrm{d}\theta\mathrm{d}r - (\sigma_r + \mathrm{d}\sigma_r)(r + \mathrm{d}r)h\mathrm{d}\theta = 0 \tag{2.37}$$

因为 $\sin\dfrac{\mathrm{d}\theta}{2} \approx \dfrac{\mathrm{d}\theta}{2}$，并略去二次无穷小项，式(2.37)化简为

$$\sigma_\theta h\mathrm{d}r - 2\tau r\mathrm{d}r - \sigma_r h\mathrm{d}r - rh\mathrm{d}\sigma_r = 0 \tag{2.38}$$

假设为均匀镦粗变形，故

$$\begin{cases} \mathrm{d}\varepsilon_r = \mathrm{d}\varepsilon_\theta \\ \sigma_r = \sigma_\theta \end{cases} \tag{2.39}$$

轴对称问题中的近似塑性条件为

$$\sigma_z - \sigma_r = 2K \tag{2.40}$$

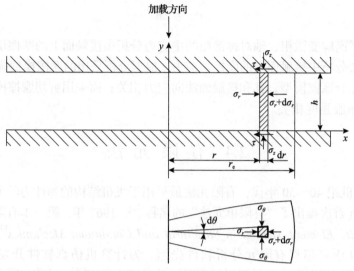

图 2.8　轴对称镦粗

根据式 (2.40) 可得

$$\mathrm{d}\sigma_z = \mathrm{d}\sigma_r \tag{2.41}$$

将式 (2.39) 和式 (2.41) 代入式 (2.38)，可得

$$\mathrm{d}\sigma_z = -\frac{2\tau}{h}\mathrm{d}r \tag{2.42}$$

对式 (2.42) 进行积分，可得

$$\sigma_z = -\frac{2\tau}{h}r + C \tag{2.43}$$

式中，C 为积分常数，可利用边界条件确定。

当 $r = r_{\mathrm{e}}$ 时，$\sigma_z = \sigma_{z_{\mathrm{e}}}$，由式 (2.43) 可得

$$C = \sigma_{z_{\mathrm{e}}} + \frac{2\tau}{h}r_{\mathrm{e}} \tag{2.44}$$

将式 (2.44) 代入式 (2.43)，可得

$$\sigma_z = \frac{2\tau}{h}\left(r_{\mathrm{e}} - r\right) + \sigma_{z_{\mathrm{e}}} \tag{2.45}$$

式中，$\sigma_{z_{\mathrm{e}}}$ 表示锻件外端 ($r = r_{\mathrm{e}}$) 处的加载方向应力，若该端为自由表面，则根据式 (2.40)，$\sigma_{z_{\mathrm{e}}}$ 可按式 (2.46) 计算；否则，由相邻的变形区确定。

$$\sigma_{z_e} = 2K \qquad (2.46)$$

上述平面应变镦粗、轴对称镦粗的主应力分析中接触面上的摩擦切应力 τ 及滑移线场法分析中接触面上的摩擦切应力 τ 根据分析采用的摩擦模型确定。例如，采用经典库仑摩擦模型，其和接触面法向应力相关；而采用剪切摩擦模型，其和材料剪切屈服强度相关。

2.4 有 限 元 法

在 20 世纪 40~50 年代，有限元法最早用于飞机结构的弹性力学分析。1960年，Clough 首次提出了"有限单元法"的名称[32]。1967 年，第一本有限元分析专著 *The Finite Element Method in Structural and Continuum Mechanics*[33]，开拓了FORTRAN 语言编程有限元分析软件先河，为计算机仿真软件开发奠定了基础[34,35]。我国研究者也较早开展了有限元基础理论研究[36]。目前有限元分析已经是科学计算的重要工具，是现代工业的重要组成部分。有限元法不仅用于分析产品在使用中可能出现的问题，优化产品结构，还可用于材料成形工艺(如塑性成形、铸造、焊接及注塑等过程)的数值模拟，预测分析不同工艺参数对构件几何形状和性能的影响及缺陷形成。

塑性成形有限元法的发展经历了两个重要阶段：20 世纪 60 年代开始的有限元理论和方法的发展；20 世纪 80 年代开始的塑性有限元法共性技术迅猛发展、商业软件不断涌现。

数值模拟技术利用计算机实现虚拟成形过程，可以比理论和试验做得更全面、更深刻、更细致，可以进行一些理论和试验暂时还做不到的研究[37~39]。以有限元法为代表的数值模拟技术的实现与应用一般包括理论、软件、硬件三个方面[35]，即计算理论基础、数值模拟软件、计算机及外围设备等硬件。因此，本节概述刚塑性/刚黏塑性有限元法基本理论，并介绍相关体积成形有限元模拟软件。

2.4.1　刚塑性/刚黏塑性有限元的马尔可夫变分原理

刚塑性/刚黏塑性有限元法的理论基础是马尔可夫变分原理，它以能量积分的形式把偏微分方程组的求解问题变成泛函极值问题，该变分原理可表述为在满足变形几何条件(2.2)、体积不可压缩条件(2.7)、速度边界条件(2.9)的一切运动容许速度场中，问题的真实解必然使泛函(2.47)取驻值(即一阶变分为零)。

$$\Pi = \begin{cases} \int_V \bar{\sigma}\dot{\bar{\varepsilon}}\,\mathrm{d}V - \int_{S_F} F_i u_i \,\mathrm{d}S, & \text{刚塑性材料} \\ \int_V E(\dot{\bar{\varepsilon}})\,\mathrm{d}V - \int_{S_F} F_i u_i \,\mathrm{d}S, & \text{刚黏塑性材料} \end{cases} \qquad (2.47)$$

式中，$E(\dot{\bar{\varepsilon}})$ 为功函数。

$$E(\dot{\varepsilon}_{ij}) = \int_0^{\dot{\varepsilon}_{ij}} \sigma'_{ij} \, \mathrm{d}\dot{\varepsilon}_{ij} = \int_0^{\dot{\bar{\varepsilon}}} \bar{\sigma} \, \mathrm{d}\dot{\bar{\varepsilon}} \tag{2.48}$$

对上述泛函取变分可看出刚塑性和刚黏塑性材料变分原理的一阶变分公式形式完全相同，其形式为

$$\delta \Pi = \int_V \bar{\sigma} \delta \dot{\bar{\varepsilon}} \, \mathrm{d}V - \int_{S_F} F_i \delta u_i \, \mathrm{d}S \tag{2.49}$$

在理论上利用马尔可夫变分原理可以求解金属塑性变形问题。在实际求解过程中，选取满足速度边界条件(2.9)的容许速度场比较容易，但选取一个既满足速度边界条件又满足体积不可压缩条件(2.7)的容许速度场是较为困难的。此外，采用刚塑性/刚黏塑性材料模型忽略了材料的弹性变形部分并采用体积不可压缩假设，用 Levy-Mises 方程只能求解出应力偏张量 σ'_{ij} [6]，难以确定静水压力 σ_{m}，从而不能唯一确定应力场。

一般来说，变形几何条件和速度边界条件较容易满足，而体积不可压缩条件较难满足。目前，常采用拉格朗日(Lagrange)乘子法、罚函数法把体积不可压缩条件引入泛函 Π，建立一个新泛函，对这个新泛函变分求解。拉格朗日乘子法的数学基础是数学分析中多元函数的条件极值理论，拉格朗日乘子法是通过用附加的拉格朗日乘子 λ，将体积不可压缩条件引入泛函(2.47)得到一个新的泛函(2.50)，利用虚功原理可以证明拉格朗日乘子 λ 的值等于静水压力 σ_{m}，从而使全部场量信息得到解答[7]。拉格朗日乘子法引入了未知数 λ，使有限元刚度方程数(未知量)及刚度矩阵半带宽增大，增加了计算时间和计算机存储空间，降低了计算效率。

$$\Pi = \begin{cases} \displaystyle\int_V \bar{\sigma} \dot{\bar{\varepsilon}} \, \mathrm{d}V - \int_{S_F} F_i u_i \, \mathrm{d}S + \int_V \lambda \dot{\varepsilon}_V \, \mathrm{d}V, & \text{刚塑性材料} \\ \displaystyle\int_V E(\dot{\bar{\varepsilon}}) \mathrm{d}V - \int_{S_F} F_i u_i \, \mathrm{d}S + \int_V \lambda \dot{\varepsilon}_V \, \mathrm{d}V, & \text{刚黏塑性材料} \end{cases} \tag{2.50}$$

源于最优原埋的罚函数法具有数值解析的特征，是用一个足够大的整数 α 把体积不可压缩条件引入泛函(2.47)构造一个新的泛函(2.51)，对于一切满足变形几何条件和速度边界条件的容许速度场，其真实解满足式(2.52)[7]。

$$\Pi = \begin{cases} \displaystyle\int_V \bar{\sigma} \dot{\bar{\varepsilon}} \, \mathrm{d}V - \int_{S_F} F_i u_i \, \mathrm{d}S + \frac{\alpha}{2} \int_V \dot{\varepsilon}_V^2 \, \mathrm{d}V, & \text{刚塑性材料} \\ \displaystyle\int_V E(\dot{\bar{\varepsilon}}) \mathrm{d}V - \int_{S_F} F_i u_i \, \mathrm{d}S + \frac{\alpha}{2} \int_V \dot{\varepsilon}_V^2 \, \mathrm{d}V, & \text{刚黏塑性材料} \end{cases} \tag{2.51}$$

$$\delta \Pi = \int_V \overline{\sigma} \delta \dot{\overline{\varepsilon}} \, \mathrm{d}V - \int_{S_F} F_i \delta u_i \, \mathrm{d}S + \alpha \int_V \dot{\varepsilon}_V \delta \dot{\varepsilon}_V \, \mathrm{d}V = 0 \qquad (2.52)$$

惩罚因子 α 是一个与材料流动应力相关的很大的整数，可以证明

$$\sigma_{\mathrm{m}} = \lambda = \alpha \dot{\varepsilon}_V \qquad (2.53)$$

罚函数法与拉格朗日乘子法相比，求解的未知量少，刚度矩阵为明显带状分布，可节省计算机存储空间，提高计算效率。DEFORM 软件是采用罚函数法处理体积不可压缩条件的[40]。惩罚因子 α 的取值是否合适直接影响计算精度和收敛速度。一个大的正值 α 可以保证 $\dot{\varepsilon}_V$ 接近于零，但 α 取值过大，则有限元刚度方程会出现病态，使收敛困难，甚至不能求解；而 α 取值过小，则体积不可压缩条件施加不当，降低计算精度。通常，α 可取 $10^5 \sim 10^7$。

2.4.2　刚塑性/刚黏塑性有限元的基本列式

刚塑性/刚黏塑性有限元变分原理的实质是把塑性变形问题的求解归结为从容许速度场中求能够使能量率泛函满足驻值条件的真实速度场问题，但是这样的场函数非常复杂，求解很困难。利用有限元法，可将变形体离散为有限个单元后，仅要求在单元内保持场函数连续性，依次建立单元泛函，将单元泛函集成得到整体泛函，对整体泛函求驻值，得到问题的数值解。一旦解出速度场，再利用各塑性方程求出应变速率场、应力场，并通过积分求得应变场、位移场等，最终可获得塑性变形问题的全解[8]。

用有限元法求解塑性变形问题时需对求解区域和基本未知量进行离散化，离散化包括变形空间离散化、参量离散化和方程离散化[7]。由于塑性变形问题的特征，考虑到求解精度和效率的统一以及刚塑性/刚黏塑性有限元相关技术应用，二维有限元分析通常采用四边形单元，而三维有限元分析通常采用四面体单元、六面体单元。下面分别以四节点四边形单元、四节点四面体单元为例介绍二维和三维刚塑性/刚黏塑性有限元法的基本求解公式。

1. 二维四边形单元列式

四节点四边形单元在自然或局部坐标系 $O'\xi\eta$ 中可以表示为规则的单元，通过等参变换可将几何形状规则的单元转换成笛卡儿或全局坐标系 Oxy 中几何形状扭曲的单元，如图 2.9 所示。自然坐标系和笛卡儿坐标系下几何形状和位移场采用同阶同参数插值关系描述，采用这种变换的单元称为等参单元[41]。等参单元的应用便于离散几何形状复杂的求解域和采用标准化的通用求解程序。下面将阐述四节点四边形单元列式的建立。

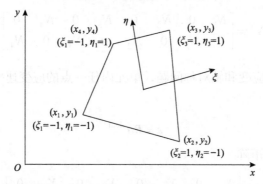

图 2.9　自然坐标系和笛卡儿坐标系下的四边形等参单元

反映单元位移状态的形函数为双线性函数，即

$$N_i(\xi,\eta)=\frac{1}{4}(1+\xi_i\xi)(1+\eta_i\eta) \tag{2.54}$$

式中，(ξ_i,η_i) 为单元第 i 个节点的自然坐标。

根据等参单元的性质，单元内任一点的坐标和速度场可通过形函数由节点的坐标和速度插值得到，即

$$\begin{cases} x=\sum_{i=1}^{4}N_i(\xi,\eta)x_i \\ y=\sum_{i=1}^{4}N_i(\xi,\eta)y_i \end{cases} \tag{2.55}$$

$$\begin{cases} u_x=\sum_{i=1}^{4}N_i(\xi,\eta)u_{x_i} \\ u_y=\sum_{i=1}^{4}N_i(\xi,\eta)u_{y_i} \end{cases} \tag{2.56}$$

式 (2.56) 可以写成矢量形式，即

$$\boldsymbol{u}=\boldsymbol{N}^{\mathrm{T}}\boldsymbol{u}^{\mathrm{elem}} \tag{2.57}$$

式中，$\boldsymbol{u}$ 为四边形单元内任一点的速度向量；$\boldsymbol{N}$ 为四边形单元形函数矩阵；$\boldsymbol{u}^{\mathrm{elem}}$ 为四边形单元的节点速度向量。

$$\boldsymbol{u}=\begin{bmatrix} u_x & u_y \end{bmatrix}^{\mathrm{T}} \tag{2.58}$$

$$\boldsymbol{u}^{\mathrm{elem}}=\begin{bmatrix} u_{x_1} & u_{y_1} & u_{x_2} & u_{y_2} & u_{x_3} & u_{y_3} & u_{x_4} & u_{y_4} \end{bmatrix}^{\mathrm{T}} \tag{2.59}$$

$$N^{\mathrm{T}} = \begin{bmatrix} N_1 & 0 & N_2 & 0 & N_3 & 0 & N_4 & 0 \\ 0 & N_1 & 0 & N_2 & 0 & N_3 & 0 & N_4 \end{bmatrix} \qquad (2.60)$$

对于二维平面应变和轴对称问题，单元内任一点的应变速率可由几何方程计算，其矢量形式为

$$\dot{\varepsilon} = Bu^{\mathrm{elem}} \qquad (2.61)$$

式中，B 为应变率矩阵。

$$B = \begin{bmatrix} X_1 & 0 & X_2 & 0 & X_3 & 0 & X_4 & 0 \\ 0 & Y_1 & 0 & Y_2 & 0 & Y_3 & 0 & Y_4 \\ K_1 & 0 & K_2 & 0 & K_3 & 0 & K_4 & 0 \\ Y_1 & X_1 & Y_2 & X_2 & Y_3 & X_3 & Y_4 & X_4 \end{bmatrix} \qquad (2.62)$$

式中，X_i、Y_i $(i=1,2,3,4)$ 为形函数对整体坐标的偏导数，可利用复合求导规则求其表达式。

$$K_i = \begin{cases} 0, & \text{平面应变问题} \\ \dfrac{N_i}{r}, & \text{轴对称问题} \end{cases}, \qquad i=1,2,3,4 \qquad (2.63)$$

2. 三维四面体单元列式

对于三维四面体单元，可以引进体积坐标系作为局部坐标系以方便构造二次以及更高次四面体单元的插值函数。四节点四面体单元是线性单元，利用整体坐标和局部坐标都可以方便构造其插值公式。下面采用全局坐标系介绍四节点四面体单元列式的建立。

如图 2.10 所示[7]，四面体单元四个顶点作为节点，节点编号为 1、2、3、4，按右螺旋法则排列，节点坐标分别为 x_i、y_i、z_i $(i=1,2,3,4)$。设单元内任一点的速度 u_x、u_y、u_z 是坐标 x、y、z 的线性函数，其中待定系数可由节点速度的值来确定，则单元速度场的插值函数可以表示为

$$\begin{cases} u_x = \displaystyle\sum_{i=1}^{4} N_i u_{x_i} \\ u_y = \displaystyle\sum_{i=1}^{4} N_i u_{y_i} \\ u_z = \displaystyle\sum_{i=1}^{4} N_i u_{z_i} \end{cases} \qquad (2.64)$$

式中，$N_i(i=1,2,3,4)$ 为四面体单元的形函数。

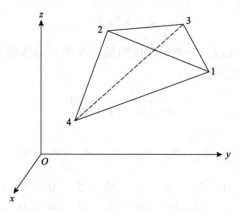

图 2.10　四节点四面体单元[7]

$$N_i = \frac{1}{6\Delta}\left(a_i + b_i x + c_i y + d_i z\right) \tag{2.65}$$

式中，Δ 为四面体体积；a_i、b_i、c_i、d_i 为常数，与节点坐标相关，$i=1$ 时其具体表示为式 (2.67)，其余的可由下标 1、2、3、4 轮换得到。

$$\Delta = \frac{1}{6}\begin{vmatrix} 1 & x_1 & y_1 & z_1 \\ 1 & x_2 & y_2 & z_2 \\ 1 & x_3 & y_3 & z_3 \\ 1 & x_4 & y_4 & z_4 \end{vmatrix} \tag{2.66}$$

$$\begin{cases} a_1 = \begin{vmatrix} x_2 & y_2 & z_2 \\ x_3 & y_3 & z_3 \\ x_4 & y_4 & z_4 \end{vmatrix} \\[18pt] b_1 = -\begin{vmatrix} 1 & y_2 & z_2 \\ 1 & y_3 & z_3 \\ 1 & y_4 & z_4 \end{vmatrix} \\[18pt] c_1 = \begin{vmatrix} x_2 & 1 & z_2 \\ x_3 & 1 & z_3 \\ x_4 & 1 & z_4 \end{vmatrix} \\[18pt] d_1 = -\begin{vmatrix} x_2 & y_2 & 1 \\ x_3 & y_3 & 1 \\ x_4 & y_4 & 1 \end{vmatrix} \end{cases} \tag{2.67}$$

式(2.64)可以写成矢量形式，即

$$u = N^{\mathrm{T}} u^{\mathrm{elem}} \tag{2.68}$$

式中，u 为四面体单元内任一点的速度向量；N 为四面体单元形函数矩阵；u^{elem} 为四面体单元的节点速度向量。

$$u = \begin{bmatrix} u_x & u_y & u_z \end{bmatrix}^{\mathrm{T}} \tag{2.69}$$

$$u^{\mathrm{elem}} = \begin{bmatrix} u_{x_1} & u_{y_1} & u_{z_1} & u_{x_2} & u_{y_2} & u_{z_2} & u_{x_3} & u_{y_3} & u_{z_3} & u_{x_4} & u_{y_4} & u_{z_4} \end{bmatrix}^{\mathrm{T}} \tag{2.70}$$

$$N^{\mathrm{T}} = \begin{bmatrix} N_1 & 0 & 0 & N_2 & 0 & 0 & N_3 & 0 & 0 & N_4 & 0 & 0 \\ 0 & N_1 & 0 & 0 & N_2 & 0 & 0 & N_3 & 0 & 0 & N_4 & 0 \\ 0 & 0 & N_1 & 0 & 0 & N_2 & 0 & 0 & N_3 & 0 & 0 & N_4 \end{bmatrix} \tag{2.71}$$

对于三维问题，应变分量有六个，单元内任一点的应变速率分量可由几何方程计算，其矢量形式为

$$\dot{\varepsilon} = B u^{\mathrm{elem}} \tag{2.72}$$

式中，

$$B = \begin{bmatrix} B_1 & B_2 & B_3 & B_4 \end{bmatrix} \tag{2.73}$$

$$B_i = \frac{1}{6\Delta} \begin{bmatrix} b_i & 0 & 0 \\ 0 & c_i & 0 \\ 0 & 0 & d_i \\ c_i & b_i & 0 \\ 0 & d_i & c_i \\ d_i & 0 & b_i \end{bmatrix}, \quad i = 1, 2, 3, 4 \tag{2.74}$$

3. 基于罚函数法的有限元基本列式

采用罚函数法处理体积不可压缩条件，计算效率高，存储空间少，广泛应用于塑性变形过程的有限元分析。

假设塑性变形体离散为 M 个单元，则罚函数法基本方程(2.52)离散后为

$$\delta \Pi = \delta \Pi(u) = \sum_{\mathrm{elem}=1}^{M} \delta \Pi^{\mathrm{elem}}(u^{\mathrm{elem}}) = 0 \tag{2.75}$$

式中，u^{elem} 为第 elem 个单元节点速度向量；u 为整体节点速度向量。

$$\boldsymbol{u} = [u_1 \quad u_2 \quad u_3 \quad \cdots \quad u_{n-1} \quad u_n] \tag{2.76}$$

式中，n 为系统的总自由度，$n=$节点总数×每个节点的自由度数。

由于 $\delta \boldsymbol{u}$ 的任意性，式(2.75)成立的条件是

$$\frac{\partial \Pi}{\partial \boldsymbol{u}} = \sum_{\text{elem}=1}^{M} \frac{\partial \Pi^{\text{elem}}}{\partial \boldsymbol{u}^{\text{elem}}} = 0 \tag{2.77}$$

将所有单元按式(2.77)依次进行组装，得到整体有限元方程，即

$$\boldsymbol{K}_u \boldsymbol{u} = \boldsymbol{F} \tag{2.78}$$

式中，$\boldsymbol{K}_u$ 为整体矩阵。

$$\boldsymbol{K}_u = \sum_{\text{elem}=1}^{M} \left(\int_{V^{\text{elem}}} \frac{\overline{\sigma}}{\overline{\varepsilon}} A \mathrm{d}V + \alpha \int_{V^{\text{elem}}} \boldsymbol{C}\boldsymbol{C}^{\mathrm{T}} \mathrm{d}V \right) \tag{2.79}$$

整体有限元方程是一个关于整体节点速度向量 $\boldsymbol{u}$ 的非线性方程组，通常采用 Newton-Raphson 法线性化后迭代求解。式(2.79)的迭代递推公式为

$$\begin{cases} \left(\dfrac{\partial^2 \Pi}{\partial \boldsymbol{u} (\partial \boldsymbol{u})^{\mathrm{T}}} \right)_n \Delta \boldsymbol{u}_n = -\left(\dfrac{\partial \Pi}{\partial \boldsymbol{u}} \right)_n \\ \boldsymbol{u}_{n+1} = \boldsymbol{u}_n + \beta \Delta \boldsymbol{u}_n \end{cases} \tag{2.80}$$

式中，n 为迭代次数；β 为减速系数或阻尼因子，$0 < \beta \leqslant 1$。

经过线性化的总刚度方程可以表示为

$$\boldsymbol{K} \Delta \boldsymbol{u} = \boldsymbol{R} \tag{2.81}$$

式中，$\boldsymbol{K}$ 为整体刚度矩阵；$\boldsymbol{R}$ 为节点不平衡力向量。

2.4.3 基于商业有限元软件的建模及软件简介

商业有限元软件具有友好的人机交互界面，一般的建模、求解过程中并不涉及上述理论内容。基于商业有限元软件的塑性成形建模流程如图 2.11 所示。

金属成形分析软件一般包括前处理模块、求解计算模块、后处理模块。图 2.11 给出的一般流程并未涉及具体软件操作层面。然而，针对具体问题，不同软件的建模流程也会少有差异。例如，一些有限元分析软件前处理模块并不具备几何建模功能，其几何建模过程需在第三方的 CAD 软件中进行。此外，为了追求更好的网格划分效果，网格单元也可在第三方软件划分。确定塑性成形问题类型及其

简化和等效处理是建模仿真的首要问题,也决定着有限元模型的计算精度和效率。单元类型、网格细化、参数控制等软件操作技巧,以及边界条件的设置也会影响计算精度和效率。为了更好地运用有限元分析软件解决塑性成形问题,某些情况下针对商业软件的二次开发是必要的。

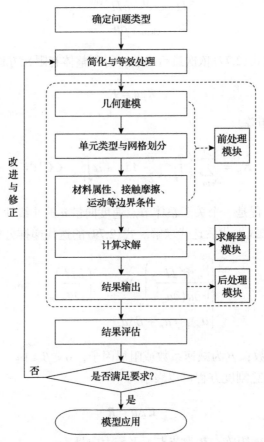

图 2.11　基于商业有限元软件的塑性成形建模流程

金属塑性成形领域使用的有限元分析软件一般可分为专门为塑性成形分析开发的专业软件(如 FORGE、DEFORM、DYNAFORM 等)和基于适用于多领域的可进行塑性成形分析的通用软件(如 ABAQUS、ANSYS、MARC 等),主要的金属塑性成形分析用商业有限元软件如表 2.1 所示。

FORGE 和 DEFORM 是金属体积成形有限元分析中应用最为广泛的典型商业软件。2004 年以来,作者应用这两类商业有限元分析软件对滚轧[42,43]、锻造[44,45]、挤压[46,47]、旋压[48]等成形工艺以及成形前加热[49]、成形中断裂损伤[50]等问题进行了深入研究。

表 2.1　金属塑性成形领域主要的商业有限元分析软件

软件类型	软件名	所属公司	求解格式	主要用途
专业软件	FORGE	法国 Transvalor 公司	静力隐式	锻造分析 板材成形分析
	DEFORM	美国 SFTC 公司	静力隐式	锻造分析
	DYNAFORM	美国 ETA 公司	动力显示 静力隐式*	板材成形分析
	PAM-STAMP	法国 ESI 公司	动力显示	板材成形分析
	AUTOFORM	瑞士 AUTOFORM 公司	静力隐式	板材成形分析
通用软件	ABAQUS	美国 ABAQUS 公司	静力隐式 动力显式	非线性问题
	ANSYS	美国 ANSYS 公司	静力隐式 动力显式	非线性问题
	MARC	美国 MSC 公司	静力隐式	非线性问题
	LS-DYNA	美国 LSTC 公司	动力显式	非线性问题
	ADINA	美国 ADINA 公司	静力隐式 动力显式	非线性问题

*回弹分析采用隐式算法。

1. FORGE 软件的发展历史及其系统结构

FORGE 软件是有法国国立巴黎高等矿业学院(Ecole des Mines de Paris)的材料成形研究中心 CEMEF(Centre de Mise en Forme des Matériaux)研制开发的。1984 年开发的 FORGE2 处理二维塑性成形问题，在 1986 年就有 FORGE2 在相关工业应用的报道[51]。1990 年推出了 FORGE3 三维有限元仿真分析系统，并在 1991 年加入自动网格重划分功能[52]，极大地提高了复杂零件塑性变形分析精度。1996 年基于 SPMD(single progran multiple data)算法发展并行计算，如图 2.12 所示，解决了并行网格重划分等关键技术[53]，并于 1997 年推出了基于 Windows 系统交互性好的多处理器并行计算商业软件系统。这使 FORGE 在体积成形的弹塑性有限元分析以及模具和工件变形耦合计算的模具应力分析中具有极大的技术优势。

2005 年，FORGE2 和 FORGE3 集成为一个模拟软件，目前行业流行的版本为 FORGE® NxT 系列[54]。由于其强大的并行计算能力，具备网格自动重划分和网格自适用等网格技术，提供了强有力的弹塑性有限元分析，结合各向异性材料行为，FORGE 也适用于板材成形过程分析，广泛用于冷锻、热锻、板材成形、回弹、热处理、加热等金属塑性成形工艺热处理过程的有限元分析，甚至拓展用于搅拌摩擦焊[55]等工艺过程的建模仿真。

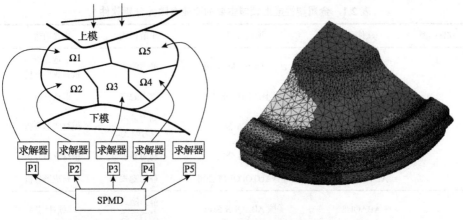

(a) 塑性变形问题的并行计算[53]　　　(b) 并行计算下的网格分区(一种颜色对应一个求解核心)[54]

图 2.12　基于 SPMD 算法的并行计算

FORGE 有限元分析软件也包括前处理模块、求解计算模块、后处理模块，其主要功能简述如下。

(1) 前处理器 (pre-processor)，包括 2D 和 3D 两种类型问题的材料数据、边界条件设置、成形设备类型。它提供了线弹性、黏塑性、弹(黏)塑性等多样的材料行为描述，不仅具有网格局部细化、自动重划分功能，还具备强大的自适用网格重划分功能，根据变形、应变速率等实际计算结果自适用网格重划分，获得更高的计算精度。

(2) 求解器 (solver)，采用有限元法求解热平衡方程和力平衡方程，针对热成形、温成形、冷成形不同的成形条件采用不同的求解方法，应用 Norton-Hoff 黏塑性方法求解热成形的塑性变形问题，应用弹塑性和弹黏塑性方法求解温成形、冷成形的塑性变形问题。同时，3D 求解器可以实现高效的平行计算。

(3) 后处理器 (post-processor)，求解器完成计算后，其产生、记录的各种文件由后处理模块解读，并将工件和模具的各种标量、矢量形式的计算结果显示出来。FORGE 后处理有两个强大的分析工具：虚拟传感器 (sensors)，可追踪工件成形过程指定点的应变、应变速率、温度等参变量，这些虚拟传感器/追踪点可以是固定的，也可以是随工件或模具的变形而移动的；标记网格 (marking grid)，允许用户标记工件上线或面在后续成形中的网格变化，以反映变形和方向。

模具是金属成形过程的重要约束条件，模具寿命预测和模具应力也是金属成形问题的重要研究对象。FORGE 和 DEFORM 软件都有相关的磨损分析功能，但高效的模具应力分析实现方法却有所差别。一般模具应力分析有两种方法：一是在金属变形有限元分析过程中将模具视为弹(塑)性体，进而将模具的受力、变形等计算分析和工件的相关分析一同耦合计算；二是在金属变形有限元分析过程中将模具视为刚性体，完成计算分析后，将某一时刻的工件变形力映射到模具上，并将模具设为弹(塑)性体，进行相应的计算分析。

FORGE 具有强大的并行计算能力，将模具设为弹塑性体和工件变形一同计算是可高效实现的，因此采用第一种方法实现模具应力分析，同时展现模具和工件的变形参数，如图 2.13 所示，便于分析成形过程中模具应力分布特征的演化。

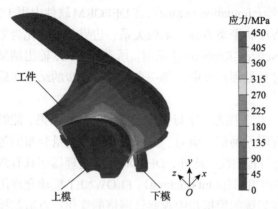

图 2.13　厚壁筒体翻边过程零件与模具应力分布(FORGE 软件)

2. DEFORM 软件的发展历史及其系统结构

DEFORM 软件是在 ALPID 系统及其开发经验的基础上开发的[56,57]。ALPID 软件是 Battelle Columbus 实验室于 20 世纪 80 年代早期开发的一套有限元分析软件，其只能分析等温条件下的二维问题，1985 年在美国已有成功的工业应用案例。

1985 年 Battelle Columbus 实验室开始着手开发热力耦合有限元分析程序，并于 1989 年首次发布了带有改进前/后处理能力的 DEFORM 软件系统。随后 DEFORM 软件由 SFTC(Scientific Forming Technologies Co.)公司负责推广，并推出了 DEFORM-3D 系统。1990 年，DEFORM 软件系统增加了自动网格生成(automatic mesh generation, AMG)模块。1991 年，AMG 模块中增加了自动重划分功能。

DEFORM 软件是专为金属体积成形设计的，其有限元计算列式主要基于刚黏塑性有限元法[40]。随着计算机和有限元技术的发展，DEFORM 软件也不断发展完善，已经成为金属成形及热处理领域专业的有限元分析软件。DEFORM-2D/3D 具有 Windows 风格的可视化操作界面和完善的网格自动生成及再划分技术，广泛地用于锻造、切削、轧制等金属成形工艺。DEFORM-2D/3D 系统结构基本相同，主要由前处理器、模拟求解器、后处理器三部分组成，其主要功能描述如下。

　　(1)前处理器，主要包括三部分：用于交互式数据输入和检验的输入模块；通过考虑权重因子生成网格的自动网格生成模块；将"旧"网格中数据插值到新生成网格中的数据传递模块。网格自动重划分技术是将自动网格生成模块和数据传递模块结合起来并自动应用的技术，该技术保证了成形过程模拟可持续顺利进行，而不需要进行人工干预。

　　(2)模拟求解器(simulation engine)，在DEFORM软件中用于完成有限元分析，通过有限元离散程序将平衡方程、本构关系、边界条件转化为非线性方程组，采用直接迭代法或Newton-Raphson法求解。所有的输入、输出结果都以二进制格式存储，用户可通过后处理器读取，每一个计算存储步的结果在后处理器中显示或绘制曲线。

　　(3)后处理器，用于图形、字母数字形式显示模拟结果。能够以图形表现的模拟结果主要有：有限元网格，应力、应变、温度等变量分布的等高线和等色图，速度矢量场，载荷行程曲线。此外，DEFORM后处理器还具有两个重要的功能模块：FLOWNET和点追踪(point tracking)。FLOWNET模块允许用户在工件(截面)上刻画网格，并在后续的模拟步中观察该网格的变化；点追踪模块可以获取选择点的位置以及应力、应变、温度等变量的历史数据。

　　一般工件受力最大时刻，模具应力也是最大的，可选择此时刻进行模具应力分析。采用DEFORM软件进行模具应力分析时，一般将其和金属变形过程分开处理。将模具视为刚性体，完成金属变形过程计算；将模具设为弹性体，选择相应的分析计算步，将工件变形力插值到模具相应节点上，然后进行模具应力分析。

参 考 文 献

[1] 俞汉清，陈金德. 金属塑性成形原理. 北京：机械工业出版社, 1999.

[2] Weroński W S, Gontarz A, Pater Z. Analysis of the drop forging of a piston using slip-line fields and FEM. International Journal of Mechanical Sciences, 1997, 39(2): 211-220.

[3] Zhang D W, Yang H, Sun Z C. Analysis of local loading forming for titanium-alloy T-shaped components using slab method. Journal of Materials Processing Technology, 2010, 210(2): 258-266.

[4] Zhang D W, Yang H. Fast analysis on metal flow in isothermal local loading process for multi-rib component using slab method. The International Journal of Advanced Manufacturing Technology, 2015, 79(9-12): 1805-1820.

[5] 张大伟. 钛合金复杂大件局部加载等温成形规律及坯料设计[博士学位论文]. 西安：西北工业大学, 2012.

[6] 吕炎. 精密塑性体积成形技术. 北京：国防工业出版社, 2003.

[7] 刘建生, 陈慧琴, 郭晓霞. 金属塑性加工有限元模拟技术与应用. 北京: 冶金工业出版社, 2003.

[8] 董湘怀. 材料成形计算机模拟. 2 版. 北京: 机械工业出版社, 2006.

[9] 王仲仁. 塑性加工力学基础. 北京: 国防工业出版社, 1989.

[10] 王祖唐, 关廷栋, 肖景容, 等. 金属塑性成形理论. 北京: 机械工业出版社, 1989.

[11] 徐秉业, 陈森灿. 塑性理论简明教程. 北京: 清华大学出版社, 1981.

[12] Lubliner J. Plasticity Theory. New York: Dover Publications, 2008.

[13] Zhang D W, Xu F F, Yu Z C, et al. Coulomb, Tresca and Coulomb-Tresca friction models used in analytical analysis for rolling process of external spline. Journal of Materials Processing Technology, 2021, 292: 117059.

[14] Prandtl L. Über die Härte plastischer Körper. Nachrichten von der Königlichen Gesellschaft der Wissenschaften zu Göttingen, Mathenatisch-physikalische Klases, 1920: 74-85.

[15] Hill R. The Mathematical Theory of Plasticity. New York: Oxford University Press, 1950.

[16] Hencky H. Über einige statisch bestimmte Fälle des Gleichgewichts in plastischen Körpern. Zeitschrift für Angewandte Mathematik und Mechanik, 1923, 3(4): 241-251.

[17] Zhang D W, Li Y T, Fu J H, et al. Mechanics analysis on precise forming process of external spline cold rolling. Chinese Journal of Mechanical Engineering, 2007, 20(3): 54-58.

[18] Zhang D W, Li Y T, Fu J H, et al. Rolling force and rolling moment in spline cold rolling using slip-line field method. Chinese Journal of Mechanical Engineering, 2009, 22(5): 688-695.

[19] Zhang D W, Li Y T, Fu J H, et al. Theoretical analysis and numerical simulation of external spline cold rolling//IET Conference Publications CP556, Institution of Engineering and Technology, London, 2009: 1-7.

[20] 李永堂, 张大伟, 付建华, 等. 外花键冷滚压成形过程单位平均压力. 中国机械工程, 2007, 18(24): 2977-2980.

[21] von Kármán T. Beitrag zur Theorie des Walzvorges. Zeitschrift für Angewandte Mathematik und Mechanik, 1925, 5(2): 139-141.

[22] Sachs G. Zur Theorie des Ziehvorganges. Zeitschrift für Angewandte Mathematik und Mechanik, 1927, 7(3): 235-236.

[23] Altan T, Oh S I, Gegel H L. Metal Forming: Fundamentals and Application. Metal Park OH: American Society for Metals, 1983.

[24] Zhang D W, Yang H. Analytical and numerical analyses of local loading forming process of T-shape component by using Coulomb, shear and hybrid friction models. Tribology International, 2015, 92: 259-271.

[25] Zhang D W, Yang H. Numerical study of the friction effects on the metal flow under local loading way. The International Journal of Advanced Manufacturing Technology, 2013, 68(5-8): 1339-1350.

[26] Zhang D W, Yang H. Metal flow characteristics of local loading forming process for rib-web component with unequal-thickness billet. The International Journal of Advanced Manufacturing Technology, 2013, 68(9-12):1949-1965.

[27] Zhang D W, Yang H. Development of transition condition for region with variable-thickness in isothermal local loading process. Transactions of Nonferrous Metals Society of China, 2014, 24(4):1101-1108.

[28] Zhang D W, Yang H, Sun Z C, et al. Influences of fillet radius and draft angle on local loading process of titanium alloy T-shaped components. Transactions of Nonferrous Metals Society of China. 2011, 21(12): 2693-2704.

[29] Zhang D W, Yang H. Loading state in local loading forming process of large sized complicated rib-web component. Aircraft Engineering and Aerospace Technology, 2015, 87(3): 206-217.

[30] Zhang D W, Yang H. Distribution of metal flowing into unloaded area in the local loading process of titanium alloy rib-web component. Rare Metal Materials and Engineering, 2014, 43(2): 296-300.

[31] 赵升吨. 材料成形技术基础. 北京: 电子工业出版社, 2013.

[32] Clough R W. The finite element method in plane stress analysis//Proceedings of the 2nd ASCE Conference on Electronic Computation, Pittsburg, 1960: 345-378.

[33] Zienkiewica O C, Cheung Y K. The Finite Element Method in Structural and Continuum Mechanics. London: McGraw-Hill Publishing Company Limited, 1967.

[34] Osakada K. History of plasticity and metal forming analysis. Journal of Materials Processing Technology, 2010, 210(11):1436-1454.

[35] 曾攀. 有限元分析及应用. 北京: 清华大学出版社, 2004.

[36] 钱伟长. 变分法及有限元(上册). 北京: 科学出版社, 1980.

[37] Yang H, Zhan M, Liu Y L, et al. Some advanced plastic processing technologies and their numerical simulation. Journal of Materials Processing Technology, 2004, 151(1-3):63-69.

[38] 杨合, 孙志超, 詹梅, 等. 局部加载控制不均匀变形与精确塑性成形研究进展. 塑性工程学报, 2008, 15(2): 6-14.

[39] Zhang D W, Zhao S D, Yang H. Analysis of deformation characteristic in multi-way loading forming process of aluminum alloy cross valve based on finite element model. Transactions of Nonferrous Metals Society of China, 2014, 24(1): 199-207.

[40] Oh S I, Wu W T, Tang J P, et al. Capabilities and applications of FEM code deform: the perspective of the developer. Journal of Materials Processing Technology, 1991, 27(1-3): 25-42.

[41] 王勖成, 邵敏. 有限单元法基本原理和数值方法. 2版. 北京: 清华大学出版社, 1997.

[42] Zhang D W, Zhao S D. Deformation characteristic of thread and spline synchronous rolling process. The International Journal of Advanced Manufacturing Technology, 2016, 87(1-4): 835-851.

[43] Zhang D W, Zhao S D. Influences of friction condition and end shape of billet on convex at root of spline by rolling with round dies. Manufacturing Technology, 2018, 18(1): 165-169.

[44] Zhang D W, Yang H, Sun Z C, et al. Deformation behavior of variable-thickness region of billet in rib-web component isothermal local loading process. The International Journal of Advanced Manufacturing Technology, 2012, 63(1-4): 1-12.

[45] Zhang D W, Li S P, Jing F, et al. Initial position optimization of preform for large-scale strut forging. The International Journal of Advanced Manufacturing Technology, 2018, 94(5-8): 2803-2810.

[46] Zhang D W, Yang H, Sun Z C. 3D-FE modelling and simulation of multi-way loading process for multi-ported valves. Steel Research International, 2010, 81(3): 210-215.

[47] Zhang D W, Yang H, Sun Z C. Finite element simulation of aluminum alloy cross valve forming by multi-way loading. Transactions of Nonferrous Metals Society of China, 2010, 20(6): 1059-1066.

[48] Zhang D W, Li F, Li S P, et al. Finite element modeling of counter-roller spinning for large-sized aluminum alloy cylindrical parts. Frontiers of Mechanical Engineering, 2019, 14(3): 351-357.

[49] Zhang D W, Shi T L, Zhao S D. Through-process finite element modeling for warm flanging process of large-diameter aluminum alloy shell of gas insulated (metal-enclosed) switchgear. Materials, 2019, 12(11): 1784.

[50] 张大伟, 赵升吨, 朱成成, 等. 钛合金实心锭穿孔挤压穿孔过程有限元分析. 稀有金属材料与工程, 2016, 45(1): 86-91.

[51] Germain Y, Wey E, Chenot J L. FORGE2: program for simulating the hot-forging of metals by finite elements//Proceedings of the SAS World Conference. Oxford: Pergamon Press, 1986: 149-165.

[52] Coupez T, Soyris N, Chenot J L. 3-D finite element modelling of the forging process with automatic remeshing. Journal of Materials Processing Technology, 1991, 27(1-3): 119-133.

[53] Coupez T, Marie S, Ducloux R. Parallel 3D simulation of forming processes including parallel remeshing and reloading//Proceedings of the 2nd ECCOMAS Conference on Numerical Methods in Engineering, Paris, 1996: 738-743.

[54] Transvalor S A. Reference documentation of FORGE® NxT. 2017.

[55] Fourment L, Guerdoux S. 3D numerical simulation of the three stages of friction stir welding based on friction parameters calibration. International Journal of Material Forming, 2008, 1(S1): 1287-1290.

[56] Tang J, Wu W T, Walters J. Recent development and applications of finite element method in metal forming. Journal of Materials Processing Technology, 1994, 46(1-2): 117-126.

[57] Altan T, Knoerr M. Application of the 2D finite element method to simulation of cold-forging processes. Journal of Materials Processing Technology, 1992, 35(3-4): 275-302.

第3章　金属体积成形过程中摩擦的描述与评估

摩擦是金属成形工艺的影响因素之一，其影响着成形过程中的金属流动、构件的成形质量、生产成本、模具的使用寿命等[1~5]。摩擦模型及其摩擦条件是金属塑性成形分析中重要的边界条件和参数。摩擦的大小对体积成形过程中的材料流动有重要影响，通过调控局部区域的摩擦条件可有效控制材料流动[6~8]。采用合理的摩擦模型、测定准确的摩擦参数与恰当评估体积成形摩擦条件对体积成形工艺路径制定优化与工装设计十分重要[9]。

由于金属体积成形过程中的高压、高温、工艺参数多样性及其之间复杂的非线性关系，体积成形中工件和模具之间接触面上的摩擦描述与评估较为困难。为了适用于不同工艺条件，不断发展改进多种形式的摩擦模型与摩擦测试试验。经典的库仑摩擦模型、剪切摩擦模型以及二者的混合摩擦模型(库仑-剪切摩擦模型)被广泛应用于体积成形的分析中[8~15]。基于黏附理论考虑真实接触面积的 Shaw 摩擦模型[16]、统一摩擦模型[17,18]等也被发展用于改进金属塑性成形中摩擦的描述。目前评估确定体积成形过程中摩擦系数或摩擦因子的试验方法很多，如圆环压缩试验[10,19]、双杯挤压试验[20,21]、圆柱压缩试验[22,23]、T 型压缩试验[24]等。

本章介绍了金属体积成形分析中常用的经典摩擦模型、基于真实接触面积的摩擦模型的表征与应用范围，以及在有限元分析计算时这些摩擦模型的数值化；阐述了几种可行的评估、测试金属体积成形中摩擦条件的试验方法及适用范围，以及不同摩擦模型摩擦参数间的关联关系。

3.1　经典摩擦模型及其数值化

库仑摩擦模型、剪切摩擦模型是金属塑性成形分析采用的经典摩擦模型，应用广泛，基于这两种摩擦模型及二者的混合摩擦模型，一些改进模型也被发展起来。经典的库仑摩擦模型、剪切摩擦模型的结构形式简单，适用于金属塑性成形的解析分析。采用反正切函数引入相对速度描述摩擦剪应力，可实现库仑摩擦模型、剪切摩擦模型的数值化，适用于有限元列式计算。

3.1.1　摩擦模型数学描述

库仑摩擦模型是基于机械摩擦理论发展而来的，也称为 Amontons-Coulomb

摩擦模型，其一般数学描述为式(3.1)。库仑摩擦系数的理论上限值取决于所选择的屈服准则，对于 Mises 屈服准则，其上限值为 0.577，即 $0 \leqslant \mu \leqslant 0.577$；对于 Tresca 屈服准则，其上限值为 0.5，即 $0 \leqslant \mu \leqslant 0.5$。虽然库仑摩擦模型更适用于弹性接触，但在金属体积成形的仿真分析中也得到广泛应用[25,26]。金属塑性成形也称为压力加工，成形过程中接触面上压力很大，大于屈服应力，甚至大于 2000MPa。而库仑摩擦模型中摩擦剪应力和接触面上压力成正比(图 3.1(a))，因此在接触面具有高压力的塑性成形过程或某一变形阶段，库仑摩擦模型的适用性受到较大限制。

$$\tau = \mu p \tag{3.1}$$

式中，τ 为摩擦剪应力；μ 为库仑摩擦系数；p 为正应力。

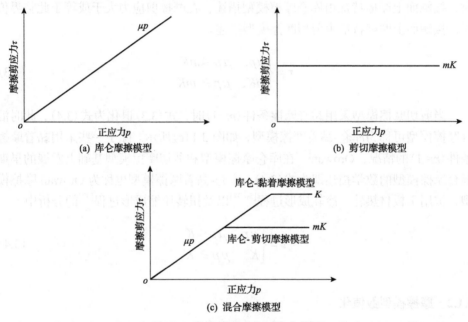

图 3.1　摩擦剪应力和正应力关系

剪切摩擦模型，也称为 Tresca 摩擦模型，认定摩擦剪应力和变形材料剪切屈服强度有关，其一般数学描述为式(3.2)。剪切摩擦模型中，摩擦剪应力和接触面上压力不直接相关(图 3.1(b))，其模型结构形式简单，易于数值化。剪切摩擦因子取值范围为 $0 \leqslant m \leqslant 1$。当 $m=1$ 时，摩擦模型描述黏着摩擦状态，摩擦模型进一步简化，仅与材料塑性参数相关。剪切摩擦模型在初始接触状态或接触压力较小情况下会有较大的局限性。而实际上，在常规的模具表面和试验条件下，即使采用干摩擦条件，热成形[5]、冷成形[27]条件下的摩擦试验所测定的剪切摩擦因子或库仑摩擦系数很难达到上限值。

$$\tau = mK \tag{3.2}$$

式中，m 为剪切摩擦因子；K 为材料剪切屈服强度。

由于库仑摩擦模型和剪切摩擦模型存在上述局限性，在一些工艺分析中，根据变形特征和模具工件几何参数，在不同区域采用不同的摩擦模型(库仑摩擦模型或剪切摩擦模型)[28,29]。例如，第 4 章采用滑移线场分析花键滚轧成形工艺就是分别采用库仑摩擦模型和剪切摩擦模型描述工件齿侧和齿根不同接触区域。而集成库仑摩擦模型和剪切摩擦模型两者特点的混合摩擦模型就可以很好地解决这一问题，同时可用于描述不同变形特征和应力状态，即可用于成形过程中接触面上局部区域压力较低并存在滑动，且接触面上局部区域存在较高压力的情况。混合摩擦模型(库仑-剪切摩擦模型)的一般数学描述为式(3.3)。在摩擦剪应力小于临界值时，接触面上摩擦特征由库仑摩擦模型描述；在摩擦剪应力大于或等于此临界值时，接触面上摩擦特征由剪切摩擦模型描述。

$$\tau = \begin{cases} \mu p, & \mu p < mK \\ mK, & \mu p \geqslant mK \end{cases} \tag{3.3}$$

当剪切摩擦模型采用黏着摩擦条件$(m=1)$时，式(3.3)退化为式(3.4)，此时混合摩擦模型可称为库仑-黏着摩擦模型，如图 3.1(c)所示。除了一些采用黏着摩擦条件$(m=1)$的情况，Orowan[30]在库仑摩擦模型和剪切摩擦模型基础上发展的早期混合摩擦模型的数学描述即为式(3.4)。库仑-黏着摩擦模型也称为 Orowan 摩擦模型，被用于板材热轧、冷轧成形过程[30,31]以及扭转压缩成形过程[32]的分析中。

$$\tau = \begin{cases} \mu p, & \mu p < K \\ K, & \mu p \geqslant K \end{cases} \tag{3.4}$$

3.1.2　摩擦模型数值化

基于马尔可夫变分原理的刚塑性/刚黏塑性有限元法求解塑性变形问题的实质是求解泛函极值，在满足变形几何条件、体积不可压缩条件、速度边界条件的一切运动容许速度场中，真实解必然使泛函(2.47)取驻值。变形几何条件和速度边界条件较容易满足，对于体积不可压缩条件，常采用拉格朗日乘子法、罚函数法构建一个新泛函。

罚函数法具有数值解析的特征，与拉格朗日乘子法相比，其求解的未知量少，节省计算机存储空间、提高计算效率。罚函数法的基本思想是用一个足够大的整数 α 把体积不可压缩条件引入泛函(2.47)构造一个新的泛函(2.51)。在金属塑性成形的有限元分析中，可将摩擦条件引入泛函(2.51)构造一个新的泛函，则真实解满足

这个新泛函。例如，在刚塑性有限元列式中引入摩擦条件后，新的泛函表示为[11]

$$\Pi = \int_V \overline{\sigma}\dot{\overline{\varepsilon}}\,\mathrm{d}V - \int_{S_F} F_i u_i\,\mathrm{d}S + \frac{\alpha}{2}\int_V \dot{\varepsilon}_V^2\,\mathrm{d}V + \int_{S_C}\left(\int_0^{|u_r|}\tau\,\mathrm{d}u_r\right)\mathrm{d}S \tag{3.5}$$

式中，S_C 为接触面；u_r 为相对速度。

　　然而，对于圆环压缩、锻造、轧制等成形问题，模具坯料之间接触面上的相对滑动速度方向是不确定的，在模具坯料接触面上存在一个速度分流点或速度分流区域，此处变形材料相对速度为零。在速度分流位置，摩擦剪应力的方向突然改变，如图 3.2 所示圆环压缩，当接触面摩擦较大时，分流层出现在圆环内部，剪应力方向改变。

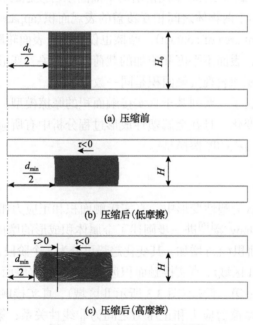

图 3.2　压缩中的圆环几何形状

　　当采用式(3.1)～式(3.4)时，速度分流位置附近摩擦剪应力的突然换向会给有限元列式(3.5)带来数值问题。在有限元分析中，为了处理这一情况，在靠近中性点或中性区域的地方，可采用与速度相关的修正摩擦模型来描述摩擦剪应力。一般采用反正切函数引入相对速度，也可称为反正切修正摩擦模型。对于剪切摩擦模型，其表示为[33]

$$\tau = mK\frac{2}{\pi}\arctan\left(\frac{|u_r|}{u_0}\right)\frac{u_r}{|u_r|} \tag{3.6}$$

式中，u_0 为远小于相对速度的任意常数。

相应地，基于反正切函数引入相对速度的库仑摩擦模型可表示为[3]

$$\tau = \mu p \frac{2}{\pi} \arctan\left(\frac{|u_r|}{u_0}\right)\frac{u_r}{|u_r|} \tag{3.7}$$

混合摩擦模型(式(3.3)和式(3.4))是库仑摩擦模型和剪切摩擦模型的结合，因此对于混合摩擦模型的数值化可综合运用式(3.6)和式(3.7)[15]。

3.2　基于真实接触面积的摩擦模型

Bowden 等[34]于 20 世纪 30 年代指出两平面间亲密接触的真实接触面积(actual area of contact)远小于两物体之间相互覆盖的表观面积(apparent area)，也称为表观接触面积(apparent area of contact)。摩擦也仅作用于表面轮廓凸起(hills)处。他们认为塑性变形中，表面不平度和施加的载荷密切相关，变形金属很软、压力很大，则真实接触面积和表观接触面积是同一数量级的。

随后也逐渐发展了一系列基于真实接触面积的摩擦模型，用于描述金属塑性成形中摩擦情况的变化，且在金属塑性成形过程分析中有所应用。本节简略评述几种基于真实接触面积的摩擦模型。

1. Shaw 摩擦模型

Bowden 等[34]认为塑性变形中，真实接触面积和正应力相关，与表观接触面积是同一数量级。Shaw 等[16]进一步阐述了金属体积成形的摩擦机制，随着正压力的增加，真实接触面积(A_R)增加，其变化趋势可分为 3 个阶段，如图 3.3 所示。第一阶段(图 3.3 所示 I 区域)，真实接触面积远远小于表观接触面积(A)，即 $A_R \ll A$，符合库仑摩擦模型；第二阶段(图 3.3 所示 II 区域)，真实接触面积小于表观接触面积，即 $A_R < A$，摩擦剪应力和正压力之间为非线性关系；第三阶段(图 3.3 所示 III 区域)，真实接触面积接近表观接触面积，即 $A_R = A$，符合剪切摩擦模型。

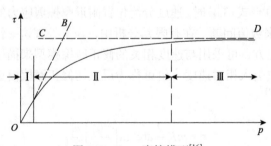

图 3.3　Shaw 摩擦模型[16]

Shaw 等[16]采用黏着摩擦条件，即 $\tau = K$。第二、第三阶段体现的是金属体积变形特征。

图 3.3 所示的摩擦剪应力变化特征就是 Shaw 摩擦模型，很好地运用了经典库仑摩擦模型、剪切摩擦模型解释金属体积成形中的摩擦机制，但缺乏明确的数学表述。Wanheim[17]采用滑移线场法和试验验证了 Shaw 等[16]提出的真实接触面积和表观接触面积之间的关系。真实接触面积和表观接触面积之比 α 随正压力的变化如图 3.4 所示。随着正压力的增加，在干摩擦条件下 α 增加至接近于 1.0。

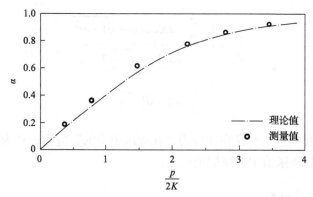

图 3.4　真实接触面积和表观接触面积之比随正压力的变化[17]

2. 统一摩擦模型

Wanheim 等[17,18]发展了统一摩擦模型（general friction model），也称 Wanheim-Bay 摩擦模型。统一摩擦模型将真实接触面积和表观接触面积之比 α 引入经典库仑摩擦模型、剪切摩擦模型，其一般数学描述为式（3.8）和式（3.9）。统一摩擦模型中摩擦剪应力的变化类似于 Shaw 摩擦模型，在正压力较低时，如 $p/(2K) < 1.3$，符合库仑摩擦模型；在正压力较大时，符合剪切摩擦模型。将 α 引入式（3.6）和式（3.7）可实现 Wanheim-Bay 摩擦模型数值化，但由于 α 的非线性变化，摩擦模型数值化极具挑战性。

$$\tau = \mu \alpha p \tag{3.8}$$

$$\tau = m \alpha K \tag{3.9}$$

式（3.9）中的剪切摩擦因子可采用滑移线场法求得其解析表达式[18]，也可由摩擦试验（如圆环压缩试验）的试验结果和摩擦校准曲线比较确定[35]。统一摩擦模型中 α 由多个解析表达式（式（3.10）～式（3.12))确定[11]，这些求解列式中包含接触面上正压力、摩擦因子、变形材料参数，且这些参数之间是非线性关系。

$$m\alpha = \frac{\tau}{K}\begin{cases} \dfrac{\dfrac{p}{\sigma_s}}{\dfrac{p'}{\sigma_s}}\dfrac{\tau'}{K}, & p \leqslant p' \\[3em] \dfrac{\tau'}{K} + \left(m - \dfrac{\tau'}{K}\right)\left\{1 - \exp\left[\dfrac{\dfrac{\tau'}{K}\left(\dfrac{p'}{\sigma_s} - \dfrac{p}{\sigma_s}\right)}{\dfrac{p'}{\sigma_s}\left(m - \dfrac{\tau'}{K}\right)}\right]\right\}, & p > p' \end{cases} \tag{3.10}$$

$$\frac{p'}{\sigma_s} = \frac{1 + \dfrac{\pi}{2} + \arccos m + \sqrt{1 - m^2}}{\sqrt{3}\left(1 + \sqrt{1 - m}\right)} \tag{3.11}$$

$$\frac{\tau'}{K} = 1 - \sqrt{1 - m} \tag{3.12}$$

式中，p' 为摩擦剪应力和法向正应力之比极限值中的正应力；τ' 为摩擦剪应力和法向正应力之比极限值中的摩擦剪应力。

3. IFUM 摩擦模型

Bowden 等[34]、Shaw 等[16]、Wanheim 等[17,18]的研究都表明，真实接触面积和接触面正压力密切相关。在式 (3.6) 的基础上，通过引入接触面正压力反映塑性成形中真实接触面积变化的摩擦模型 (3.13)[36]，也称为 Neumaier 摩擦模型。

$$\tau = mK\left[1 - \exp\left(-\frac{p}{\sigma_s}\right)\right]f(u_r) \tag{3.13}$$

式中，$f(u_r)$ 为与相对滑动速度相关的函数。

$$f(u_r) = \frac{2}{\pi}\arctan\frac{u_r}{C} \tag{3.14}$$

式中，C 为调控 u_r 对接触面上摩擦剪应力影响的参数。

为了同时考虑接触面局部应力状态对接触面上摩擦剪应力影响的参数，Neumaier 摩擦模型被改进为[37]

$$\tau = \left\{0.15\left(1 - \frac{\sigma_{eq}}{\sigma_y}\right)p + K\frac{\sigma_{eq}}{\sigma_y}\left[1 - \exp\left(-S_1\left|\frac{p}{\sigma_y}\right|^{S_2}\right)\right]\right\}f(u_r) \tag{3.15}$$

$$f(u_\mathrm{r}) = 1.11 \times 0.9^{\frac{|u_\mathrm{r}|}{C}} \left(\frac{|u_\mathrm{r}|}{C} \right)^{0.1} \tag{3.16}$$

式中，σ_eq 为等效应力；σ_y 为流动应力；S_1、S_2 为未知参数，可采用统计分析方法优化确定摩擦模型中相关未知参数 S_1、S_2。

为了进一步改进相对滑动速度对塑性变形中接触面上摩擦剪应力的影响，进一步改进获得式 (3.17)[36]，即为 IFUM 摩擦模型。

$$\tau = \left[0.3 \left(1 - \frac{\sigma_\mathrm{eq}}{\sigma_\mathrm{y}} \right) p + mK \frac{\sigma_\mathrm{eq}}{\sigma_\mathrm{y}} \left(1 - \exp\frac{-|p|}{\sigma_\mathrm{y}} \right) \right] f(u_\mathrm{r}) \tag{3.17}$$

$$f(u_\mathrm{r}) = \exp\left(-\frac{1}{2} \frac{u_\mathrm{r}}{C} \right) \tag{3.18}$$

IFUM 摩擦模型可辨识接触面上正应力高低不同时的应力状态，区别弹性变形和塑性变形。采用 $\sigma_\mathrm{eq}/\sigma_\mathrm{y}$ 作为衡量库仑摩擦模型和剪切摩擦模型的权重，区别弹性、塑性两种应力状态。当等效应力接近材料流动应力时，库仑摩擦定律在 IFUM 摩擦模型中失效。当 $f(u_\mathrm{r}) = 1$ 时，IFUM 摩擦模型可描述黏着摩擦状态。IFUM 摩擦模型同样引入相对速度描述摩擦剪应力，容易用于有限元列式。FORGE 2007 版本中嵌入了 IFUM 摩擦模型，有限元建模时在前处理中可方便地选用。

基于真实接触面积的摩擦模型更确切地反映出体积成形过程中的接触状态，然而其结构形式较为复杂，真实接触面积和表观接触面积之比 α 非线性变化、影响参数多。IFUM 摩擦模型引入力学参数和相对速度，可区分弹性变形区与塑性变形区，易于实现有限元列式计算。

3.3　金属体积成形摩擦测试方法

为了适用不同工艺条件，发展了多种形式的摩擦测试试验。圆环压缩试验简单高效，用其测量摩擦条件时不需要测量变形载荷和材料属性，适用于热成形的摩擦条件测定。双杯挤压过程中接触面压力大、变形剧烈，适用于冷锻成形摩擦条件测定。本节简略评述几种常用的评估、测试金属体积成形中摩擦条件的方法。

1. 圆环压缩试验

圆环压缩试验 (ring compression test, RCT) 用于比较分析冷锻过程的润滑剂效果[38]。圆环压缩过程中金属圆环的几何形状演化对圆环表面和压缩模具之间接触面上的摩擦条件十分敏感，因此可根据压缩圆环的几何形状演化来确定接触面上的摩擦条件。在低摩擦条件下，压缩圆环内径扩大，如图 3.2(b)所示；在高摩擦条件下，压缩圆环内径缩小，如图 3.2(c)所示。不同摩擦条件，其变化比率不同。一般圆环压缩试验中所测量的圆环内径是最小内径，如图 3.2(b)、(c)所示。圆环压缩试验一般采用如图 3.5(a)所示的标准圆环试样，但内凹(图 3.5(b))、外凸(图 3.5(c))、带台阶(图 3.5(d)、(e))的异化圆环试样也被发展用于评估测量不同成形条件下的摩擦条件[39]。

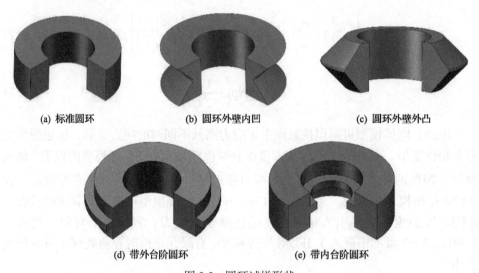

(a) 标准圆环　　　　　(b) 圆环外壁内凹　　　　　(c) 圆环外壁外凸

(d) 带外台阶圆环　　　　　(e) 带内台阶圆环

图 3.5　圆环试样形状

金属塑性成形工艺种类繁多，不同成形工艺中接触面上压力大小不一，范围区间较宽。Petersen 等[40]为评测工件模具接触面上正应力较低情况($p \leqslant \sigma_s$)下的摩擦特征，在标准圆环压缩试样基础提出了图 3.5(b)所示的圆环外壁内凹压缩试样。Tan 等[41]提出了图 3.5(c)所示的圆环外壁外凸压缩试样，用于研究工件模具接触面上正应力较高情况下的摩擦行为，试验和有限元分析表明，外壁外凸试样在较低的应变下可获得期望的高正应力，在大应变下效果不理想。

Hu 等[42]为克服标准圆环压缩试验中尺寸测量困难的缺点，提出了图 3.5(d)所示的带外台阶圆环压缩试样。外凸台的形状在压缩变形期间基本保持稳定，可以更简单、准确地测量外凸台的直径。圆环压缩过程中，虽然外凸台的外径变化不如标准圆环试样内径变化敏感，但是当摩擦因子小于 0.5 时，可较准确地预测摩擦状态。为了解决外凸台的外径变化对摩擦条件不甚敏感这一问题，Hu 等[43]提出了图 3.5(e)所示的带内台阶圆环压缩试样，压缩过程中圆环试样内凸台的内径变化对摩擦敏感，且易于测量。

为了获得摩擦值，压缩的圆环几何形状参数(一般为压缩圆环内径)必须与称为校准曲线的一组指定曲线进行比较。校准曲线是在各种摩擦因子下，成形过程中圆环几何形状的演化，如圆环内径与高度之间的关系。圆环初始高度、内径分别为 H_0、d_0，压缩任意时刻圆环的高度、内径分别为 H、d，此时圆环高度变化 ΔH、内径变化 Δd 分别按式(3.19)和式(3.20)计算。在采用某一摩擦模型时，通过设置不同的摩擦条件值，可以获取指定成形条件(成形温度、上模压下速度等)下的圆环形状变化，从而建立圆环内径尺寸与高度之间的关系，即为该摩擦模型下的摩擦校准曲线。将圆环压缩后的高度、内径变化数据点与摩擦校准曲线比较可以确定摩擦条件的大小。

$$\Delta H = \frac{H_0 - H}{H_0} \times 100\% \tag{3.19}$$

$$\Delta d = \frac{d_0 - d}{d_0} \times 100\% \tag{3.20}$$

Male 等[19]通过前期的试验工作建立了校准曲线，随后发展了几种理论分析方法绘制校准曲线[44~46]。为了研究校准曲线对材料属性、加载速度等参数的依赖，可应用数值方法(如有限元法)绘制校准曲线[4,5]。在发展异化圆环试样的摩擦评估方法时，其摩擦校准曲线也都是采用有限元法绘制的。

2. 增量圆环压缩试验

随着我国装备制造业的飞速发展，对高性能、高精度轴类零件(如丝杠、花键、螺杆、蜗杆等)的需求量日益增加，特别是对其性能提出了更高的要求，对我国目前制造业的生产能力提出了严峻的挑战。螺纹、花键轴类零件是装备制造产业的核心传动部件，作为动力件，轴类零件传递系统动力，承载复杂扭矩，对装备的正常运行起关键作用；作为紧固件，轴类零件更是影响着装备的安全运行[39, 47]。采用塑性成形工艺成形具有复杂特征的轴类零件，特别是滚轧成形轴类零件，相比于传统的切削加工工艺，零件精度高、机械力学性能好、生产率高、材料利用率高，是一种高效精确的体积成形技术。

然而，复杂型面冷滚轧以及楔横轧过程是一个局部加载工艺过程，在局部加载区域不断变换的同时，润滑油(液)或冷却油(液)连续注入，加载区域变换间隙形成再次润滑，不同于传统锻造、挤压成形的润滑特征。在持续注入润滑油的振动挤压过程中也会出现这种现象，当然振动场本身也会改进摩擦条件。下面以复杂型面冷滚轧成形为例简单介绍这种再润滑现象。

尽管这些具有螺纹、花键(齿轮)等复杂型面的轴类零件滚轧成形用的模具型面特征不同，运动方式迥异，但成形过程的润滑特征相同。在整个滚轧过程中持续实施喷油润滑或注油润滑，如图 3.6 所示，这些油液同时起到冷却作用。冷却润滑油（液）管道接近滚轧区，如图 3.6(a)、(b)所示，冷却润滑油（液）被喷射或注入滚轧区，在滚轧模具和工件之间形成油膜，如图 3.6(c)、(d)所示。

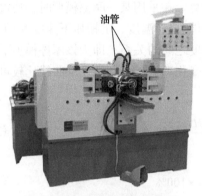

(a) 采用两滚轧模具的花键滚轧机　　　　　(b) 采用三滚轧模具的螺纹滚轧机

(c) 简单喷嘴喷油润滑　　　　　　　　　(d) 多柱注油润滑

图 3.6　复杂型面冷滚轧过程的润滑

　　复杂型面轴类零件滚轧过程是一个局部加载变形过程，局部加载区域不断变换，相同的变形区域被不同的滚轧模具间断压缩。变形区被一滚轧模具轧制变形（即加载），接着被卸载，然后这一变形区旋转 $1/N$ 圈（N 为滚轧模具个数）后被另一滚轧模具加载变形，加载—卸载—加载不断循环。在加载和卸载之间，进入下一个加载之前，旋转 $1/N$ 圈时间内，滚轧变形区会被重新润滑。在卸载间隔，变形区会形成新的油膜，即滚轧模具轧制变形区域的油膜会在被下一个滚轧模具轧制前重新形成。

　　采用传统圆环压缩试验显然无法反映这一润滑特征。因此，基于圆环压缩，结合加载区域在加载-卸载时间间隔中被重新润滑、新的油膜重新形成这一特点，作者发展了增量圆环压缩试验以确定此类再润滑特征的金属塑性成形工艺[48]。改变温度等成形条件，增量圆环压缩试验可适用于复杂型面冷、温滚轧以及楔横轧热成形等工艺的摩擦评估。

增量圆环压缩试验示意图如图 3.7 所示，包括上模、下模和润滑系统（图 3.7(a)）。图 3.7 中圆环试样采用标准圆环试样，也可根据需求变化圆环试样形状。选择一个较小的位移量 h 作为压缩增量，增量压缩过程如图 3.7(b)～(f) 所示。每一个增量压缩之后，模具和圆环表面会被连续不断注入的冷却润滑油/液重新润滑，下模也通过辅助操作得到充分润滑。增量圆环压缩很好地模拟了轴类零件滚轧过程中反复加载和反复润滑的工艺特点。因此，增量圆环压缩中的模具与圆环之间的摩擦条件和轴类零件滚轧成形过程中滚轧模具与工件之间的摩擦条件类似。增量圆环压缩试验可以反映螺纹、花键等复杂型面轴类零件滚轧成形过程中的润滑特征。

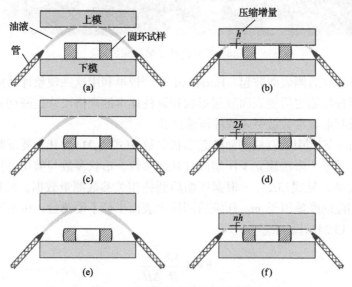

图 3.7　增量圆环压缩试验示意图

根据增量圆环压缩试验原则，在 100kN 材料试验机上搭建了相关试验装置，如图 3.8 所示。围绕 INSTRON 材料试验机搭建的润滑系统包括供油系统、油液注射管、油液回收盒、油液回收管。每一个增量压缩之后，油液注射到压缩区域，模具表面和圆环试样被重新润滑。随后，执行一个手动辅助操作以避免圆环内部存储油液，保证圆环和下模之间的接触面充分润滑。

当 $h=0$ 时，上述增量圆环压缩过程中不会出现反复润滑行为，则增量圆环压缩退化为传统圆环压缩。同样，获得某一圆环压缩样本数据最大压缩量为 ΔH_{max}，若 $h=\Delta H_{max}$，则增量圆环压缩也退化为传统圆环压缩。

3. 圆柱压缩试验

镦粗是典型的自由锻基本工序，由于工件和模具之间的摩擦，变形不均匀，

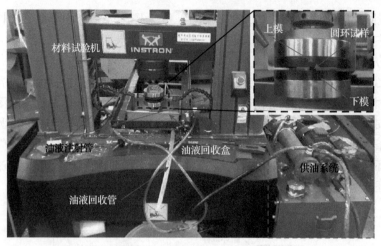

图 3.8 增量圆环压缩试验装置

圆柱镦粗（压缩）后侧表面鼓起。Ebrahimi 等[22]较早利用这一现象评估成形过程中的摩擦。圆柱压缩之后侧表面鼓起形状和圆柱样本的规格尺寸也密切相关，因此无量纲的鼓起形状参数被引入圆柱压缩试验。

Ebrahimi 等[22]引入圆柱侧面鼓起形状参数 b（式(3.21)），其主要反映压缩圆柱最大外径。基于上限法建立了压缩圆柱几何参数、形状参数与剪切摩擦模型中摩擦因子的关系，见式(3.23)。根据压缩后圆柱相关参数测量数据，应用式(3.23)即可求得相应的摩擦因子 m。压缩后圆柱上表面半径不便测量，可根据其他几何参数应用式(3.24)计算 R_{cu}。

$$b = 4\frac{\Delta R}{R}\frac{H}{\Delta H} \tag{3.21}$$

式中，

$$\begin{cases} \Delta R = R_{max} - R_{cu} \\ R = R_0\sqrt{\dfrac{H_0}{H}} \end{cases} \tag{3.22}$$

式中，H、H_0 分别为初始圆柱高度、压缩后圆柱高度；R_{max}、R_{cu} 分别为压缩圆柱最大鼓起半径、上表面半径；R_0 为初始圆柱半径。压缩圆柱相关几何参数如图 3.9(a)所示。

$$m = \frac{\dfrac{R}{H}b}{\dfrac{4}{\sqrt{3}} - \dfrac{2b}{3\sqrt{3}}} \tag{3.23}$$

$$R_{cu} = \sqrt{3 \frac{H_0}{H} R_0^2 - 2R_{\max}^2}$$ (3.24)

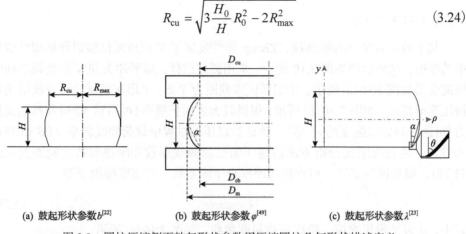

(a) 鼓起形状参数 b[22]　　　　(b) 鼓起形状参数 φ[49]　　　　(c) 鼓起形状参数 λ[23]

图 3.9　圆柱压缩侧面鼓起形状参数用压缩圆柱几何形状描述定义

　　式(3.21)定义的形状参数 b 难以描述圆柱侧面鼓起的曲面形状，Yao 等[49]定义了新的鼓起形状参数 φ(式(3.25))。以形状参数与应变之间的关系为摩擦校准曲线(φ-ε 曲线)，采用有限元法建立摩擦校准曲线。Yao 等应用该方法评测了剪切摩擦模型中摩擦参数。

$$\varphi = \frac{D_m - \dfrac{D_{cu} + D_{cb}}{2}}{H} = \tan \alpha$$ (3.25)

式中，D_m、D_{cu}、D_{cb} 分别为压缩圆柱中部直径、上表面直径、下表面直径；α 为压缩圆柱鼓起处角度参数。压缩圆柱相关几何参数如图 3.9(b)所示。

　　上述研究一般采用圆弧曲面描述压缩圆柱鼓起形状，然而接触面处的变形直接受摩擦影响，在接触面附近的压缩圆柱侧面的误差增大，因此 Fan 等[23]采用近接触面处局部压缩圆柱侧面形状评估摩擦条件，采用指数函数(式(3.26))描述近接触面处局部区域侧面轮廓，定义了新的鼓起形状参数 λ(式(3.27))。以形状参数与圆柱高度变化之间的关系为摩擦校准曲线(λ-δH 曲线)，采用有限元法建立摩擦校准曲线。Fan 等应用该方法评测了剪切摩擦模型中的摩擦参数，并校正基于压缩试验的材料本构模型。

$$\rho = \rho_0 + a\exp\left[c\left(y + \frac{H}{2}\right)\right]$$ (3.26)

式中，ρ_0、a、c 为拟合参数。

$$\lambda = ac = \tan \theta$$ (3.27)

式中，θ 为压缩圆柱侧面近接触面处角度参数，如图 3.9(c)所示。

4. T 形压缩试验

基于载荷对摩擦的敏感性，Zhang 等[24]发展了 T 形压缩试验以评估塑性成形中的摩擦，试验原理如图 3.10 所示。采用圆柱试样，扁平冲头和 V 形槽模之间的压缩变形如图 3.10(a)所示，压缩后试样截面为 T 形。T 形压缩试验可反映镦粗与挤压变形特征，如图 3.10(b)所示，提供较大表面扩展率(可高达 50%)和接触面压力(可达材料屈服强度的 4 倍)。该试验以压缩过程中载荷曲线斜率 k(式(3.28))为参数，通过有限元分析方法构建压缩载荷曲线参数和摩擦参数之间的关系式(3.29)，根据试验结果，可直接评测库仑摩擦系数、剪切摩擦因子等。

$$k = \tan \alpha \tag{3.28}$$

式中，α 为 T 形压缩第一阶段载荷斜度参数，如图 3.10(c)所示。

$$\begin{cases} k = 5.8 + 15.2\mu \\ k = 5.7 + 6.8m \end{cases}, \quad 0.2 \leqslant 冲头行程与坯料直径之比 < 0.4 \tag{3.29}$$

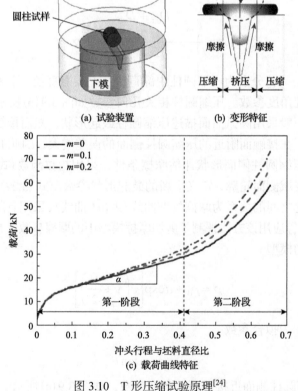

(a) 试验装置　　　　(b) 变形特征

(c) 载荷曲线特征

图 3.10　T 形压缩试验原理[24]

5. 双杯挤压试验

双杯挤压试验也是基于零件几何形状对接触面摩擦条件敏感性而设计的，其成形过程中变形更剧烈、接触面压力更大，更接近于冷锻成形条件。双杯挤压试验原理如图 3.11 所示，采用圆柱试样，根据挤压后上下杯高评测摩擦条件，可用上下杯高比(λ)与上冲头行程(s)之间的关系为摩擦校准曲线(λ-s 曲线)。在存在摩擦的情况下，上杯的高度 H_1 大于下杯的高度 H_2；若无摩擦，则 H_1=H_2[21]。

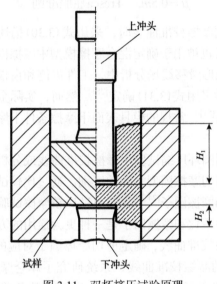

图 3.11　双杯挤压试验原理

摩擦测试试验应当简单高效，便于数据采集和摩擦标定。圆环压缩试验十分符合这一原则，虽然发展不同圆环形状表征不同压力下的变形特征，但圆环压缩试验中表面压力普遍偏小，适用于局部加载和热成形过程的摩擦条件测定。T 形压缩试验综合反映了挤压和压缩变形特征，也可提供较大表面扩展率和接触面压力。双杯挤压过程中接触面压力大、变形剧烈，适用于高接触压力的冷锻成形过程摩擦条件测定。

3.4　金属体积成形中摩擦参数评估

3.4.1　摩擦参数对应关系

为了比较采用库仑摩擦模型和剪切摩擦模型分析结果的区别，应当采用相对应的摩擦条件，如库仑摩擦系数对应的剪切摩擦因子或剪切摩擦因子对应的库仑摩擦系数。这种对应的摩擦系数和摩擦因子关系也会被用于确定混合摩擦模型(式

(3.3))中的摩擦系数和摩擦因子。在库仑-黏着摩擦模型中，式(3.4)不需要确定摩擦系数和摩擦因子的关系。

一般剪切摩擦因子取值范围为 $0 \leqslant m \leqslant 1$；而库仑摩擦系数的理论上限值根据所选的屈服准则为 0.577 或 0.5 考虑理论上限值的大小，可采用式(3.30)和式(3.31)来描述摩擦系数和对应摩擦因子之间的关系：

$$\mu = 0.577m, \quad \text{Mises屈服准则} \tag{3.30}$$

$$\mu = 0.5m, \quad \text{Tresca屈服准则} \tag{3.31}$$

在采用解析法绘制摩擦校准曲线时，采用式(3.30)描述剪切摩擦因子对应的库仑摩擦系数[50]，该式也被用于确定混合摩擦模型中摩擦因子和摩擦系数之间的关系[12,15]。花键滚轧成形滑移线场分析中，工件齿侧和齿根不同接触区域所用摩擦模型对应的摩擦条件采用式(3.31)确定[28]。然而，实际金属成形过程中库仑摩擦系数一般小于上限值[51]，常规的模具表面干摩擦条件下摩擦试验所测定的摩擦条件值也小于上限值。

采用有限元法绘制圆环压缩试验中摩擦校准曲线或分析成形工艺过程，可以考虑库仑摩擦模型和剪切摩擦模型之间的区别。通过比较试验中载荷曲线也可确定相对应的摩擦系数和摩擦因子[24,29]，而通过比较摩擦试验中摩擦校准曲线的形状来确定相对应的摩擦系数和摩擦因子是一种更为通用的方法。例如，圆环压缩试验中，通过比较摩擦校准曲线，确定剪切摩擦因子对应的库仑摩擦系数[4]。采用比较数值方法绘制的摩擦校准曲线，系统研究了库仑摩擦系数和剪切摩擦因子之间的关联关系，建立了体积成形中库仑摩擦系数和剪切摩擦因子之间的关联模型[52]。

圆环压缩过程中压缩圆环几何形状变化的敏感性随着接触面上摩擦的增加而减小，压缩圆环几何形状变化的敏感性也会随着变形程度(压缩量)的增加而增加，这从摩擦校准曲线的变化上可得到证明。在相同变形程度下，相同摩擦条件增量变化下，低摩擦条件下压缩圆环内径的变化要比高摩擦条件下显著。相同摩擦条件下，压缩圆环几何形状变化对摩擦的敏感性随着变形程度的增加而增加。例如，在圆环压缩过程中，随着变形程度的增加，表面扩张率显著增加[53]，成形载荷对摩擦的敏感性也会增加[5]。因此，选用圆环变形量 50%(压缩量 50%)下的库仑摩擦模型和剪切摩擦模型预测的圆环内径进行比较，以确定相对应的库仑摩擦系数和剪切摩擦因子。如果不同摩擦模型所预测的变形量 50%下圆环内径满足式(3.32)，则库仑摩擦系数和剪切摩擦因子是相匹配的。

$$\frac{|d_\mu - d_m|}{d_0} < e \tag{3.32}$$

式中，d_μ 为变形量 50% 下库仑摩擦模型预测的压缩圆环内径；d_m 为变形量 50% 下剪切摩擦模型预测的压缩圆环内径；d_0 为初始圆环内径；e 为较小的正数，如可取 0.005。

式 (3.32) 中的数据由数值模拟提供，如可基于 DFORM 软件环境分别建立冷、热成形条件下的圆环压缩有限元模型，分别采用库仑摩擦模型和剪切摩擦模型进行模拟仿真，结果如图 3.12 所示。

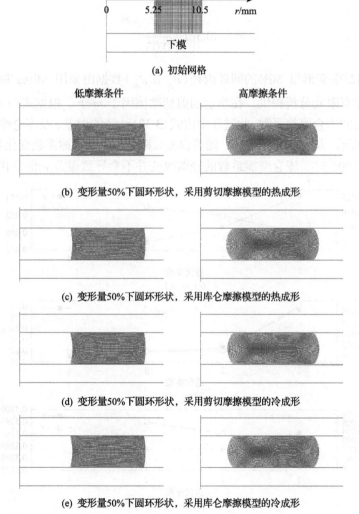

(a) 初始网格

(b) 变形量50%下圆环形状，采用剪切摩擦模型的热成形

(c) 变形量50%下圆环形状，采用库仑摩擦模型的热成形

(d) 变形量50%下圆环形状，采用剪切摩擦模型的冷成形

(e) 变形量50%下圆环形状，采用库仑摩擦模型的冷成形

图 3.12　圆环网格划分及变形形状

采用圆环初始外径（D_0）、初始内径（d_0）、初始高度（H_0）比例 $D_0:d_0:H_0=$ 6:3:2 为标准比例的圆环。热成形、冷成形的有限元模拟分别采用典型应变速率硬化（式（3.33））和应变硬化（式（3.34））本构方程，两式中的数据取自 Joun 等[4]对盘件锻造和冷挤压数值模拟时所采用的数据。圆环初始网格采用均匀网格划分，尺寸小于 0.1mm，如图 3.12(a)所示。圆环变形量 50%时，圆环变形形状和网格情况如图 3.12(b)～(e)所示。尽管不同摩擦模型、不同材料模型下圆环内径尺寸变化有轻微不同，但变形形状和网格情况表现出相同状态，这表明压缩圆环的形状变化对摩擦条件更敏感。

$$\sigma = 66\dot{\varepsilon}^{0.195} \tag{3.33}$$

$$\sigma = 50.3\left(1+\frac{\varepsilon}{0.05}\right)^{0.26} \tag{3.34}$$

式（3.32）中变形量 50%的圆环内径（d_μ 和 d_m）数据由采用 Mises 屈服准则的二维轴对称有限元分析提供。在给定的剪切摩擦因子 m 下，根据式（3.32）迭代计算与之对应的库仑摩擦系数，此过程中由式（3.32）计算的误差 e 及库仑摩擦系数 μ 如图 3.13 所示。从图中可以看出，随着误差 e 降低，库仑摩擦系数变化梯度减小。当误差 $e<0.005$ 时，库仑摩擦系数的轻微改变并不会导致误差 e 的变化，特别是

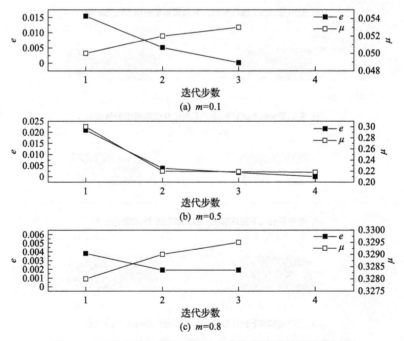

图 3.13　对应于剪切摩擦因子确定库仑摩擦系数的迭代过程

高摩擦条件下，如图 3.13(c)所示。这是由于有限元模型的计算精度无法反映出如此轻微的变化。因此，式(3.32)采用 e =0.005。

在热成形和冷成形条件下(材料模型分别为式(3.33)和式(3.34))，不同剪切摩擦因子对应的库仑摩擦系数如图 3.14 所示。从图中可以看出，随着剪切摩擦因子的增加，低摩擦条件下($m<0.7$)，对应的库仑摩擦系数成比例增加，且变化平缓；高摩擦条件下($m>0.8$)，对应的库仑摩擦系数急剧增加。剪切摩擦因子和库仑摩擦系数之间的关系在润滑条件和干摩擦条件下的表现是截然不同的。

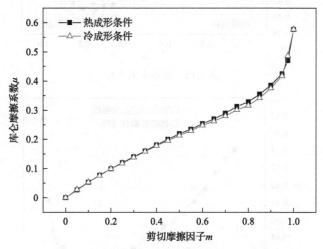

图 3.14   不同剪切摩擦因子对应的库仑摩擦系数

为了进一步评估剪切摩擦因子和库仑摩擦系数之间的关系，引入库仑摩擦系数和剪切摩擦因子之间的比例参数 k，即

$$k=\frac{\mu}{m}\qquad(3.35)$$

在低摩擦和高摩擦条件下，参数 k 表现出不同的变化趋势，如图 3.15 所示。随着摩擦条件的增加，参数 k 先减小后增大，在较低摩擦和较高摩擦条件下 k 值比较高。在 TA15 合金高温成形时，干摩擦条件下的摩擦因子约为 0.7[5]。从图 3.15 可以看出，低摩擦条件，也就是润滑条件下，即 $0<m<0.7$，参数 k 类似抛物线函数的一半；高摩擦条件，也就是干摩擦条件下，即 $0.8<m<1$，参数 k 类似指数函数；两者之间，即 $0.7<m<0.8$，存在一个过渡区域。

因此，在润滑条件和干摩擦条件下，可以采用不同的函数来描述参数 k 和剪切摩擦因子 m 之间的关系。热成形条件和冷成形条件下，不同摩擦条件分段分别采用抛物线函数和指数函数的拟合曲线如图 3.16 和图 3.17 所示。

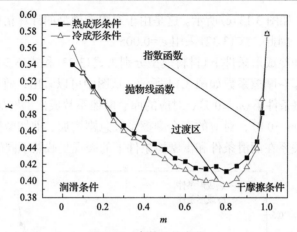

图 3.15　参数 k 的变化

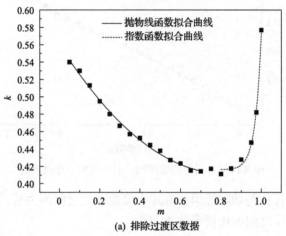

(a) 排除过渡区数据

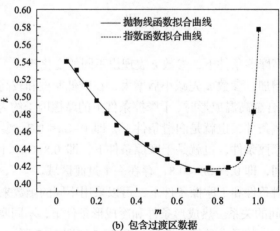

(b) 包含过渡区数据

图 3.16　参数 k 拟合曲线(热成形)

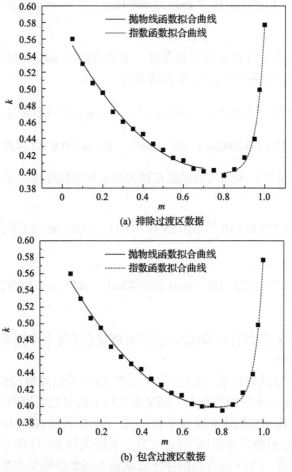

(a) 排除过渡区数据

(b) 包含过渡区数据

图 3.17　参数 k 拟合曲线(冷成形)

如图 3.16 所示，热成形条件下，采用抛物线函数描述润滑条件下参数 k 和剪切摩擦因子 m 之间的关系，拟合结果为

$$k = 0.5598 - 0.3624m + 0.22178m^2, \quad 0 < m < 0.7 \text{（不含过渡区数据）} \quad (3.36)$$

$$k = 0.56009 - 0.36544m + 0.22712m^2, \quad 0 < m < 0.8 \text{（含过渡区数据）} \quad (3.37)$$

对于干摩擦条件，采用指数函数描述参数 k 和剪切摩擦因子 m 之间的关系，拟合结果为

$$k = 0.41624 + 4.47329 \times 10^{-16} \exp(33.50905m), \quad 0.8 < m < 1 \text{（不含过渡区数据）}$$

$$(3.38)$$

$$k = 0.41613 + 4.05049 \times 10^{-16} \exp(33.6099m), \quad 0.7 < m < 1 \,(\text{含过渡区数据})$$

$$(3.39)$$

同样，对于图 3.17 所示冷成形条件，采用抛物线函数描述润滑条件下参数 k 和剪切摩擦因子 m 之间的关系，拟合结果为

$$k = 0.57405 - 0.45737m + 0.30606m^2, \quad 0 < m < 0.7 \,(\text{不含过渡区数据}) \quad (3.40)$$

$$k = 0.5722 - 0.44092m + 0.28119m^2, \quad 0 < m < 0.8 \,(\text{含过渡区数据}) \quad (3.41)$$

对于干摩擦条件，采用指数函数描述参数 k 和剪切摩擦因子 m 之间的关系，拟合结果为

$$k = 0.39696 + 1.52945 \times 10^{-12} \exp(25.49754m), \quad 0.8 < m < 1 \,(\text{不含过渡区数据})$$

$$(3.42)$$

$$k = 0.39881 + 7.67533 \times 10^{-13} \exp(26.1783m), \quad 0.7 < m < 1 \,(\text{含过渡区数据})$$

$$(3.43)$$

将上述参数 k 的拟合函数代入式(3.35)就建立了库仑摩擦系数和剪切摩擦因子之间的关联模型。

采用圆环压缩试验确定 TA15 钛合金热成形(等温成形)过程的剪切摩擦因子[5]。根据所确定的不同润滑剂和不同成形条件下的剪切摩擦因子，采用式(3.37)计算润滑条件下相对应的库仑摩擦系数；根据干摩擦条件(圆环压缩试验中未采用润滑剂)下所确定的剪切摩擦因子(m=0.7)，采用式(3.39)计算干摩擦条件下相对应的库仑摩擦系数。TA15 钛合金圆环压缩试验不同摩擦模型的摩擦校准曲线和试验结果如图 3.18 所示，二者吻合较好，说明所建立的摩擦参数关联模型可用于 TA15 钛合金等温成形过程中相对应的库仑摩擦系数和剪切摩擦因子的确定。

理论上，参数 k 的上限值应该是 0.577，因为剪切摩擦因子上限值是 1，而采用 Mises 屈服准则时库仑摩擦系数的上限值是 0.577。虽然干摩擦条件下库仑摩擦系数上限值是 0.577(基于 Mises 屈服准则)，但实际上摩擦系数往往小于上限值[51]。干摩擦条件下的剪切摩擦因子也往往小于上限值，如干摩擦条件下 TA15 钛合金热成形过程的剪切摩擦因子是 0.7。因此，实际上参数 k 的上限值也可能在 0.577 附近。

材料模型对圆环压缩过程的圆环内径演化有一定的影响。圆环试样内径演化对材料本构所采用的函数形式和拟合参数有一定的敏感性，特别是对材料模型的函数形式更为敏感些，如图 3.19 所示。式(3.36)~式(3.39)中的系数与式(3.40)~式(3.43)中的系数显著不同。

图 3.19 中内径变化是在圆环压缩 50%情况下的圆环内径变化，可用式(3.44)表示。图 3.19 中库仑摩擦模型中摩擦系数以及混合摩擦模型中摩擦系数采用式(3.35)、式(3.41)和式(3.43)确定。

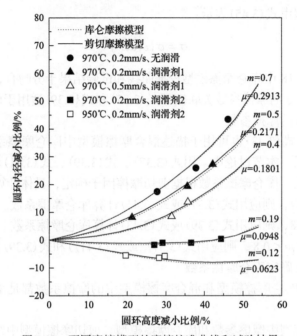

图 3.18　不同摩擦模型的摩擦校准曲线和试验结果

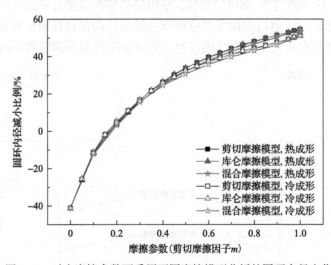

图 3.19　对应摩擦参数下采用不同摩擦模型分析的圆环内径变化

$$\delta d_{50\%} = \frac{d_0 - d_{50\%}}{d_0} \times 100\% \tag{3.44}$$

式中，$d_{50\%}$为圆环变形 50%时的内径。

摩擦参数之间关联关系式(3.37)和式(3.39)建模数据基于材料模型(3.33)，但是式(3.33)可能并不适用于描述 TA15 钛合金热成形，图 3.19 中摩擦校准曲线绘制所用材料模型由式(3.45)表示：

$$\sigma = \sigma\left(\varepsilon, \dot{\varepsilon}, T\right) \tag{3.45}$$

然而，图 3.18 中库仑摩擦模型校准曲线和试验结果十分吻合，这表明基于材料模型(3.33)建立的摩擦参数关联模型式(3.37)和式(3.39)适用于确定 TA15 钛合金热成形中相应的摩擦参数。

式(3.36)～式(3.43)也可用于描述混合摩擦模型中库仑摩擦系数和剪切摩擦因子之间的关系。本节讨论中采用式(3.37)、式(3.39)、式(3.41)和式(3.43)确定相应的摩擦参数。库仑摩擦系数根据剪切摩擦因子确定，具体计算过程如下。

(1)若 $m<0.7$，则应用式(3.37)或式(3.41)计算库仑摩擦系数。

(2)若 $m>0.8$，则应用式(3.39)或式(3.43)计算库仑摩擦系数。

(3)若 $0.7 \leqslant m \leqslant 0.8$，则应用式(3.37)(或式(3.41))和式(3.39)(或式(3.43))计算结果的平均值确定库仑摩擦系数。

图 3.19 中库仑摩擦模型和混合摩擦模型中的摩擦系数都是采用这种方法确定的。

混合摩擦模型中摩擦参数和库仑摩擦模型、剪切摩擦模型中摩擦参数大小对应，但从图 3.19 和图 3.20 都可以看出，采用混合摩擦模型分析所得的圆环内径和采用库仑摩擦模型、剪切摩擦模型分析所得的圆环内径存在明显差异。混合摩擦模型预测的圆环内径大于库仑摩擦模型、剪切摩擦模型预测的圆环内径。

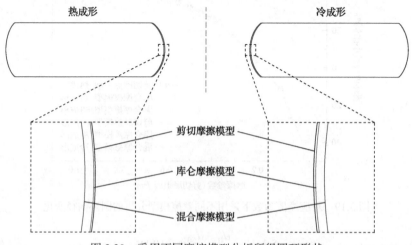

图 3.20　采用不同摩擦模型分析所得圆环形状

库仑摩擦模型一般用于弹性接触，剪切摩擦模型一般用于塑性接触，混合摩擦模型适用于混合接触状态[15,52]。一般库仑摩擦模型、剪切摩擦模型分别描述试件经历弹性接触现象和塑性接触现象。然而，润滑程度也影响着机械摩擦条件，如图 3.19 中不同摩擦模型之间的差别在 $0.4 < m < 0.9$ 时才明显表现出来。实际上，接触压力、弹性变形和塑性变形甚至成形温度都会对实际成形工艺中机械摩擦条件产生影响。

热成形和冷成形条件下，在圆环变形 50% 时的内径变化如图 3.21 所示，图中圆环内径变化由式(3.44)计算。不同成形条件下，摩擦条件对圆环内径尺寸变化的影响规律是类似的。从图中可以看出，圆环内径变化对摩擦条件的敏感性在低摩擦条件下要大于高摩擦条件下。这一结果进一步确认了 Noh 等[53]的研究结果，即随着剪切摩擦因子的增加，圆环尺寸变化程度减小。高摩擦条件下，冷成形条件下圆环内径变化要小于热成形条件下。

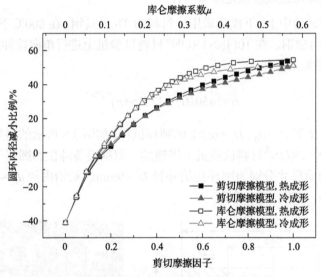

图 3.21　冷热成形条件下圆环内径变化比较

从图 3.14 中可以看出，随着摩擦条件的增加，不同成形条件下对应的库仑摩擦系数变化趋势是相似的，与图 3.21 所示圆环内径变化规律类似。在低摩擦和高摩擦状态下，冷、热成形条件下剪切摩擦因子对应的库仑摩擦系数也是相近的；在中间摩擦状态($0.4 < m < 0.9$)下，冷、热成形条件下对应的库仑摩擦系数存在差别。这种差别反映在库仑摩擦系数和剪切摩擦因子的比例参数 k 上更明显，如图 3.15 所示。在中间摩擦状态($0.4 < m < 0.9$)下，冷成形条件下的参数 k 明显小于热成形条件下。

比较式(3.36)～式(3.43)中的系数可以看出，拟合数据是否包括过渡区数据，拟合函数系数变化不大。因此，根据图 3.15 分析参数 k 的变化在润滑条件和干摩擦条件之间存在一个过渡区的结论是正确的。从图 3.16(b) 可以看出，在过渡区内，由式(3.37)计算的参数 k 小于式(3.40)计算结果。但是在冷成形条件下，式(3.41)描述的过渡区 k 值和由式(3.43)描述的过渡区 k 值差不多，如图 3.17(b) 所示。

　　库仑摩擦系数和剪切摩擦因子比例参数 k 在高摩擦条件、低摩擦条件、摩擦条件全范围内描述了摩擦参数之间的关系。参数 k 在润滑条件和干摩擦条件下表现出不同的变化趋势，随着摩擦条件的增加，参数 k 先减小后增大，在低摩擦和高摩擦条件下 k 值比较高。润滑条件下，参数 k 可由抛物线函数描述；干摩擦条件下，参数 k 可由指数函数描述；两者之间存在一个过渡区域。冷、热成形条件下，参数 k 变化规律是相似的，其数值在中间摩擦状态($0.4 < m < 0.9$)下存在较大差别，冷成形条件下 k 值要小些。

3.4.2　增量圆环压缩试验确定摩擦条件

　　圆环压缩试验中上、下模具采用的材料为 T8 模具钢，在 800℃下进行热处理。圆环试样采用 45#钢。在 10t INSTRON® 材料试验机上进行单向拉伸试验获得 45#钢的应力-应变关系，即

$$\sigma = 1450\left(0.0132715 + \varepsilon\right)^{0.2817} \tag{3.46}$$

　　采用标准比例 $D_0 : d_0 : H_0 = 6:3:2$ 的圆环试样，如图 3.8 所示的增量圆环压缩试验是在 10t INSTRON® 材料试验机上搭建的。根据设备吨位和圆环尺寸比例，确定圆环试样初始尺寸分别为圆环初始外径 $D_0 = 9\text{mm}$、初始内径 $d_0 = 4.5\text{mm}$、初始高度 $H_0 = 3\text{mm}$，如图 3.22 所示。

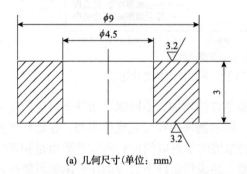

(a) 几何尺寸(单位：mm)　　　　　　　(b) 实物图

图 3.22　圆环试样

　　在试验前清理圆环表面，压缩至不同高度，圆环高度减少量为 25%～45%。虽然采用相同的润滑油，但是由于压缩增量 h 不同，压缩过程的润滑效果不同，其摩擦条件也不同。采用相同的润滑油进行了三组不同润滑条件的圆环压缩试验，

三组试验条件如下：

第一组润滑条件(LC-1)：h=0mm，即传统圆环压缩试验。

第二组润滑条件(LC-2)：h=0.1mm，即增量圆环压缩试验。

第三组润滑条件(LC-3)：h=0.25mm，即增量圆环压缩试验。

在上述三组试验中采用的润滑油和加载速度(0.05mm/s)是相同的，试验结果如图 3.23 所示。

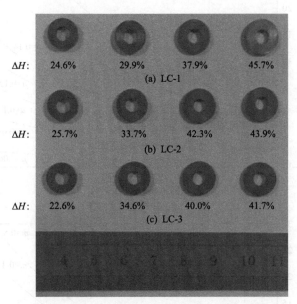

图 3.23　不同润滑条件下的圆环试样形状

测量最小内径(d_{min})和高度的变化，结合有限元法绘制的校准曲线，可确定摩擦条件。沿圆周方向多次测量，取平均值计算圆环高度、内径变化量(率)。

剪切摩擦模型和库仑摩擦模型是金属塑性分析中常用的摩擦模型，两种摩擦模型分别用于圆环压缩过程的分析。不同剪切摩擦因子 m、库仑摩擦系数 μ 下圆环内径和高度的变化可由一系列的有限元分析预测，进而可绘制剪切摩擦模型和库仑摩擦模型的校准曲线。两种摩擦模型的校准曲线和试验结果如图 3.24 所示。

从图 3.24(a)可以看出，试验结果和基于库仑摩擦模型的摩擦校准曲线所确定的平均摩擦系数为：润滑条件 LC-1 下 μ=0.16、润滑条件 LC-2 下 μ=0.11、润滑条件 LC-3 下 μ=0.11。从图 3.24(b)可以看出，试验结果和基于剪切摩擦模型的摩擦校准曲线所确定的平均摩擦因子为：润滑条件 LC-1 下 m=0.32、润滑条件 LC-2 下 m=0.21、润滑条件 LC-3 下 m=0.21。

摩擦导致压缩过程的不均匀变形，不均匀变形从宏观上表现在压缩圆环内侧、外侧鼓起或凹陷形状，如图 3.2 和图 3.12 所示。根据图 3.24 所示试验圆环尺寸变化，增量圆环压缩试验所确定的摩擦条件值小于传统圆环压缩试验所确定的摩擦条件值。增量圆环压缩试验中圆环侧面鼓起形状程度应当减少，图 3.25 所示压缩圆环正视图证实了这一现象。

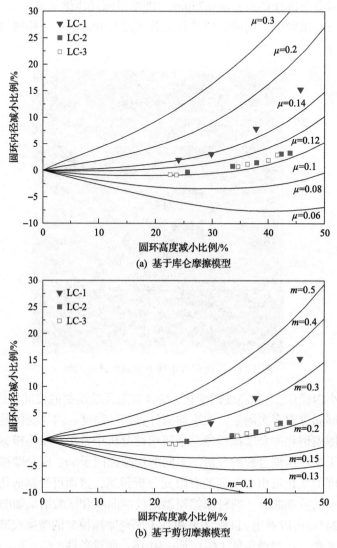

图 3.24　摩擦校准曲线和试验结果

从图 3.24 可以看出，传统圆环压缩试验和增量圆环压缩试验的试验结果存在显著不同，所确定的库仑摩擦系数 μ 和剪切摩擦因子 m 也存在显著不同。增量加载重新润滑影响了模具和圆环试样间的摩擦条件。

在第一组润滑条件(LC-1)下，即传统圆环压缩试验中，圆环试样仅压缩前润

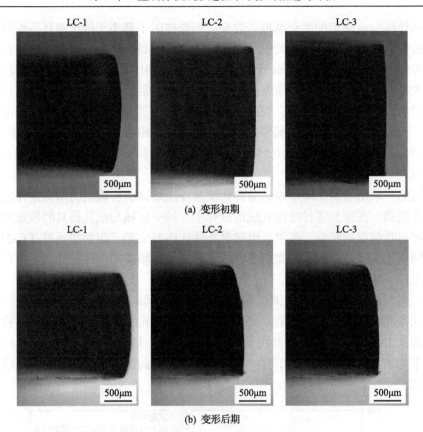

(a) 变形初期

(b) 变形后期

图 3.25　压缩圆环外侧鼓起形状

滑，虽然根据试验结果确定的摩擦条件分别为 $\mu=0.16$、$m=0.32$，但其值小于干摩擦条件的值，初始润滑起到一定作用。试验结果表明，在较大压缩量（如变形为36%、47%）下数据点较接近于高摩擦条件下的摩擦校准曲线。大压缩量（大变形量）下的摩擦条件值要大于小压缩量（小变形量）下的值。实际上，初始接触是圆环试样表面通过润滑剂形成的油膜与模具表面接触，随着变形程度的增加，成形载荷增加，由于大压力，圆环试样表面与模具表面间的润滑油被挤出。此外，成形过程中不断形成新的接触面积。因此，由于试验中润滑油被挤出和接触面积扩大，一定时间后油膜减薄、润滑效果降低，从而摩擦条件会改变，摩擦值将增加。然而，在第二组润滑条件（LC-2）、第三组润滑条件（LC-3）下，不断注入新的润滑油形成新的油膜，因此这种现象在增量圆环压缩过程中极大减弱。

在第二组润滑条件（LC-2）、第三组润滑条件（LC-3）下，即增量圆环压缩过程中，圆环试样被间歇增量压缩，其压缩增量分别为 $h=0.1$mm 和 $h=0.25$mm。试验结果表明，增量圆环压缩试验中，$h=0.1$mm 和 $h=0.25$mm 润滑条件下的差别很小，如图 3.24 所示。根据试验结果，虽然确定的摩擦条件均为 $\mu=0.11$、$m=0.21$，但是增量圆环压缩所确定的库仑摩擦系数和剪切摩擦因子都小于传统圆环压缩试验所确定的值。增量圆环压缩试验中圆环试样和模具间润滑行为得到极大的改善。

　　传统圆环压缩试验中，润滑油被挤出和接触面积扩大，一定时间后油膜减薄、润滑效果减弱。而增量圆环压缩过程中，在压缩 h 后，圆环试样和模具间注入新的润滑油，并形成新的油膜，因此在圆环试样和模具间一直存在具有一定厚度的油膜，从而润滑效果比传统圆环压缩试验要较好。根据增量圆环压缩试验结果，压缩增量 h 从 0.1mm 增加至 0.25mm 对再润滑效果和所确定摩擦条件值的大小没有影响。

　　因此，采用增量圆环压缩试验和传统圆环压缩试验所确定的摩擦条件之间存在显著差别。在轴类零件冷滚轧成形过程中，同一区域与滚轧模具间歇接触，其接触面不断被重新润滑。在第二组润滑条件(LC-2)、第三组润滑条件(LC-3)下，增量圆环压缩试验所确定的摩擦条件能够真实反映轴类零件冷滚轧成形过程中工件和滚轧模具间的接触条件。

　　三组润滑条件下圆环压缩试验最终载荷的试验结果和采用不同摩擦模型的有限元预测结果如图 3.26 所示。每一组润滑条件下都进行了数组重复试验，最终载荷从 INSTRON® 材料试验机获取，其平均值、最大值、最小值如图 3.26 所示。平均值用于和分别采用库仑摩擦模型和剪切摩擦模型的有限元预测结果进行比较。

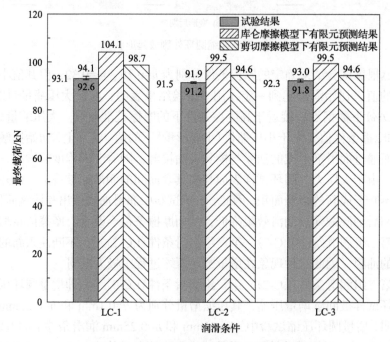

图 3.26　有限元预测载荷和试验结果比较

在三组润滑条件下圆环压缩,采用库仑摩擦模型的有限元预测结果和试验结果之间的误差分别为 11.8153%、8.7432%和 7.8007%,采用剪切摩擦模型的有限元预测结果和试验结果之间的误差分别为 6.0150、3.3880%和 2.4919%。可见增量圆环压缩过程中,有限元预测结果和试验结果之间的误差分别小于 10%(有限元分析采用库仑摩擦模型)和 5%(有限元分析采用剪切摩擦模型),因此采用增量圆环压缩试验所确定的摩擦条件是合理的。尽管采用剪切摩擦模型的成形载荷比试验所获得的成形载荷大,但与采用库仑摩擦模型的结果比,其更接近于试验结果。总体来看,剪切摩擦模型可能更适合增量圆环压缩试验的分析。

3.4.1 节中根据圆环变形量50%时采用不同摩擦模型的有限元分析所预测的圆环内径尺寸确定了库仑摩擦系数和剪切摩擦因子之间的关联关系,可用抛物线函数描述润滑条件下库仑摩擦系数和剪切摩擦因子之间的比例参数 k ,如图 3.15~图 3.17 所示。对于冷成形来说,加入本节所确定的库仑摩擦系数及其对应的剪切摩擦因子,可获得图 3.27 所示结果。

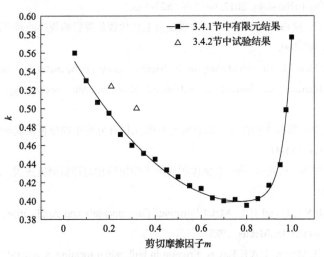

图 3.27　不同圆环压缩试验下参数 k 的变化

从图 3.27 可以看出,本节(3.4.2 节)所确定的摩擦条件也有类似的变化趋势,但和 3.4.1 节有限元结果存在显著的偏移。根据试验确定的剪切摩擦因子,采用式(3.40)或式(3.41)计算获得的库仑摩擦系数要小于试验获得的库仑摩擦系数。3.4.1 节有限元结果、式(3.40)和式(3.41)是基于本构方程(3.34),而本节中 45#钢的本构方程用式(3.46)描述。式(3.34)和式(3.46)的表达式类似,但回归参数有显著差别,相差一个数量级。

材料属性会影响成形过程中的材料流动,进而也会影响到圆环压缩试验摩擦校准曲线。因此,与 3.4.1 节中拟合函数的预测结果相比,本节所确定的相对应的库仑摩擦系数和剪切摩擦因子有了一定的偏移。这进一步证明了圆环压缩试验确定摩擦条件时应当考虑材料属性，特别是摩擦校准曲线的绘制。

参 考 文 献

[1] Kalpakjian S. Recent progress in metal forming tribology. CIRP Annals, 1985, 34(2): 585-592.

[2] Rudkins N T, Hartley P, Pillinger I, et al. Friction modelling and experimental observations in hot ring compression tests. Journal of Materials Processing Technology, 1996, 60(1-4): 349-353.

[3] Tan X C. Comparisons of friction models in bulk metal forming. Tribology International, 2002, 35(6): 385-393.

[4] Joun M S, Moon H G, Choi I S, et al. Effects of friction laws on metal forming processes. Tribology International, 2009, 42(2): 311-319.

[5] Zhang D W, Yang H, Li H W, et al. Friction factor evaluation by FEM and experiment for TA15 titanium alloy in isothermal forming process. The International Journal of Advanced Manufacturing Technology, 2012, 60(5-8): 527-536.

[6] 刘郁丽, 杨合, 詹梅. 摩擦对叶片精锻预成形毛坯放置位置影响规律的研究. 机械工程学报, 2003, 39(1): 97-100.

[7] Zhang D W, Yang H. Numerical study of the friction effects on the metal flow under local loading way. The International Journal of Advanced Manufacturing Technology, 2013, 68(5-8): 1339-1350.

[8] 张大伟. 钛合金筋板类构件局部加载成形有限元仿真分析中的摩擦及其影响. 航空制造技术, 2017, 60(4): 34-41.

[9] 张大伟, 李智军, 杨光灿, 等. 金属体积成形中摩擦描述与评估研究进展. 锻压技术, 2021, 46(10): 1-11.

[10] Altan T, Oh S I, Gegel H L. Metal Forming: Fundamentals and Application. Metal Park OH: American Society for Metals, 1983.

[11] Petersen S B, Martins P A F, Bay N. Friction in bulk metal forming: a general friction model vs. the law of constant friction. Journal of Materials Processing Technology, 1997, 66(1-3): 186-194.

[12] Ghassemali E, Tan M J, Jarfors A E W, et al. Progressive microforming process: Towards the mass production of micro-parts using sheet metal. The International Journal of Advanced Manufacturing Technology, 2013, 66(5-8): 611-621.

[13] Groche P, Müller C, Stahlmann J, et al. Mechanical conditions in bulk metal forming tribometers — Part one. Tribology International, 2013, 62: 223-231.

[14] 孟丽芬, 胡成亮, 赵震. 金属塑性成形中摩擦模型的研究进展. 模具工业, 2014, 40(4): 1-7.

[15] Zhang D W, Yang H. Analytical and numerical analyses of local loading forming process of T-shape component by using Coulomb, shear and hybrid friction models. Tribology International, 2015, 92: 259-271.

[16] Shaw M C, Ber A, Mamin P A. Friction characteristics of sliding surfaces undergoing subsurface plastic flow. Journal of Basic Engineering, 1960, 82 (2): 342-345.

[17] Wanheim T. Friction at high normal pressures. Wear, 1973, 25 (2): 225-244.

[18] Wanheim T, Bay N, Petersen A S. A theoretically determined model for friction in metal working processes. Wear, 1974, 28 (2): 251-258.

[19] Male A T, Cockcroft M G. A method for the determination of the coefficient of friction of metals under conditions of bulk plastic deformation. Journal of the Institute of Metals, 1964, 93 (2): 38-46.

[20] Buschhausen A, Weinmann K, Lee J Y, et al. Evaluation of lubrication and friction in cold forging using a double backward-extrusion process. Journal of Materials Processing Technology, 1992, 33 (1-2): 95-108.

[21] Schrader T, Shirgaokar M, Altan T. A critical evaluation of the double cup extrusion test for selection of cold forging lubricants. Journal of Materials Processing Technology, 2007, 189 (1-3): 36-44.

[22] Ebrahimi R, Najafizadeh A. A new method for evaluation of friction in bulk metal forming. Journal of Materials Processing Technology, 2004, 152 (2): 136-143.

[23] Fan X G, Dong Y D, Yang H, et al. Friction assessment in uniaxial compression test: a new evaluation method based on local bulge profile. Journal of Materials Processing Technology, 2017, 243: 282-290.

[24] Zhang Q, Felder E, Bruschi S. Evaluation of friction condition in cold forging by using T-shape compression test. Journal of Materials Processing Technology, 2009, 209 (17): 5720-5729.

[25] Wang L L, Yang H L. Friction in aluminium extrusion—Part 2: A review of friction models for aluminium extrusion. Tribology International, 2012, 56: 99-106.

[26] Han X H, Hua L. Friction behaviors in cold rotary forging of 20CrMnTi alloy. Tribology International, 2012, 55: 29-39.

[27] Zhang D W, Li F, Li S P, et al. Finite element modeling of counter-roller spinning for large-sized aluminum alloy cylindrical parts. Frontiers of Mechanical Engineering, 2019, 14 (3): 351-357.

[28] Zhang D W, Li Y T, Fu J H, et al. Mechanics analysis on precise forming process of external spline cold rolling. Chinese Journal of Mechanical Engineering, 2007, 20 (3): 54-58.

[29] Gavrus A, Francillette H, Pham D T. An optimal forward extrusion device proposed for numerical and experimental analysis of materials tribological properties corresponding to bulk forming processes. Tribology International, 2012, 47: 105-121.

[30] Orowan E. The calculation of roll pressure in hot and cold flat rolling. Proceedings of the Institution of Mechanical Engineers,1943, 150(1): 140-167.

[31] Freshwater I J. Simplified theories of flat rolling — I. The calculation of roll pressure, roll force and roll torque. International Journal of Mechanical Sciences, 1996, 38(6): 633-648.

[32] Huang M N, Tzou G Y. Study on compression forming of a rotating disk considering hybrid friction. Journal of Materials Processing Technology, 2002, 125-126: 421-426.

[33] Kobayashi S, Oh S I, Altan T. Metal Forming and the Finite-Element Method. New York: Oxford University Press, 1989.

[34] Bowden F P, Tabor D. The area of contact between stationary and between moving surfaces. Proceedings of the Royal Society of London, Series A, Mathematical and Physical Sciences, 1939, 169 (938): 391-413.

[35] Fereshteh-Saniee F, Pillinger I, Hartley P. Friction modelling for the physical simulation of the bulk metal forming processes. Journal of Materials Processing Technology, 2004, 153-154: 151-156.

[36] Behrens B A, Bouguecha A, Hadifi T, et al. Advanced friction modeling for bulk metal forming processes. Production Engineering, 2011, 5(6): 621-627.

[37] Behrens B A, Alasti M, Bouguecha A, et al. Numerical and experimental investigations on the extension of friction and heat transfer models for an improved simulation of hot forging processes. International Journal of Material Forming, 2009, 2(1): 121-124.

[38] 久能木真人. 軸方向圧縮荷重を受ける中空円筒の塑性変形に就いて[J]. 科学研究所報告, 1954, 30(2): 63-92.

[39] 张大伟. 螺纹花键同步滚轧理论与技术. 北京:科学出版社, 2020.

[40] Petersen S B, Martins P A F, Bay N. An alternative ring-test geometry for the evaluation of friction under low normal pressure. Journal of Materials Processing Technology, 1998, 79(1-3): 14-24.

[41] Tan X, Martins P A F, Bay N, et al. Friction studies at different normal pressures with alternative ring-compression tests. Journal of Materials Processing Technology, 1998, 80-81: 292-297.

[42] Hu C L, Ou H A, Zhao Z. An alternative evaluation method for friction condition in cold forging by ring with boss compression test. Journal of Materials Processing Technology, 2015, 224: 18-25.

[43] Hu C L, Yin Q, Zhao Z, et al. A new measuring method for friction factor by using ring with inner boss compression test. International Journal of Mechanical Sciences, 2017, 123: 133-140.

[44] Burgdorf M. Über die Ermittlung des Reibwertes für verfahren der massivumformung durch den ringstauchversuch. Industrie-Anzeiger, 1967, 89(39): 15-20.

[45] Hawkyard J B, Johnson W. An analysis of the changes in geometry of a short hollow cylinder during axial compression. International Journal of Mechanical Sciences, 1967, 9(4): 163-182.

[46] Lee C H, Altan T. Influence of flow stress and friction upon metal flow in upset forging of rings and cylinders. Journal of Engineering for Industry, 1972, 94(3): 775-782.

[47] 张大伟, 赵升吨, 王利民. 复杂型面滚轧成形设备现状分析. 精密成形工程, 2019, 11(1): 1-10.

[48] Zhang D W, Cui M C, Cao M, et al. Determination of friction conditions in cold-rolling process of shaft part by using incremental ring compression test. The International Journal of Advanced Manufacturing Technology, 2017, 91(9-12): 3823-3831.

[49] Yao Z H, Mei D Q, Shen H, et al. A friction evaluation method based on barrel compression test. Tribology Letters, 2013, 51(3): 525-535.

[50] 俞汉清, 陈金德. 金属塑性成形原理. 北京: 机械工业出版社, 1999.

[51] Leu D K. A simple dry friction model for metal forming process. Journal of Materials Processing Technology, 2009, 209(5): 2361-2368.

[52] Zhang D W, Ou H A. Relationship between friction parameters in a Coulomb-Tresca friction model for bulk metal forming. Tribology International, 2016, 95: 13-18.

[53] Noh J H, Min K H, Hwang B B. Deformation characteristics at contact interface in ring compression. Tribology International, 2011, 44(9): 947-955.

第4章 滑移线场法建模与分析：花键轴类零件滚轧

花键联结为多齿工作，承载能力高、对中性好、导向性佳、齿根较浅、应力集中小、轴与毂削弱小，其作为传递力和扭矩的关键零件，在交通运输工具以及装备制造业中应用非常广泛。渐开线花键具有传动平稳、定心精度高、齿面接触好、寿命长、结构紧凑、重量轻、起动承载能力好、允许有较大的配合间隙、能够传递较大扭矩等优点，广泛应用于航空、航天、汽车、造船、拖拉机及重型机械等行业。

花键轴类零件加工方法可以分为两类：一类是传统的以插齿、滚齿为代表的切削加工工艺；一类是以滚轧、挤压为代表的无切削加工工艺。虽然前一种加工方法非常普遍，在俄罗斯以铣削方法加工的花键轴在 21 世纪初达到了 60%[1]，但是在大批量花键轴的生产中采用少无切削的冷滚轧加工工艺是一种必然的趋势，近年来在复杂型面滚轧成形工艺及装备方面都有长足的发展[2~5]。

根据工艺和模具特征，结合滚轧设备及其运动，可将复杂型面滚轧工艺分为平板模具搓制、轮式模具滚轧、轴向进给主动旋转滚轧[5]。轮式模具滚轧的设备调整与控制更容易，滚轧零件的尺寸范围更大。张大伟等[6~14]应用滑移线场法开展了较为系统的轮式模具径向进给冷滚轧花键的理论研究，构建了滑移线场网格、建立花键滚轧过程的接触模型，在此基础上建立花键滚轧工艺的滚轧力、滚轧力矩解析分析模型，围绕着解析模型验证与求解程序实现，进行了必要的有限元建模仿真、渐开线与圆交点判断等子程序开发、滚轧前坯料直径的精确求解及程序实现、滚轧过程的接触比变化等相关研究。

4.1 径向进给滚轧成形花键原理

采用轮式模具径向进给滚轧成形花键或齿轮的滚轧成形都是基于横轧原理，其工作原理如图 4.1 所示，一般采用两个或三个滚轧模具。两个或三个花键滚轧模具具有相同参数，同步、同方向旋转，工件由滚轧模具驱动旋转，工件旋转方向和滚轧模具旋转方向相反；一般滚轧模具同时以均匀的速度或恒定的滚轧力做径向进给运动，直至成形模具相对应的花键齿型。

为了保证不同滚轧模具滚轧成形的花键能够良好地衔接，花键滚轧前所有的滚轧模具要满足一定的相位要求。外复杂型面（螺纹、花键、齿轮）滚轧成形前滚轧模具相位要求的数学表达式和滚轧模具个数以及成形工件和滚轧模具的齿数或螺纹头数密切相关[15,16]。

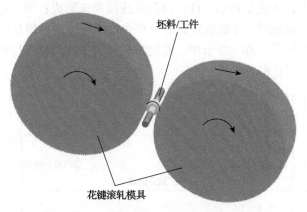

坯料/工件

花键滚轧模具

图 4.1　径向进给滚轧成形花键原理示意图

花键或齿轮滚轧成形中，记工件一区域同滚轧模具接触、分离前后花键或齿轮齿根圆半径之差为压缩量 Δs，如图 4.2 所示，其和滚轧模具转速、径向进给速度密切相关，反映了工件这一区域同滚轧模具接触、分离一次滚轧过程中的变形程度。滚轧模具和工件间没有相对滑动或忽略该相对滑动的复杂型面滚轧过程中，压缩量 Δs 在模具同工件接触后工件旋转 $1/N$（N 为滚轧模具个数）圈内由 0 增加至一固定值，模具停止进给后工件旋转 $1/N$ 圈内 Δs 由固定值减至 0，若给的进给速度恒定，则中间的滚轧过程 Δs 不变。根据滚轧过程中压缩量的变化，将采用两滚轧模具的花键滚轧过程划分为四个成形阶段。据此进一步推论，可将采用 N 个滚轧模具的螺纹、花键（齿轮）等复杂型面滚轧成形划分为类似的四个成形阶段[17]。

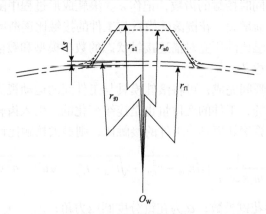

图 4.2　压缩量示意图

从工件齿型成形角度出发，可将滚轧过程分为分齿阶段和齿型成形阶段两个成形阶段。两种分类方法中分齿阶段和第一成形阶段是一致的，齿型成形阶段就是前者分类方法的第二、第三、第四成形阶段，如图 4.3 所示。对于圆齿根花键滚轧成形过程中，在成形初期工件齿侧渐开线段尚未形成；当一定进给量后，工件齿侧渐开线段形成[9]。花键滚轧成形过程在这两阶段内的模具和工件间的运动特征存在显著差异[18]。在 4.2 节中，花键滚轧过程中的滑移线场网格构建也是分这两种成形阶段讨论的。

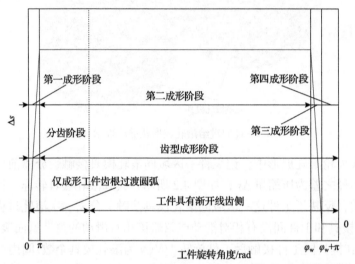

图 4.3 花键滚轧过程中的压缩量变化及成形阶段划分(两滚轧模具)

张大伟等[10,12]针对花键滚轧成形特征，对花键滚轧工艺分析和有限元建模仿真进行了一定讨论。花键滚轧模具与工件的接触比是用于描述滚轧成形过程中一个滚轧模具与工件同时接触的齿数，记作 ε。滚轧成形过程中随着工件齿型逐渐形成，工件齿高逐渐增大，花键滚轧模具与工件的接触比逐渐增大[14]。因此，滚轧成形过程最大接触比的研究对描述接触状态的数学模型和数值模拟中有限元模型的简化有着重要意义。

设塑性变形在瞬间完成，可将滚轧模具与工件间的运动视为范成运动，啮合中心距是连续变化的，工件的变位量也是连续变化的。引入齿轮啮合原理中重合度计算公式用以计算滚轧模具与工件的接触比，则最大接触比计算公式可表示为

$$\varepsilon_{\max} = \frac{1}{m_s \pi \cos\alpha} \left(\sqrt{r_{a,w}^2 - r_{b,w}^2} + \sqrt{r_{a,d}^2 - r_{b,d}^2} - \sqrt{a'^2 - a^2 \cos\alpha} \right) \tag{4.1}$$

式中，m_s 为所成形花键模数；α 为花键分度圆压力角；$r_{a,w}$、$r_{a,d}$ 分别为所成形花键、花键滚轧模具齿顶圆半径；$r_{b,w}$、$r_{b,d}$ 分别为所成形花键、花键滚轧模具基圆

半径；a、a' 分别为标准中心距、实际中心距。

滚轧模具齿数一般远大于花键，其对接触比的影响甚微。花键滚轧模具的尺寸与花键尺寸有确定性的关系，花键参数对接触比起着主要作用。冷滚轧成形的花键一般设计成圆齿根，本章研究均针对圆齿根花键，主要参数如表 4.1 所示[19]。

表 4.1　中国标准圆齿根花键参数[19]

分度圆压力角 $\alpha /(°)$	齿顶高系数 h_a^*	齿根高系数 h_f^*
30	0.5	0.9
37.5	0.45	0.7
45	0.4	0.6

根据表 4.1 中的渐开线花键参数，对其滚轧成形过程中的最大接触比进行大量的计算分析。研究结果表明，花键模数、齿数对冷滚轧成形过程最大接触比的影响不大；花键分度圆压力角、齿顶高系数和齿根高系数是主要影响因素，如图 4.4 所示，图中齿顶高系数、齿根高系数保持不变时取表 4.1 第 2 组数据，即 $h_a^*=0.45$，$h_f^*=0.7$。

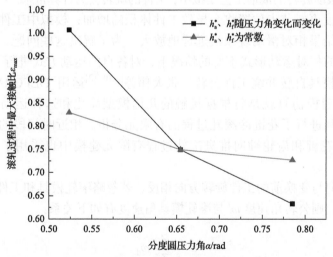

图 4.4　花键参数对最大接触比的影响

滚轧成形过程中最大接触比是压力角的减函数，是齿顶高系数、齿根高系数的增函数。标准渐开线花键系列中的大压力角 (37.5°、45°) 花键的冷滚轧成形过程中 $\varepsilon_{max} \leqslant 1$；小压力角 (30°) 花键的冷滚轧成形过程中最大接触比 ε_{max} 稍大于 1，但采用第 2~3 组的齿顶高系数、齿根高系数时，其最大接触 $\varepsilon_{max} \leqslant 1$。

因此，考虑花键齿型的对称性、滚轧过程中相关参数的周期性，可对花键滚轧过程的有限元模型做周期对称处理。根据花键冷滚轧过程的接触比，在有限元建模时，可取单齿型或两齿型进行坯料的几何建模，对称面上的节点位移在对称面法向受到限制，如图 4.5 所示。

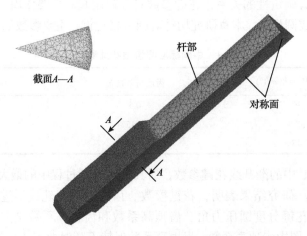

图 4.5　花键滚轧有限元建模初始坯料网格

在工件被动旋转的成形工艺模拟中，工件的旋转会为计算带来一些问题[20]：简单地基于速度更新节点位置将会导致工件体积的增加；模拟中工件的滑动大于旋转运动，结果相对滑动现象被远远地放大。为了解决这些问题，在保证滚轧模具与工件的相对运动形式不变的情况下，对各自的运动方式进行了等价变换：固定工件，模具自转并绕工件公转。张大伟等[6,10~12]运用 DEFORM 软件对花键滚轧过程建模仿真就是将根据接触的几何模型简化和这种运动等价变换相结合，才顺利进行了花键冷滚轧过程的有限元分析。相近时间段的花键冷搓成形及随后的花键和齿轮轴向推进滚轧过程有限元建模中也采用了相似的处理方法[21~23]。

公转方向与变换前的工件旋转方向相反，若忽略滚轧模具和工件之间的相对滑动(打滑)，则公转角速度 ω' 与滚轧模具角速度有如下关系：

$$\omega' = \frac{Z_{\mathrm{d}}}{Z_{\mathrm{w}}} \omega_{\mathrm{d}} \qquad (4.2)$$

式中，ω_{d} 为花键滚轧模具旋转速度；Z_{d} 为花键滚轧模具齿数；Z_{w} 为所成形花键的齿数。

下面的滑移线场法建模与分析中，将部分解析结果和数值结果进行了比较，此处对相应有限元模型进行简要描述。采用上述的简化几何模型和运动等价变化，坯料直径根据体积不变原则确定。工件材料为普通中低碳钢，其性能参数取自软件自带的材料库。工件视为塑性体，模具视为刚性体，塑性体采用 Mises 屈服准则。材料与环境温度设定为 20℃，不考虑热传递。

滑移线场法建模过程中，工件齿根、齿侧采用不同的摩擦模型，这在花键滚轧过程中的有限元建模中难以实现。考虑到在花键冷滚轧成形中，滚轧模具齿侧面积大，与工件接触时间久，因此数值模拟中采用库仑摩擦模型描述模具工件间的摩擦状态。滚轧成形过程中滚轧模具的总进给量 f_{max} 为

$$f_{max} = r_{billet} - r_f \tag{4.3}$$

式中，r_{billet} 为滚轧前坯料半径；r_f 为成形花键齿根圆半径。

根据花键规格尺寸可获取坯料和模具的尺寸，在 CAD 软件 UG 中建立坯料和模具的几何模型，以 STL 格式输入 DEFORM 中，并进行装配。初始网格划分采用局部细化技术，塑性变形剧烈区域的网格较密，模拟过程中采用网格重新自动划分技术以避免网格畸变。坯料初始网格划分如图 4.5 所示。

通过 DEFORM 后处理的镜像功能可获得完成的成形花键形状，如图 4.6 所示。从图中可以看出，模拟的花键轴形状与试验件形状一致，能够反映出花键冷滚轧成形过程的宏观变形行为，这说明所建立的三维有限元模型是可靠的。

(a) 有限元结果　　　　　　　　　　(b) 试验结果

图 4.6　滚轧花键形状比较

4.2　花键滚轧成形过程的滑移线场

采用图解法构建外花键滚轧过程的滑移线场，并根据滑移线场的应力场理论分别建立外花键滚轧过程不同接触区域的单位压力的封闭解[6]，随后改进工件形状边界假设，同时耦合考虑冷成形中的加工硬化现象[10]。

4.2.1　花键滚轧过程滑移线场的构建

螺纹、花键等复杂型面滚轧成形和楔横轧都是基于横轧原理，但成形机理迥

异。复杂型面的滚轧过程中螺纹或花键成形区域对相邻区域影响甚微[24]，滚轧前后成形区域轴向长度变化不大，明显不同于楔横轧。因此，直齿花键滚轧成形过程可以认为是平面应变问题。

由于花键滚轧前所有的滚轧模具要满足一定的相位要求，不同齿数花键滚轧时，工件受力状态可能不同。对于采用两个滚轧模具的花键滚轧工艺，当成形工件为偶数齿时，两滚轧模具齿槽对齿槽或齿顶对齿顶；当成形工件为奇数齿时，两滚轧模具齿顶对齿槽；宏观受力状态也各不相同，如图4.7所示[25]。

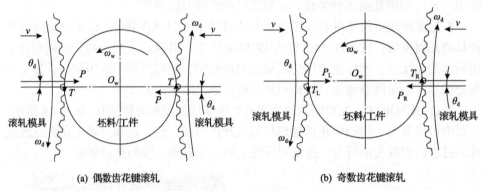

(a) 偶数齿花键滚轧　　　　　　　　　　　(b) 奇数齿花键滚轧

图 4.7　花键滚轧受力分析[25]

偶数齿花键滚轧成形时，两花键滚轧模具相位相同，两滚轧模具与工件接触完全对称，因此受力是对称的。而奇数齿花键滚轧成形时，两滚轧模具与工件接触不对称，其宏观受力也不对称，但在接触变形区，其应力状态类似，如图 4.8 所示，该状态下的应力莫尔圆如图 2.3 所示。图 4.8 中坐标系为以滚轧模具中心为圆心、滚轧模具中心与滚轧模具齿顶圆弧最高点连线为 y 轴、滚轧模具轴向为 z 轴。该坐标系与滚轧模具固联，本节应用滑移线场建模中的全局坐标系即此坐标系。z 方向的应力为中间主应力，Oxy 面为主应力平面。当 y 轴旋转适当角度后，

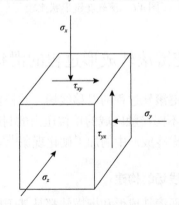

图 4.8　花键滚轧过程中变形区应力状态

可获得第一、第三主应力及主应力平面。当 y 轴旋转至垂直于接触面时，此时局部坐标系下的 σ_y 即为接触面上的单位平均压力，可由式 (2.23) 求解。

这种由滚轧模具个数、成形零件齿数导致的差别对初始阶段旋转条件和滚轧过程摩擦力矩有影响。但这种差别对考虑单齿一次滚轧过程中的滚轧力、接触面积、变形过程无影响，且对根据最大滚轧力、滚轧力矩确定的液压系统额定压力、滚轧模具电机额定功率的计算并无区别。

除 2.2 节中应用滑移线场理论采用的平面应变、体积不变、理想刚塑性材料等基本假设外，根据花键滚轧变形特点，对接触面上摩擦进行一定假设。剧烈的塑性变形发生在工件齿根处，因此不同区域采用不同的摩擦模型描述。滚轧模具与工件齿根接触面上摩擦应用剪切摩擦模型 (式 (3.2)) 描述，滚轧模具与工件齿侧接触面上摩擦应用库仑摩擦模型 (式 (3.1)) 描述，剪切摩擦因子和库仑摩擦系数之间的关系由式 (3.31) 确定。此外，假设滚轧模具齿顶与工件接触面、齿侧接触面上的正压力、摩擦力均匀分布。

1. 仅成形工件齿根过渡圆弧阶段的滑移线场

初始滚轧时总进给量较小，工件 (花键) 的渐开线齿侧尚未形成，塑性变形发生在滚轧模具齿顶圆弧与工件的接触区域。此时，根据应力边界条件，可建立如图 4.9 所示的滑移线场，图中所用坐标系和图 4.8 相同。

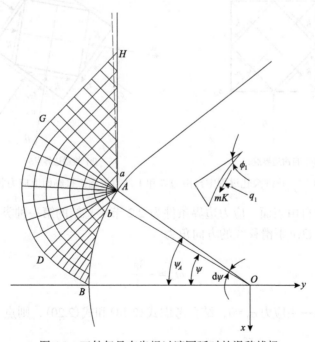

图 4.9　工件仅具有齿根过渡圆弧时的滑移线场

　　工件表面的自由边界是圆弧，可将其简化为一直线，图 4.9 虚线所示的边界为简化前的弧线；为便于观察和作图，将滑移线场绕滚轧模具中心顺时针旋转 θ 角（根据 4.3 节接触面积建模中关于角度的定义，θ 为负值），y 轴为水平方向；为保证计算精度，弧线 AB 划分为有限个分段应满足 $\mathrm{d}\psi < 5°$。这些原则同样适用于下面关于工件具有渐开线齿侧阶段的滑移线场构建。

　　在滑移线场网格 $ABDGH$ 中，滑移线场 ABD 区是第二类边值问题，用图解法建立滑移线场，与滚轧模具齿顶圆弧表面接触的滑移线和接触表面 AB 成 ϕ_1 角；滑移线场 AGH 区也是第二类边值问题，边界 AH 为不受力的自由表面，AGH 区为自由边界均匀应力场；滑移线场 ADG 区为有心扇形场，其边界由滑移线场 ABD 区和滑移线场 AGH 区确定。

　　沿一条滑移线在自由边界 AH 和接触边界 AB 上分别取点 a、b，即点 a 在自由表面 AH 上，点 b 在接触面 AB 上。a、b 两点的应力状态如图 4.10 所示，根据滑移线族性判断规则，可确定滑移线 ab 为 β 族滑移线。点 a 应力分量已知，其主应力如图 4.10(a) 所示；点 b 应力分量已知，图 4.10(b) 为以点 b 处法向为 y' 轴的局部坐标系下的应力分量。

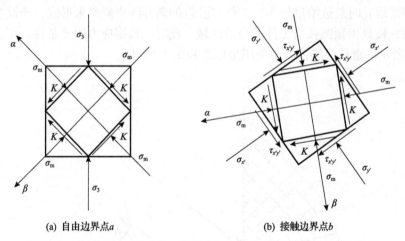

(a) 自由边界点 a　　　　　　　　　　(b) 接触边界点 b

图 4.10　花键滚轧过程中自由边界和工件齿根圆弧接触面上应力状态

　　点 a 处为自由表面，应力边界条件为 2.2 节中总结的第一种类型应力边界条件，在坐标系 Oxy 下滑移线的方向角为

$$\omega_a = -\frac{3\pi}{4} \tag{4.4}$$

　　点 a 处第一主应力 $\sigma_1 = 0$，结合考虑式 (2.14) 和式 (2.20)，则点 a 处的主应力分量为

$$\begin{cases} \sigma_1 = 0 \\ \sigma_2 = -K \\ \sigma_3 = -2K \end{cases} \tag{4.5}$$

因此，点 a 处的平均应力为

$$\sigma_{\mathrm{m},a} = -K \tag{4.6}$$

点 b 处的应力边界条件为 2.2 节中总结的第四种类型应力边界条件，但考虑到滑移线和接触表面 AB 成 ϕ_1 角，在坐标系 Oxy 下滑移线的方向角为

$$\omega_b = -(\phi_1 + \psi) \tag{4.7}$$

式中，ψ 为 Ob 与 y 轴所成的角度。

根据式(2.25)，可得点 b 处的平均应力表达式为

$$\sigma_{\mathrm{m},b} = \sigma_{\mathrm{m},a} - 2K(\omega_b - \omega_a) \tag{4.8}$$

联立式(4.4)、式(4.6)～式(4.8)，可得点 b 处的平均应力为

$$\sigma_{\mathrm{m},b} = -2K\left(\frac{1}{2} + \frac{3\pi}{4} - \phi_1 - \psi\right) \tag{4.9}$$

平均应力已知，则点 b 处在坐标系 $Ox'y'$ 下的应力分量可由式(2.23)求出。

2. 工件具有渐开线齿侧阶段的滑移线场

当滚轧成形进行一定时间后(滚轧模具工件间中心距小于临界中心距 a_{crit} 后[6])，工件(花键)的渐开线齿侧形成，塑性变形区边界发生变化。滚轧模具齿侧渐开线的曲率较小，越接近齿顶，曲率越接近于零，且一般曲率小于 0.05，因此可用直线代替渐开线[8]。滚轧模具齿侧与工件接触渐开线近似看成直线，并以建立滑移线场时刻工件齿型节圆处的切线代替[10]。根据应力边界条件，可建立如图 4.11 所示的滑移线场，图中所用坐标系和图 4.8 相同。

在坐标系 Oxy 下，图 4.11 中齿侧近似直线 AC 与 x 轴的夹角在根据压缩量变化划分的第一、第二滚轧成形阶段(图 4.3 所示)内是不断变化的。这为滑移线场和接触面上单位压力的解析求解带来一定的困难。

在工件具有渐开线齿侧阶段的滑移线场 $ABDEFGHC$ 中，滑移线场 ABD 区是第二类边值问题，与上面关于仅成形工件齿根过渡圆弧阶段分析中滑移线场 ABD 区相似，其应力场表达式相同。滑移线场 CGH 区也是第二类边值问题，其边界 CH 为不受力的自由表面，CGH 区为自由边界均匀应力场，与上面关于仅成形工

件齿根过渡圆弧阶段分析中滑移线场 *AGH* 区相似，其应力场表达式相同。滑移线场 *ACF* 区也可按第二类边值问题求解，根据上述假设，边界 *AC* 为直线，故滑移线场 *ACF* 区为均匀应力的直线滑移线场。滑移线场 *CGH* 区和 *ACF* 区之间以有心扇形场 *CFG* 区拼接。

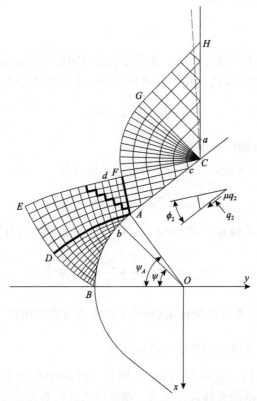

图 4.11　工件具有渐开线齿侧时的滑移线场

　　滑移线场 *ACF* 区和 *ABD* 区之间的滑移线场 *ADEF* 区为典型的第一类边值问题，用图解法求得该区域内的滑移线场。图解法以弦线代替弧线，由于滑移线 *AF* 为直线段，可推知该区域内右上部分为直线场(图 4.11 中以黑粗实线分界)。

　　同样，在自由表面 *CH* 上任取一点 a，在齿侧接触面 *AC* 上取一点 c，使 a、c 在同一条滑移线上；在滑移线场 *ADEF* 区的直线滑移线场内取一点 d，使 c、d 在同一条滑移线上；在工件齿根接触面 *AB* 上取一点 b，使 d、b 在同一条滑移线上。a、b 两点的应力状态和图 4.10 所示的应力状态相同，点 d 的应力状态与点 b 相似。根据滑移线族性判断规则，可确定滑移线 ac 为 β 线、cd 为 α 线、db 为 β 线。

　　自由表面点 a 处的应力分量和滑移线方向角的数学表达式在坐标系 *Oxy* 下仍可用式(4.4)～式(4.6)表示，即在工件具有渐开线齿侧阶段的自由表面处，有

$$\begin{cases} \omega_a = -\dfrac{3\pi}{4} \\ \sigma_{m,a} = -K \end{cases} \tag{4.10}$$

点 c 处的应力边界条件为 2.2 节中总结的第四种类型应力边界条件，但考虑到滑移线和接触表面 AC 成 ϕ_2 角，在坐标系 Oxy 下滑移线的方向角为

$$\omega_c = -\left[\frac{\pi}{2} - (\alpha' + \gamma) + \phi_2 \right] \tag{4.11}$$

式中，α' 为此时(t 时刻)工件节圆处压力角。

$$\gamma = \frac{\pi}{Z_{\mathrm{w}}} - 0.5\frac{s_t'}{r_t'} \tag{4.12}$$

式中，s_t' 为此时工件节圆处齿厚压力角；r_t' 为此时工件节圆半径。

根据式(2.25)，可得点 c 处的平均应力表达式为

$$\sigma_{m,c} = \sigma_{m,a} - 2K\left(\omega_c - \omega_a \right) \tag{4.13}$$

联立式(4.10)、式(4.11)和式(4.13)，可得点 c 处的平均应力为

$$\sigma_{m,c} = -2K\left[\frac{1}{2} + \frac{\pi}{4} + (\alpha' + \gamma) - \phi_2 \right] \tag{4.14}$$

平均应力已知，则点 c 处在坐标系 $Ox'y'$ 下的应力分量可由式(2.23)求出。

滑移线 cd 为直线，根据直线滑移线场性质，有

$$\begin{cases} \omega_d = \omega_c \\ \sigma_{m,d} = \sigma_{m,c} \end{cases} \tag{4.15}$$

尽管接触面 AB 的边界有所不同，工件齿根点 b 处的滑移线方向角的数学表达式在坐标系 Oxy 下仍可用式(4.7)表示，即在工件具有渐开线齿侧阶段的工件齿根处，有

$$\omega_b = -\left(\phi_1 + \psi \right) \tag{4.16}$$

根据式(2.25)，可得点 b 处的平均应力表达式为

$$\sigma_{m,b} = \sigma_{m,d} - 2K\left(\omega_b - \omega_d \right) \tag{4.17}$$

联立式(4.11)、式(4.14)~式(4.17)，可得点 b 处的平均应力为

$$\sigma_{m,b} = -2K\left(\frac{1}{2} + \frac{3\pi}{4} - \phi_1 - \psi\right) \tag{4.18}$$

平均应力已知，则点 b 处在坐标系 $Ox'y'$ 下的应力分量可由式(2.23)求出。在工件具有渐开线齿侧阶段内工件齿根处平均应力式(4.18)和仅成形工件齿根过渡圆弧阶段内工件齿根处平均应力式(4.9)的表达形式相同。

4.2.2　滑移线场及接触面上压力的求解

冷滚轧成形过程中，设作用于点 b、c 且垂直于接触表面的正压力分别为 q_1、q_2，则 q_1、q_2 就是接触面上的单位压力。以正压力方向为 y' 轴，分别在点 b、c 建立局部坐标系 $Ox'y'$，已知点 b、c 处的平均应力，根据式(2.23)可分别得到坐标系 $Ox'y'$ 下点 b、c 处的应力分量，即

$$\begin{cases} \sigma_{x',b} = \sigma_{m,b} - K\sin(-2\phi_1) = -2K\left[\dfrac{1}{2} + \dfrac{3\pi}{4} - \phi_1 - \psi - \dfrac{\sin(2\phi_1)}{2}\right] \\[2mm] \sigma_{y',b} = \sigma_{m,b} + K\sin(-2\phi_1) = -2K\left[\dfrac{1}{2} + \dfrac{3\pi}{4} - \phi_1 - \psi + \dfrac{\sin(2\phi_1)}{2}\right] \\[2mm] \tau_{x'y',b} = K\cos(-2\phi_1) = K\cos(2\phi_1) \end{cases} \tag{4.19}$$

$$\begin{cases} \sigma_{x',c} = \sigma_{m,c} - K\sin(-2\phi_2) = -2K\left[\dfrac{1}{2} + \dfrac{\pi}{4} + (\alpha' + \gamma) - \phi_2 - \dfrac{\sin(2\phi_2)}{2}\right] \\[2mm] \sigma_{y',c} = \sigma_{m,c} + K\sin(-2\phi_2) = -2K\left[\dfrac{1}{2} + \dfrac{\pi}{4} + (\alpha' + \gamma) - \phi_2 + \dfrac{\sin(2\phi_2)}{2}\right] \\[2mm] \tau_{x'y',c} = K\cos(-2\phi_2) = K\cos(2\phi_2) \end{cases} \tag{4.20}$$

接触面上的单位压力 q_1、q_2 为正值，可表示为

$$\begin{cases} q_1 = -\sigma_{y',b} = 2K\left[\dfrac{1}{2} + \dfrac{3\pi}{4} - \phi_1 - \psi + \dfrac{\sin(2\phi_1)}{2}\right] \\[2mm] q_2 = -\sigma_{y',c} = 2K\left[\dfrac{1}{2} + \dfrac{\pi}{4} + (\alpha' + \gamma) - \phi_2 + \dfrac{\sin(2\phi_2)}{2}\right] \end{cases} \tag{4.21}$$

确定花键滚轧过程的滑移线场和求解接触面上的单位压力，不仅与滚轧花键的几何参数相关，同时与滑移线和接触面的角度 ϕ_1、ϕ_2 相关。从式(4.19)和式

(4.20)可以看出，接触面上切应力和角度ϕ_1、ϕ_2密切相关，从而角度ϕ_1、ϕ_2和接触面上的摩擦密切相关。

外花键冷滚轧精密成形过程中，主要的塑性变形是滚轧模具齿顶与工件接触滚轧变形[8]，在此接触面的摩擦条件上采用剪切摩擦模型（$\tau = mK$）。滚轧模具齿侧与工件接触区域金属向工件齿顶流动产生塑性变形，在此接触面的摩擦条件上采用库仑摩擦模型（$\tau = \mu p$）。

由于不同接触面采用的摩擦模型不同，在不同接触面处摩擦剪应力的表现形式不同。对于滚轧模具齿顶和工件接触区域AB（图 4.9 和图 4.11），联立剪切摩擦模型式（3.2）和式（4.19），可得

$$K \cos(2\phi_1) = mK \tag{4.22}$$

ϕ_1和接触面上摩擦的关系为

$$\phi_1 = \frac{1}{2} \arccos m \tag{4.23}$$

对于滚轧模具齿侧和工件接触区域AC（图 4.11），联立库仑摩擦模型式（3.1）和式（4.20），可得

$$K \cos(2\phi_2) = \mu q_2 \tag{4.24}$$

将式（4.21）代入式（4.24），可得ϕ_2和接触面上摩擦的关系为

$$\mu = \frac{\cos(2\phi_2)}{1 + \dfrac{\pi}{2} + 2(\alpha' + \gamma) - 2\phi_2 + \sin(2\phi_2)} \tag{4.25}$$

根据给定的摩擦条件（库仑摩擦系数值），由式（4.24）求出滑移线与滚轧模具齿侧接触表面所成的角度ϕ_2比较困难，可代入一系列的ϕ_2角度求出对应的库仑摩擦系数μ制成图表，如图 4.12 所示，由图查出ϕ_2值。也可由数值解法求得给定库仑摩擦系数μ下的ϕ_2值。

利用滑移线场法可给出简单横轧时接触面平均单位压力的解[26]，但求解过程中忽略了摩擦力，未考虑摩擦因素的影响。式（4.21）给出了花键滚轧过程不同接触区域单位压力的理论求解公式，不仅考虑了复杂的花键形状，还考虑了摩擦因素对单位压力的影响，因而能够更为接近地反映真实滚轧力。

因为ϕ_1、ϕ_2分别为剪切摩擦因子m、库仑摩擦系数μ的函数，所以花键滚轧过程中接触面上的单位平均压力和工件几何参数、成形材料参数、摩擦条件相关。式（4.21）可写为

$$\begin{cases} q_1 = u_1 f(\sigma_s) g_1(m) h(\psi) \\ q_2 = u_2 f(\sigma_s) g_2(\mu) \end{cases} \tag{4.26}$$

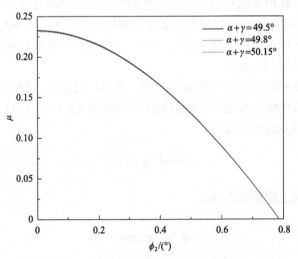

图 4.12　滚轧过程中 ϕ_2-μ 曲线（$\alpha=45°$）

　　当工件规格一定时，滚轧过程中工件几何参数的变化对接触面上单位压力的影响甚小。在冷滚轧成形的工艺分析中，确定的润滑条件下的剪切摩擦因子 m、库仑摩擦系数 μ 认为是一常数，如 3.4.2 节根据增量圆环压缩确定的摩擦系数值。在相同的润滑条件下，一般可认为剪切摩擦因子 m 和库仑摩擦系数 μ 之间具有确定的对应关系[27]。本章后续分析中，采用 $\mu = 0.5m$ 描述剪切摩擦因子 m 和库仑摩擦系数 μ 之间的对应关系。

　　函数 $h(\psi)$ 是 ψ 的减函数，某给定几何参数下的变化趋势如图 4.13 所示，$h(\psi)$ 的最小值与最大值相差不超过 30%。为计算简便，取 $h(0)$ 时的 q_1 作为滚轧模具齿

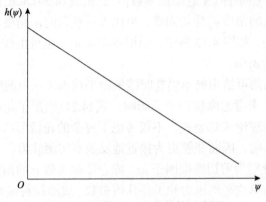

图 4.13　函数 $h(\psi)$ 变化趋势示意图

顶与工件接触区域 AB（图 4.9 和图 4.11）上的平均单位压力。

材料参数在式(4.21)中主要反映在剪切屈服强度 K 上，剪切屈服强度 K 与屈服强度 σ_s 之间的关系由所选择的屈服准则决定，即式(2.21)。接触面压力分布模型式(4.21)是基于理想刚塑性材料建立的，没有考虑塑性变形过程的加工硬化现象，可对式(2.21)进行修正以耦合硬化现象。采用等向强化模型处理应变硬化后的屈服准则，等向强化模型中后继屈服轨迹的中心位置和形状保持不变，只是大小随变形同心均匀扩大[28]。因此，式(2.21)中的函数保持不变，以塑性变形中的瞬时后继屈服应力(即真实应力 Y)代替 σ_s，即

$$K = f(Y) \tag{4.27}$$

4.3　花键滚轧过程模具工件间接触面积

在适当假设的基础上，建立滚轧过程任意位置时滚轧模具齿廓的数学模型，并根据共轭曲线及包络线理论建立对应工件齿廓曲线的数学模型，由二者的数学模型建立完全接触面积的算法[9]。在此基础上，以 MATLAB 为平台编写计算程序，实现对花键滚轧过程中接触面积的定量计算与分析。

根据花键冷滚轧成形的特点，在垂直于轴向的横截面上的接触曲线形状沿轴向不变，接触面积 A 可按式(4.28)计算，接触面积问题转变为求解横截面上接触曲线长度问题。

$$A = SL \tag{4.28}$$

式中，L 为工件轴向长度；S 为横截面上接触曲线长度。

在与工件轴向垂直的横截面上建立如图 4.14 所示的直角坐标系 Oxy、$O_2x_2y_2$，其中 $O_2x_2y_2$ 为滚轧模具的自然坐标系，便于建立滚轧模具齿廓曲线。图中 θ 为 y_2 轴到 x 轴的夹角（y_2 轴到 x 轴顺时针旋转时 θ 为负，逆时针旋转时 θ 为正）。

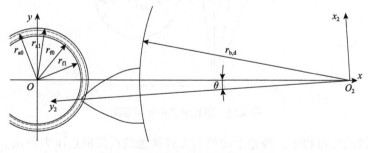

图 4.14　横截面上接触状态示意图

在分析滚轧过程接触曲线变化、建立其数学模型时做如下基本假设：分析瞬间的接触情况，忽略工件、滚轧模具的弹性变形；压缩量形成过程中滚轧模具与工件相对中心距不变；压缩量形成过程中齿高保持不变。滚轧模具齿型参数由所成形的花键参数确定，一般分度圆压力角相同。

4.3.1 滚轧过程中的工件齿廓曲线

1. 滚轧模具齿廓曲线

根据渐开线基本方程，可在自然坐标系 $O_2 x_2 y_2$ 下建立圆齿根花键用滚轧模具齿廓曲线方程。如图 4.15 所示，滚轧模具齿廓曲线 f_d 由三段曲线构成：l_{invR}、l_{cirA}、l_{invL}。花键滚轧模具单齿右侧渐开线 l_{invR} 以 y_2 轴为极轴的极坐标参数方程为

$$\begin{cases} \rho = r_{b,d} \sec \alpha \\ \gamma = \beta - inv\,\alpha \end{cases} \tag{4.29}$$

式中，β 为渐开线极轴与 y_2 轴的夹角。

$$\beta = \tan \alpha - \alpha + \frac{\pi}{2 Z_d} \tag{4.30}$$

式中，Z_d 为滚轧模具齿数。

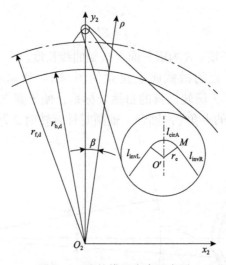

图 4.15　滚轧模具齿廓示意图

在花键滚轧过程中，理论上能够与工件接触的近齿根点压力角 $\alpha_{f,d_{th}}$（无顶隙啮合时的滚轧模具齿根圆压力角）可表示为

$$\alpha_{\mathrm{f,d_{th}}} = \arccos \frac{r_{\mathrm{b,d}}}{r_{\mathrm{a,d}} - h_{\mathrm{w}}} \tag{4.31}$$

式中，h_{w} 为所成形花键齿全高。

滚轧模具齿顶过渡圆弧与齿侧渐开线相切于点 M，则滚轧模具齿侧渐开线压力角变化范围为 $[\alpha_M, \alpha_{\mathrm{f,d_{th}}}]$。在三角形 $O_2O'M$ 中，根据几何关系可得

$$\angle O_2O'M = \frac{\pi}{2} + \tan \alpha_M - \beta \tag{4.32}$$

应用余弦定理可得滚轧模具齿侧渐开线在点 M 处的极径为

$$\rho_M = \sqrt{r_{\mathrm{e}}^2 + (r_{\mathrm{a,d}} - r_{\mathrm{e}})^2 + 2(r_{\mathrm{a,d}} - r_{\mathrm{e}})r_{\mathrm{e}} \sin(\tan \alpha_M - \beta)} \tag{4.33}$$

式中，r_{e} 为滚轧模具齿顶过渡圆弧半径。

根据渐开线性质，可得

$$\alpha_M = \arccos \frac{r_{\mathrm{b,d}}}{\rho_M} \tag{4.34}$$

联立式(4.33)和式(4.34)，可得点 M 处的压力角和极径值，其解析解较难求解，可编程计算求取数值解。

根据花键滚轧模具单齿右侧渐开线 l_{invR} 的参数方程(4.29)，l_{invR} 在坐标系 $O_2x_2y_2$ 中可表示为

$$\begin{cases} x_2 = \rho \sin(\beta - \mathrm{inv}\,\alpha) = r_{\mathrm{b,d}} \sec \alpha \sin(\beta - \mathrm{inv}\,\alpha) = x_2(\alpha) \\ y_2 = \rho \cos(\beta - \mathrm{inv}\,\alpha) = r_{\mathrm{b,d}} \sec \alpha \cos(\beta - \mathrm{inv}\,\alpha) = y_2(\alpha) \\ \alpha \in [\alpha_M, \alpha_{\mathrm{f,d_{th}}}] \end{cases} \tag{4.35}$$

滚轧模具单齿左侧渐开线 l_{invL} 与右侧渐开线 l_{invR} 关于 y_2 轴对称，l_{invL} 在坐标系 $O_2x_2y_2$ 中可表示为

$$\begin{cases} x_2 = \rho \sin(\mathrm{inv}\,\alpha - \beta) = r_{\mathrm{b,d}} \sec \alpha \sin(\mathrm{inv}\,\alpha - \beta) = x_2(\alpha) \\ y_2 = \rho \cos(\mathrm{inv}\,\alpha - \beta) = r_{\mathrm{b,d}} \sec \alpha \cos(\mathrm{inv}\,\alpha - \beta) = y_2(\alpha) \\ \alpha \in [\alpha_M, \alpha_{\mathrm{f,d_{th}}}] \end{cases} \tag{4.36}$$

图 4.15 所示滚轧模具齿廓曲线的齿顶过渡圆弧 l_{cirA} 在坐标系 $O_2x_2y_2$ 中可表示为

$$\begin{cases} x_2 = r_e \cos u = x_2(u) \\ y_2 = r_e \sin u + r_{a,d} - r_e = y_2(u) \\ \gamma \in [\tan\alpha_M - \beta, \pi - \tan\alpha_M + \beta] \end{cases} \tag{4.37}$$

图 4.15 所示滚轧模具齿廓曲线在坐标系 $O_2 x_2 y_2$ 中的参数方程由式 (4.35) ~ 式 (4.37) 构成。

在图 4.14 所示的花键滚轧过程中，滚轧模具齿廓在 θ 位置时，滚轧模具齿廓曲线 f_d 在坐标系 Oxy 中的方程可用式 (4.38) 进行坐标变化获得。将式 (4.35) ~ 式 (4.37) 代入式 (4.38)，可得在中心距 a 下，一次滚轧过程中模具齿廓曲线 f_d 在坐标系 Oxy 中的方程为式 (4.39)。

$$\begin{bmatrix} x \\ y \end{bmatrix} = \begin{bmatrix} \cos\left(\dfrac{\pi}{2} - \theta\right) & -\sin\left(\dfrac{\pi}{2} - \theta\right) \\ \sin\left(\dfrac{\pi}{2} - \theta\right) & \cos\left(\dfrac{\pi}{2} - \theta\right) \end{bmatrix} \begin{bmatrix} x_2 \\ y_2 \end{bmatrix} + \begin{bmatrix} a \\ 0 \end{bmatrix} = \begin{bmatrix} x_2 \sin\theta - y_2 \cos\theta + a \\ x_2 \cos\theta + y_2 \sin\theta \end{bmatrix} \tag{4.38}$$

$$l_{invR} : \begin{cases} x = -r_{b,d} \sec\alpha \cos(\beta - inv\,\alpha + \theta) + a \\ y = r_{b,d} \sec\alpha \sin(\beta - inv\,\alpha + \theta) \\ \alpha \in [\alpha_M, \alpha_{f,d_{th}}] \end{cases} \tag{4.39a}$$

$$l_{cirA} : \begin{cases} x = r_e \sin(\theta - \gamma) - (r_{a,d} - r_e)\cos\theta + a \\ y = r_e \sin(\theta - \gamma) + (r_{a,d} - r_e)\sin\theta \\ \gamma \in [\tan\alpha_M - \beta, \pi - \tan\alpha_M + \beta] \end{cases} \tag{4.39b}$$

$$l_{invL} : \begin{cases} x = -r_{b,d} \sec\alpha \cos(inv\,\alpha - \beta + \theta) + a \\ y = r_{b,d} \sec\alpha \sin(inv\,\alpha - \beta + \theta) \\ \alpha \in [\alpha_M, \alpha_{f,d_{th}}] \end{cases} \tag{4.39c}$$

2. 工件齿廓曲线

花键滚轧成形过程中的滚轧模具与工件的相对运动类似范成运动，工件的齿廓曲线 f_w 就是滚轧模具齿廓曲线 f_d 的共轭曲线[9]。滚轧模具齿廓曲线形成的曲线族记为滚轧模具齿廓曲线族 $f_{d,\varphi}$。滚轧模具齿廓曲线 f_d 的共轭曲线，也就是曲线族 $f_{d,\varphi}$ 的包络线，就是此时工件齿廓曲线 f_w。

在图 4.14 中以滚轧模具中心（即 O_2）为原点 O_d，以 x、y 轴分别为 x_d、y_d 建立局部坐标系 $O_d x_d y_d$，但局部坐标系 $O_d x_d y_d$ 和滚轧模具齿廓曲线 f_d 固联，随曲

线族 $f_{\mathrm{d},\varphi}$ 运动。滚轧模具齿廓在 θ 位置时，滚轧模具齿廓曲线 f_{d} 在坐标系 $O_{\mathrm{d}}x_{\mathrm{d}}y_{\mathrm{d}}$ 中的方程可用式 (4.40) 进行坐标变化获得。将式 (4.35)~式 (4.37) 代入式 (4.40)，可得在中心距 a 下、θ 位置时，模具齿廓曲线 f_{d} 在坐标系 $O_{\mathrm{d}}x_{\mathrm{d}}y_{\mathrm{d}}$ 中的方程为式 (4.41)。

$$\begin{bmatrix} x_{\mathrm{d}} \\ y_{\mathrm{d}} \end{bmatrix} = \begin{bmatrix} \cos\left(\dfrac{\pi}{2}-\theta\right) & -\sin\left(\dfrac{\pi}{2}-\theta\right) \\ \sin\left(\dfrac{\pi}{2}-\theta\right) & \cos\left(\dfrac{\pi}{2}-\theta\right) \end{bmatrix} \begin{bmatrix} x_2 \\ y_2 \end{bmatrix} = \begin{bmatrix} x_2\sin\theta - y_2\cos\theta \\ x_2\cos\theta + y_2\sin\theta \end{bmatrix} \tag{4.40}$$

$$l_{\mathrm{invR}}: \begin{cases} x_{\mathrm{d}} = -r_{\mathrm{b,d}}\sec\alpha\cos(\beta - \mathrm{inv}\,\alpha + \theta) \\ y_{\mathrm{d}} = r_{\mathrm{b,d}}\sec\alpha\sin(\beta - \mathrm{inv}\,\alpha + \theta) \\ \alpha \in [\alpha_M, \alpha_{\mathrm{f,d_{th}}}] \end{cases} \tag{4.41a}$$

$$l_{\mathrm{cirA}}: \begin{cases} x_{\mathrm{d}} = r_{\mathrm{e}}\sin(\theta - \gamma) - (r_{\mathrm{a,d}} - r_{\mathrm{e}})\cos\theta \\ y_{\mathrm{d}} = r_{\mathrm{e}}\sin(\theta - \gamma) + (r_{\mathrm{a,d}} - r_{\mathrm{e}})\sin\theta \\ \gamma \in [\tan\alpha_M - \beta, \pi - \tan\alpha_M + \beta] \end{cases} \tag{4.41b}$$

$$l_{\mathrm{invL}}: \begin{cases} x_{\mathrm{d}} = -r_{\mathrm{b,d}}\sec\alpha\cos(\mathrm{inv}\,\alpha - \beta + \theta) \\ y_{\mathrm{d}} = r_{\mathrm{b,d}}\sec\alpha\sin(\mathrm{inv}\,\alpha - \beta + \theta) \\ \alpha \in [\alpha_M, \alpha_{\mathrm{f,d_{th}}}] \end{cases} \tag{4.41c}$$

将式 (4.41) 统一为一种表现形式，即

$$f_{\mathrm{d}}: \begin{cases} x_{\mathrm{d}} = x_{\mathrm{d}}(h) \\ y_{\mathrm{d}} = y_{\mathrm{d}}(h) \end{cases} \tag{4.42}$$

式中，h 分别代表式 (4.41) 中的参数 α 和 γ。

对应共轭曲线 $f_{\mathrm{enve}}(h,\varphi)$ 可表示为

$$\begin{bmatrix} x(h,\varphi) \\ y(h,\varphi) \end{bmatrix} = \begin{bmatrix} \cos(i\varphi) & \sin(i\varphi) \\ -\sin(i\varphi) & \cos(i\varphi) \end{bmatrix} \begin{bmatrix} \cos\varphi & \sin\varphi \\ -\sin\varphi & \cos\varphi \end{bmatrix} \begin{bmatrix} x_{\mathrm{d}}(t) \\ y_{\mathrm{d}}(t) \end{bmatrix} + \begin{bmatrix} a\cos(i\varphi) \\ -a\sin(i\varphi) \end{bmatrix} \tag{4.43a}$$

写成分量形式为

$$\begin{cases} x(h,\varphi) = x_{\mathrm{d}}(t)\cos[(i+1)\varphi] + y_{\mathrm{d}}(t)\sin[(i+1)\varphi] + a\cos(i\varphi) \\ y(h,\varphi) = -x_{\mathrm{d}}(t)\cos[(i+1)\varphi] + y_{\mathrm{d}}(t)\sin[(i+1)\varphi] - a\cos(i\varphi) \end{cases} \tag{4.43b}$$

式中，i 为中心距 a 下的传动比，若忽略渐开线花键滚轧过程传动的变化，传

动比为 $i = r_{b,d}/r_{b,w}$。

根据包络理论[29]，工件齿廓曲线 f_w 由共轭曲线 $f_{enve}(h, \varphi)$ 和式(4.44)确定。

$$\frac{\partial y(h,\varphi)}{\partial h}\frac{\partial x(h,\varphi)}{\partial \varphi} - \frac{\partial y(h,\varphi)}{\partial \varphi}\frac{\partial x(h,\varphi)}{\partial h} = 0 \tag{4.44}$$

根据式(4.43b)，可得 $x(h, \varphi)$、$y(h, \varphi)$ 的偏导数为

$$\begin{cases} \dfrac{\partial x(h,\varphi)}{\partial h} = \dfrac{\mathrm{d}x_d(h)}{\mathrm{d}h}\cos\big[(i+1)\varphi\big] + \dfrac{\mathrm{d}y_d(h)}{\mathrm{d}h}\sin\big[(i+1)\varphi\big] \\[2mm] \dfrac{\partial x(h,\varphi)}{\partial \varphi} = -(i+1)x_d(h)\sin\big[(i+1)\varphi\big] + (i+1)y_d(h)\cos\big[(i+1)\varphi\big] - a\sin(i\varphi) \\[2mm] \dfrac{\partial y(h,\varphi)}{\partial h} = -\dfrac{\mathrm{d}x_d(h)}{\mathrm{d}h}\sin\big[(i+1)\varphi\big] + \dfrac{\mathrm{d}y_d(h)}{\mathrm{d}h}\cos\big[(i+1)\varphi\big] \\[2mm] \dfrac{\partial x(h,\varphi)}{\partial \varphi} = -(i+1)x_d(h)\cos\big[(i+1)\varphi\big] - (i+1)y_d(h)\sin\big[(i+1)\varphi\big] - a\cos(i\varphi) \end{cases} \tag{4.45}$$

将式(4.45)代入式(4.44)，整理可得

$$(i+1)\left(x_d(h)\frac{\mathrm{d}x_d(h)}{\mathrm{d}h} + y_d(t)\frac{\mathrm{d}y_d(h)}{\mathrm{d}h}\right) - ia\left(\frac{\mathrm{d}y_d(h)}{\mathrm{d}h}\sin\varphi - \frac{\mathrm{d}x_d(h)}{\mathrm{d}h}\cos\varphi\right) = 0 \tag{4.46}$$

令

$$\begin{cases} \sin\lambda = \dfrac{\dfrac{\mathrm{d}x_d(h)}{\mathrm{d}h}}{\sqrt{\left(\dfrac{\mathrm{d}x_d(h)}{\mathrm{d}h}\right)^2 + \left(\dfrac{\mathrm{d}y_d(h)}{\mathrm{d}h}\right)^2}} \\[6mm] \cos\lambda = \dfrac{\dfrac{\mathrm{d}y_d(h)}{\mathrm{d}h}}{\sqrt{\left(\dfrac{\mathrm{d}x_d(h)}{\mathrm{d}h}\right)^2 + \left(\dfrac{\mathrm{d}y_d(h)}{\mathrm{d}h}\right)^2}} \\[6mm] \lambda = \arctan\dfrac{\dfrac{\mathrm{d}x_d(h)}{\mathrm{d}h}}{\dfrac{\mathrm{d}y_d(h)}{\mathrm{d}h}} \end{cases} \tag{4.47}$$

x_d、y_d 的导数可根据式(4.41)分段写为

$$l_{invR}:\begin{cases} \dfrac{\mathrm{d}x_\mathrm{d}(\alpha)}{\mathrm{d}\alpha} = -r_\mathrm{b,d}\sec^2\alpha\tan\alpha\cos(\beta-\tan\alpha+\theta) \\[3mm] \dfrac{\mathrm{d}y_\mathrm{d}(\alpha)}{\mathrm{d}\alpha} = r_\mathrm{b,d}\sec^2\alpha\tan\alpha\sin(\beta-\tan\alpha+\theta) \end{cases} \tag{4.48a}$$

$$l_{cirA}:\begin{cases} \dfrac{\mathrm{d}x_\mathrm{d}(\gamma)}{\mathrm{d}\gamma} = -r_\mathrm{e}\cos(\theta-\gamma) \\[3mm] \dfrac{\mathrm{d}y_\mathrm{d}(\gamma)}{\mathrm{d}\gamma} = r_\mathrm{e}\sin(\theta-\gamma) \end{cases} \tag{4.48b}$$

$$l_{invL}:\begin{cases} \dfrac{\mathrm{d}x_\mathrm{d}(\alpha)}{\mathrm{d}\alpha} = -r_\mathrm{b,d}\sec^2\alpha\tan\alpha\cos(\tan\alpha-\beta+\theta) \\[3mm] \dfrac{\mathrm{d}y_\mathrm{d}(\alpha)}{\mathrm{d}\alpha} = r_\mathrm{b,d}\sec^2\alpha\tan\alpha\sin(\tan\alpha-\beta+\theta) \end{cases} \tag{4.48c}$$

将式(4.47)代入式(4.46)，整理可得

$$\sin(\varphi-\lambda) = \frac{(i+1)\big(x_\mathrm{d}(h)\sin\lambda + y_\mathrm{d}(h)\cos\lambda\big)}{ia} \tag{4.49}$$

可得,

$$\varphi = \arcsin\frac{(i+1)\big(x_\mathrm{d}(h)\sin\lambda + y_\mathrm{d}(h)\cos\lambda\big)}{ia} + \lambda \tag{4.50}$$

式(4.43)和式(4.50)构成了中心距 a 下、θ 位置时工件齿廓 f_w 在坐标系 Oxy 下的曲线方程。

4.3.2　横截面上的接触面积求解

与螺纹滚轧成形不同，花键滚轧成形中滚轧模具与工件的接触是间断的，接触面积是不断波动变化的，但存在一定的周期规律。滚轧模具一次滚轧过单齿的过程，就是滚轧模具与工件开始接触与脱离接触的一个周期，称为一次滚轧过程。以滚轧过一齿型为一周期，滚轧下一齿型时，接触面积变化趋势与上一齿型的变化趋势相似，但幅值增大。因此，对一齿型滚轧过程中接触面积的分析是十分重要的。

1. 一次滚轧接触、脱离边界条件

图 4.14 中 r_{a_0}、r_{f_0}、r_{a_1}、r_{f_1} 分别为一次滚轧前的工件齿顶圆半径、齿根圆半径和滚轧后工件齿顶圆半径、齿根圆半径，一次滚轧前后工件的齿顶圆、齿根圆

分别用 l_{a_0}、l_{f_0}、l_{a_1}、l_{f_1} 表示，则其在坐标系 Oxy 下的曲线方程可表示为

$$x^2 + y^2 = r_i^2, \quad i = a_0, f_0, a_1, f_1 \tag{4.51}$$

初始接触时 l_{invR} 与相应工件(花键)齿侧渐开线相切于点 K_s，同时根据齿轮啮合原理[30]，点 K_s 是滚轧前工件齿顶圆与啮合线 N_1N_2 的交点，如图 4.16 所示，y_2 轴与 x 轴的夹角为 θ_{K_s}。

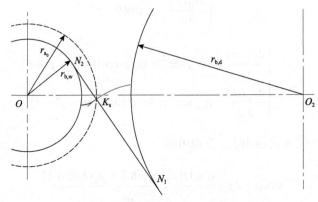

图 4.16　初始接触状态示意图

在某一时刻 t，滚轧模具和工件中心距为 a 的情况下，啮合线 N_1N_2 在坐标系 Oxy 中可表示为

$$y = \left(x - \frac{a r_{b,w}}{r_{b,w} + r_{b,d}} \right) \tan\left(\frac{\pi}{2} + \alpha' \right) \tag{4.52a}$$

即

$$y + \left(x - \frac{a r_{b,w}}{r_{b,w} + r_{b,d}} \right) \cot \alpha' = 0 \tag{4.52b}$$

式中，$r_{b,w}$ 为工件(花键)基圆半径；α' 为相对中心距 a 下的啮合角。

联立式(4.51)($i = a_0$)和式(4.52)可求解点 K_s 在坐标系 Oxy 中的坐标 (x_{K_s}, y_{K_s})，从而可得滚轧模具渐开线 l_{invR} 上点 K_s 处的极径、压力角表达式(式(4.53))，根据几何关系可得初始接触时 θ_{K_s} 的表达式(式(4.54))。

$$\begin{cases} \rho_{K_s} = \sqrt{(x_{K_s} - a)^2 + y_{K_s}^2} \\ \alpha_{K_s} = \arccos \dfrac{r_{b,d}}{\rho_{K_s}} \end{cases} \tag{4.53}$$

$$\theta_{K_s} = -\left(\arctan\left| \frac{y_{K_s}}{a - x_{K_s}} \right| + \beta - \mathrm{inv}\,\alpha_{K_s} \right) \tag{4.54}$$

同理滚轧模具与工件脱离接触时，其脱离接触点 K_e 是滚轧模具齿顶圆与啮合线 N_1N_2 的交点。将滚轧模具齿顶圆方程和啮合线方程联立求解，求解点 K_e 在坐标系 Oxy 中的坐标 (x_{K_e}, y_{K_e})，进而可得脱离接触时 θ_{K_e} 为

$$\theta_{K_e} = \arctan\left| \frac{y_{K_e}}{a - x_{K_e}} \right| - \beta + \mathrm{inv}\,\alpha_{K_e} \tag{4.55}$$

2. 一次滚轧过程中接触面积求解

根据 4.3.1 节所建立的滚轧模具齿廓、工件齿廓坐标系 Oxy 下的数学模型，借助 MATLAB 可绘制不同位置状态的滚轧模具、工件齿廓曲线，如图 4.17 所示。图中采用的基本参数为 $\alpha = 37.5°$，$m_s = 1\text{mm}$，$f = 0.5\text{mm}$。图 4.17 中实线、虚线、点划线分别对应滚轧模具齿廓曲线、工件齿廓曲线、工件齿顶圆曲线。根据滚轧模具齿廓曲线、工件齿廓曲线数据可判定哪些区域接触，根据工件齿顶圆曲线可判定有效接触区域。

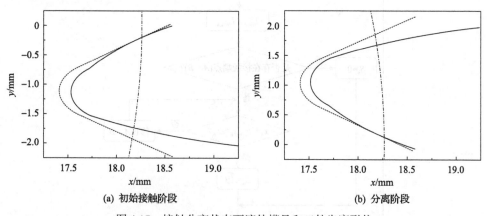

(a) 初始接触阶段　　　　　　　　　　　(b) 分离阶段

图 4.17　接触分离状态下滚轧模具和工件齿廓形状

将一次滚轧过程中滚轧模具与工件接触分离的 $[\theta_{K_s}, \theta_{K_e}]$ 区间离散为 N 个点，分别为 θ_1、θ_2、θ_3、$\cdots$、θ_{N-1}、θ_N，分别对应一次滚轧过程滚轧模具的 N 个位置。设 $\theta_n \in [\theta_{K_s}, \theta_{K_e}]$（$n = 1, 2, \cdots, N$），在 θ_n 位置时滚轧模具齿廓曲线为 f_d，对应工件齿廓曲线为 f_w，则 f_d 与 f_w 接触的部分即滚轧模具齿廓与所成形工件齿廓的接触曲线。

在单齿一次滚轧成形过程中，局部坐标系的 y_2 轴与全局坐标系的 x 轴之间夹角的变化范围为 $[\theta_{K_s}, \theta_{K_e}]$，如图 4.14 所示，顺时针旋转至 x 轴为负，逆时针旋转至 x 轴为正。在 θ_n 位置时，l_{invR} 与 l_{a_1} 的交点记为 $K_{a_1R_n}$，l_{invL} 与 l_{a_1} 的交点记为 $K_{a_1L_n}$，此时滚轧模具两侧齿侧渐开线 l_{invR}、l_{invL} 参数方程中参数变化范围分别为 $[\alpha_M, \alpha_{K_{a_1R_n}}]$、$[\alpha_M, \alpha_{K_{a_1L_n}}]$，以此缩小范围，减少计算规模。

当滚轧模具齿廓曲线 f_d 和工件齿廓曲线 f_w 对应点之间的距离小于设定的误差 e（e 为一小量正数）时，认为其接触，可用数值方法逐次计算出滚轧模具齿廓曲线（l_{invR}、l_{cirA}、l_{invL}）与其包络线（即工件齿廓曲线）对应点间的距离，判定是否接触，计算完全接触弧长。据此可编写横截面上接触弧长计算主程序（定中心距 a 下），其流程图如图 4.18 所示。

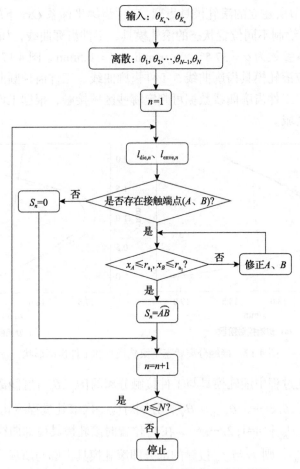

图 4.18　横截面上接触弧长计算主程序流程图

在此基础上，以 MATLAB 为平台编写计算主程序及相关辅助子程序，实现对接触面积的定量计算与分析。渐开线与圆交点的判断求解、滚轧模具齿顶过度圆弧与工件接触弧长计算、滚轧模具渐开线齿侧与工件接触弧长计算等主要子程序算法，以及滚轧模具齿顶过度圆弧半径、一定进给量下的工件齿顶圆半径、滚轧模具一次滚轧后的工件齿顶圆半径、工件初始坯料直径等重要参数求解模型可参见相关文献[8,13,31]。

4.3.3　花键滚轧过程接触面积分析

在计算一次滚轧过程中接触面积时，必然先根据 4.3.1 节滚轧过程中滚轧模具以及工件齿廓曲线数学模型对滚轧过程中任意离散点位置的滚轧模具以及所滚轧工件齿廓曲线进行数值计算，以此数据为基础可用 MATLAB 的绘图功能直观显示出一次滚轧过程中滚轧模具和工件之间的接触状态，如图 4.19 所示。图中将 $[\theta_{K_s}, \theta_{K_e}]$ 区间离散为 100 个点（即 $N=100$），分别取 θ_5、θ_{50}、θ_{95} 三个典型位置绘出滚轧模具齿廓曲线和工件齿廓曲线。从图 4.19 可以看出，l_{invR} 先于工件接触，

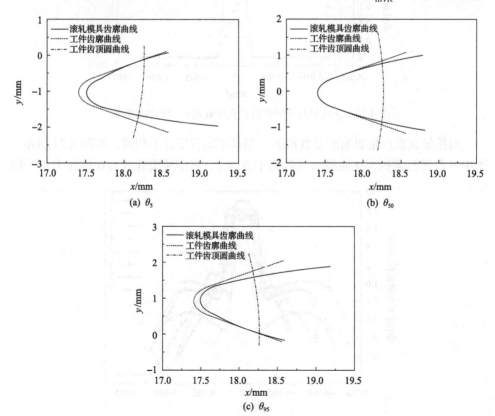

图 4.19　一次滚轧过程中不同位置的滚轧模具和工件齿廓曲线

l_{cirA} 和 l_{invL} 依次先后与工件接触，在中间位置（$\theta = 0$）接触面达到峰值。

滚轧模具齿廓曲线由三段构成，分别计算滚轧成形过程中对应的接触面积，然后累加即可得滚轧过程中的接触面积。如图 4.20 所示，星线、实线、点线分别为 l_{invR}、l_{cirA}、l_{invL} 在滚轧过程中单位长度的接触面积。齿侧接触面积峰值仅为滚轧模具齿顶与工件接触面积的一半，但其在初始接触、脱离接触阶段对滚轧力影响较大。滚轧模具齿顶与工件接触面积主要发生在 θ 变化范围的中段，其接触曲线几乎关于 y 轴完全对称，因此其对滚轧力矩几乎没有影响，齿侧接触面积所产生的力对滚轧力矩起决定性作用。

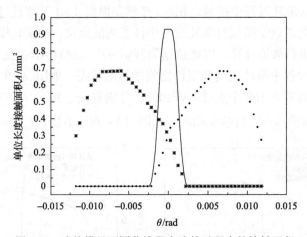

图 4.20　滚轧模具不同曲线段在滚轧过程中的接触面积

对接触面积产生影响的参数很多，但其影响程度并不相同，如图 4.21 所示。图中各条接触面积变化曲线的参数列于表 4.2，其中所滚轧成形花键压力角不同

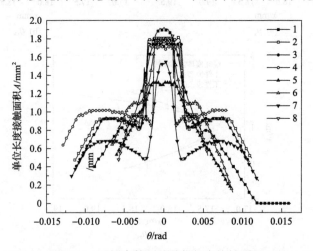

图 4.21　不同参数下的单位长度接触面积

时，其齿顶系数、齿根高系数亦有变化，具体数值由表 4.1 查得。各参数下接触面的不同，主要是因为参数的改变影响了滚轧模具工件接触状态的变化。图 4.22 直观显示了在 $\theta = 0$、f=0.5mm 条件下，不同参数时的滚轧模具、工件接触状态。

表 4.2　接触面积曲线的参数

序号	压力角 α /(°)	模数 m_s/mm	花键齿数 Z_w	滚轧模具齿数 Z_d	进给量 f/mm	压缩量 Δs /mm
1	30	1	36	200	0.5	0.05
2	37.5	1	36	200	0.5	0.05
3	37.5	1	36	200	0.5	0.03
4	45	1	36	200	0.5	0.05
5	37.5	1	36	200	0.3	0.05
6	37.5	1.5	36	200	0.5	0.05
7	37.5	1	18	200	0.5	0.05
8	37.5	1	36	400	0.5	0.05

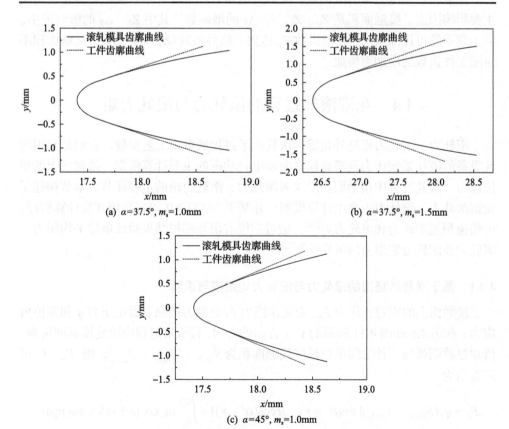

(a) α=37.5°, m_s=1.0mm

(b) α=37.5°, m_s=1.5mm

(c) α=45°, m_s=1.0mm

图 4.22　不同参数下的滚轧模具和工件接触状态

在 $\theta = 0$ 附近，滚轧模具齿顶过渡圆弧 l_{cirA} 与工件的接触面积超过整个接触面积的 2/3。比较图 4.22(a) 和 (b) 可以看出，在峰值阶段(附近)，模数增大，其齿侧接触部分有所减少。而压力角和模数的变化对滚轧模具齿顶过度圆弧的弧长影响显著[8]。因此，从图 4.21 可以看出，冷滚轧成形过程接触面积随花键分度圆压力角的减小而增加，其峰值变化更为明显；模数与接触面积有近似线性的比例关系。

花键齿数的增加也将使接触面积增加，计算表明，花键齿数增加到一临界值后，接触面积不再随齿数的增加而增加。接触面积是进给量的增函数，因此在临近滚轧完成时，滚轧力达到峰值，这与实际生产中的经验相吻合。

滚轧模具齿数、压缩量增加时，接触面积随之增加，但增加程度微小。滚轧模具齿数与压缩量变化比例相近时，接触面的变化幅度也近似，但从工艺可操作性角度看，对滚轧模具齿数变化的难度远远超过对压缩量的控制。并且滚轧模具齿数并不能一味减小，滚轧模具齿数过小时会影响到滚轧模具的使用寿命和工件成形质量。

接触面积是压力角的减函数、模数的增函数，二者对接触面积影响显著，是主要影响因素。接触面积是 Z_w、Z_d、f、Δs 的增函数。其中 Z_d、Δs 的影响很小，但压缩量的可控性强。当花键齿数 Z_w 达到一临界值时($Z_w = 40 \sim 50$)，接触面积不再随工件齿数的增加而增加。

4.4　花键滚轧过程的滚轧力与滚轧力矩

滚轧力、滚轧力矩是外花键冷滚轧成形过程的重要工艺参数，它们是专用滚轧设备的液压系统压力及滚轧模具驱动电机功率的主要计算依据。接触面上的单位压力、滚轧过程中接触面积是求解滚轧力、滚轧力矩的重要环节。本节构建了花键滚轧力、滚轧力矩理论计算模型，并基于 MATLAB 语言环境开发计算程序，可快速预测滚轧力和滚轧力矩[10]。通过三维有限元模拟结果验证单位平均压力、滚轧力及滚轧力矩模型的可靠性[6,10,12]。

4.4.1　基于滑移线场法的滚轧力与滚轧力矩建模与求解

接触面上的宏观正压力 F_n、宏观摩擦力 F_f 分别为接触表面正压力 q 和摩擦剪应力 τ 在图 4.9 和图 4.11 所示的 y、x 方向的合力。设成形过程中滚轧模具两齿侧、齿顶过渡圆弧与工件之间单位长度接触面积为 S_{invR}、S_{invL}、S_{cirA}，则 F_n、F_f 可以表示为

$$F_n = q_2(S_{invR} + S_{invL})[\sin(\alpha' + \gamma) + \mu\cos(\alpha' + \gamma)] + \int_{\psi_{A'}}^{\psi_A} (q_1\cos\psi \pm mK\sin\psi)r_e\mathrm{d}\psi$$

$$(4.56)$$

$$F_f = q_2(S_{invR} - S_{invL})[\cos(\alpha' + \gamma) - \mu\sin(\alpha' + \gamma)] + \int_{\psi_{A'}}^{\psi_A} [q_1 \sin\psi \pm (-mK\cos\psi)]r_e d\psi$$

$$(4.57)$$

式中，±取决于三角函数中的 ψ，当 $\psi > 0$ 时取+，当 $\psi < 0$ 时取−。

关于滚轧模具齿顶过渡圆弧与工件接触面上的单位压力 q_1 积分的解析求解比较困难，而数值求解时其边界条件较为复杂。由于 q_1 是 ψ 的减函数，可取 $\psi = 0$ 时的 q_1 作为滚轧模具齿顶过渡圆弧与工件接触面上的单位平均压力，即 $q_1 \approx q_1|_{\psi=0}$。

根据图 4.7 和图 4.14 所示的几何关系，滚轧成形中，滚轧设备液压系统提供的水平方向压力 F、滚轧模具旋转的驱动力矩 M 可表示为

$$F = F_n \cos\theta + F_f \sin\theta \tag{4.58}$$

$$M = F_f r_{a,d} \tag{4.59}$$

在标准渐开线花键滚轧成形过程中，滚轧模具与工件的接触比 $\varepsilon \leqslant 1$ 或稍大于1，在此情况下，成形过程中一个滚轧模具只有一个齿与工件接触，因此只需考虑一个齿与工件接触状态下的接触面积。根据 4.3 节中一次滚轧成形过程中的数学模型及求解程序，可得 S_{invR}、S_{invL}、S_{cirA}。

显然式 (4.56)~式 (4.59) 难以获得解析解，无法手工求解，可采用计算机程序进行求解。4.3 节中滚轧模具齿侧渐开线接触曲线求解的子程序可用于一次滚轧成形过程中滚轧力、滚轧力矩的求解，但其 S_{cirA} 求解子程序不适用于数值求解式 (4.56) 和式 (4.57) 中的积分形式，需进一步开发子程序求解滚轧模具齿顶过渡圆弧与工件接触面上正压力 F_n 和摩擦力 F_f 方向的分力，进而应用接触面上的压力分布模型，可得一次滚轧过程中滚轧力、滚轧力矩，如图 4.23 所示。

从图 4.23 可以看出，一次滚轧过程中最大滚轧力出现在 $\theta \approx 0$ 位置（其与滚轧模具齿顶过渡圆弧和工件接触面积 S_{cirA} 的变化规律相似），滚轧力矩峰值在 $\theta = (1/3 \sim 2/3)\theta_{K_s}$ 或 $(1/3 \sim 2/3)\theta_{K_e}$ 处（其和齿侧接触面积 S_{invR}、S_{invL} 的变化规律相似）。滚轧模具齿顶过渡圆弧与工件的接触面积主要发生在 θ 变化范围的中段，其接触曲线几乎关于 y 轴完全对称，因此其对摩擦力 F_f 的影响可忽略。决定滚轧力矩的主要影响因素是滚轧模具齿侧与工件的接触面积及其上作用的力 q_2。一次滚轧过程中最大滚轧力、滚轧力矩对滚轧工艺及设备提供载荷与能量分析有重要作用。因此，可提取整个滚轧过程中不同中心距下的一次滚轧过程中最大滚轧力、滚轧力矩分析整个滚轧过程的滚轧力与能耗变化。

为实现整个花键滚轧过程中滚轧力和滚轧力矩的程序计算，将滚轧成形时间离散。本节所述的滚轧成形时间或整个滚轧成形时间等关于滚轧过程的描述仅包

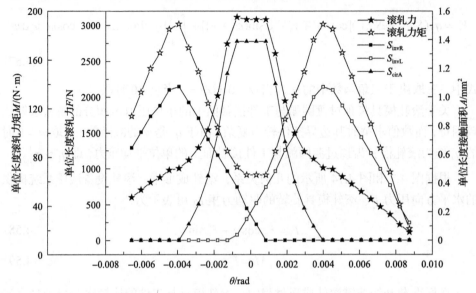

图 4.23　一次滚轧过程中的滚轧力和滚轧力矩

含图 4.3 中第一至第三成形阶段，不包括第四成形阶段。将工件旋转 $1/N$ 圈时间离散为 K 个时间段，K 由式(4.60)计算，则滚轧成形时间域可离散为 $[t_0, t_1]$、$[t_1, t_2]$、$\cdots$、$[t_{n-1}, t_n]$、$[t_n, t_{n+1}]$、$[t_{n+1}, t_{n+2}]$、$\cdots$。

$$K = \frac{Z_w + Z_w \bmod N}{N} \tag{4.60}$$

对于采用两个滚轧模具的花键滚轧过程，整个滚轧成形时间根据所成形花键齿数的不同离散为：若所成形花键齿数为偶数，则将工件半周的滚轧时间分为 $Z/2$ 个时间段；若所成形花键齿数为奇数，则将工件半周的滚轧时间分为 $(Z+1)/2$ 个时间段，第 $(Z+1)/2$ 个时间段区间值为其他区间的一半。

滚轧成形过程中滚轧模具总进给量由式(4.3)计算。设某一离散区间内，滚轧前工件齿顶圆半径、齿根圆半径分别为 r_{a_0}、r_{f_0}，则滚轧后的工件齿根圆半径 r_{f_1} 由式(4.61)计算。根据滚轧前后体积相等原则，可以得到滚轧后的工件齿顶圆半径 r_{a_1}，其计算子程序记作 $r_{a_1} = \mathrm{FUN}(r_{a_1})$。

$$r_{f_1} = r_{f_0} - \Delta s \tag{4.61}$$

在每个时间段内按式(4.56)~式(4.59)计算滚轧力、滚轧力矩，取其最大滚轧力、最大滚轧力矩作为该区间的滚轧力、滚轧力矩，将 N 个区间对应的 N 个峰值拟合成一条曲线即可得滚轧全程的滚轧力、滚轧力矩的变化趋势。以 MATLAB

为平台开发相关计算程序，可实现对滚轧力、滚轧力矩的便捷定量计算，其程序流程图如图 4.24 所示。

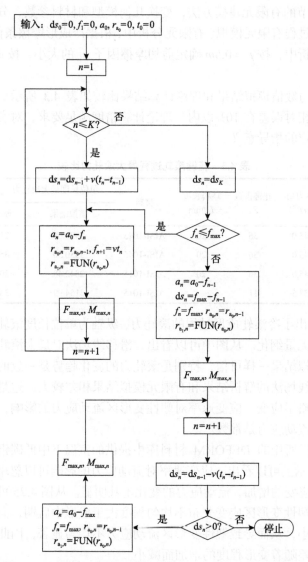

图 4.24　花键滚轧成形全过程的滚轧力、滚轧力矩计算流程图

上述程序仅对单个模具滚轧过程中的滚轧力、滚轧力矩进行计算分析。多个滚轧模具滚轧时，不同滚轧模具的滚轧力、滚轧力矩变化波形相同，但会存在相位差。例如，采用两滚轧模具滚轧时，当所成形花键为偶数齿时，左右两个滚轧模具的滚轧力、滚轧力矩变化波形相同，且无相位差；当所成形花键为奇数齿时，左右两个滚轧模具的滚轧力、滚轧力矩变化波形相同，但时间相差 $\pi/(Z_d\omega_d)$。

4.4.2　花键冷滚轧成形过程的滚轧力与滚轧力矩

根据 4.1 节的有限元建模方法，变换几何模型和材料参数，分别进行四组花键冷滚轧成形过程有限元模拟。有限元分析中，根据冷成形摩擦条件，取 $\mu = 0.1$。滑移线场法分析中，按 $\mu = 0.5m$ 确定剪切摩擦因子 m 的大小，按式(4.28)计算剪切屈服强度。

最大滚轧力数值模拟结果和理论计算结果比较如表 4.3 所示。可以看出，二者吻合较好，相对误差在 10%以内。理论计算精度满足要求，对实际生产中的滚轧力计算有一定的指导意义。

表 4.3　花键滚轧过程最大滚轧力比较

编号	模数 m_s/mm	压力角 α/(°)	花键齿数 Z_w	坯料长度 L/mm	材料	单位长度最大滚轧力 F_{max}/N 模拟结果	理论结果	相对误差 /%
1	0.5	45.0	36	20	AISI-1045	2098.08	2170.10	3.43
2	1.0	45.0	36	20	AISI-1045	3350.50	3581.86	6.91
3	1.0	45.0	36	20	AISI-1015	2842.48	2983.57	4.96
4	1.5	37.5	11	20	AISI-1015	3154.99	3371.04	6.85

图 4.25 给出了冷滚轧成形过程的滚轧力，纵轴为单位长度滚轧力除以流动应力，对其进行无量纲化。从图中可以看出，滑移线场法对最大滚轧力的预测结果和有限元法模拟结果一样可信，特别是滚轧力的变化趋势是一致的。但成形初始阶段基于滑移线场法的解析结果和有限元模拟结果相差较大。这是因为在建立解析表达式时忽略了应变、应变速率对塑性变形区流动应力的影响，并且认为在塑性变形区内的流动应力是常数。

有限元分析所用的 DEFORM 材料库中提供的室温下中低碳钢材料的本构关系如图 4.26 所示。可以看出，应变速率对流动应力的影响可以忽略，应变大于一定值后，随着应变的增加，流动应力的变化不甚明显。从图 4.25 可以看出，冷滚轧成形初期的塑性变形区应变分布不均匀程度大于成形中后期，而且在成形初期的应变值比较小，从而导致塑性变形区流动应力不均匀显著，因此解析法和数值模拟之间的误差随着变形程度的增加而减小。

若能根据工件齿侧和齿根变形区域的应变值，选择不同的流动应力求解式(4.58)，可减少解析解和有限元解之间的误差。这样使求解过程复杂，增加了计算时间，失去解析法的优势。流动应力 Y 是随塑性变形程度而变化的，为减少模型复杂性、提高计算效率，快速预测最大滚轧力、滚轧力矩，取变形过程中最大流动应力 Y_{max} 用于模型计算。可以用解析法快速预测滚轧过程最大滚轧力，采用数值模拟获得详细的场变量分布。

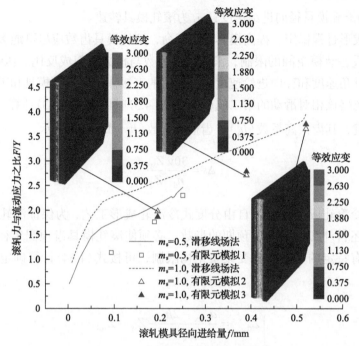

图 4.25　冷滚轧成形过程的滚轧力

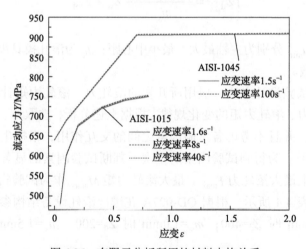

图 4.26　有限元分析所用的材料本构关系

外花键冷滚轧成形过程中的参数众多，滚轧力、滚轧力矩影响因素复杂，一般可以表示为

$$\begin{cases} F = F(m_s, \alpha, Z_w, Z_d, n_d, v, h_a^*, h_f^*) \\ M = M(m_s, \alpha, Z_w, Z_d, n_d, v, h_a^*, h_f^*, r_{a_d}) \end{cases} \quad (4.62)$$

式中，v 为滚轧模具径向进给速度；n_d 为滚轧模具转速。

为了成形过程稳定、提高模具使用寿命，滚轧模具齿数应尽可能多。但由于受到滚轧设备装模空间的限制，滚轧模具齿数与模数近似成反比。压缩量（Δs）是滚轧模具角速度和径向进给速度综合作用的直接体现，滚轧模具和工件没有相对滑动或忽略该相对滑动的第二成形阶段（图 4.3）时可按式（4.63）计算。对于标准圆齿根花键，其齿顶高系数（h_a^*）、齿根高系数（h_f^*）如表 4.1 所示。

$$\Delta s = \frac{30v}{n_d} \frac{Z_w}{Z_d} \qquad (4.63)$$

花键冷滚轧成形工艺为自由分度式冷滚轧成形工艺，为保证滚轧模具精确地在圆柱坯料外圆上分度出预期的齿数，必须使滚轧模具齿顶圆半径（r_{a_d}）与花键尺寸具有特定的关系，并受设备结构限制，可按式（4.64）计算确定滚轧模具齿数[14]。

$$\begin{cases} Z_{d_{\max}} = \dfrac{a_{\max} - 2h_d}{m_s} - Z_w - Z_{tol} \\[3mm] Z_{d_{\min}} = \dfrac{a_{\min} - 2h_d}{m_s} - Z_w + Z_{tol} \end{cases} \qquad (4.64)$$

式中，$a_{\max}$、$a_{\min}$ 分别为主轴最大、最小中心距；h_d 为滚轧模具齿全高；Z_{tol} 为中心距裕度齿数。

采用正交试验设计方法，应用所开发的滚轧力、滚轧力矩计算程序研究成形过程中滚轧力、滚轧力矩的变化规律。根据上述分析，选取 α、m_s、Z_w、Δs 作为试验因素，并且不考虑各试验因素之间的交互作用，根据生产实际和经验选定因素的水平。为得到试验因素的主次，判断试验因素的显著性，选择成形过程单位长度上最大滚轧力 $F_{\max}$、最大滚轧力矩 $M_{\max}$ 作为试验指标。正交试验方案及结果如表 4.4 所示。根据 QD-027A 花键冷滚轧设备结构参数，选定相关参数：m_s=0.5mm 时 Z_d=400；m_s=1.0mm 时 Z_d=200，m_s=1.5mm 时 Z_d=140；n_2=19r/min。

对表 4.4 的数据进行极差分析，可以看出，模数对最大滚轧力、最大滚轧力矩的影响最大，花键齿数的影响次之。而压力角和压缩量的影响相当，相对于模数的影响几乎可以忽略。虽然压力角对接触面积的影响显著，压力角增加，接触面积减少，但是根据式（4.21），压力角增加，q_2 是增加的，二者的相互作用使压力角的影响作用减弱。

表 4.4　正交试验方案及结果

编号	模数 m_s/mm	压力角 α /(°)	花键齿数 Z_w	压缩量 Δs/mm	最大滚轧力 F_{max} / N	最大滚轧力矩 M_{max} /(N·m)
1	0.5	30.0	19	0.025	1359.07	59.86
2	0.5	37.5	36	0.050	1573.44	78.61
3	0.5	45.0	54	0.075	1721.39	89.11
4	1.0	30.0	36	0.075	2487.06	110.55
5	1.0	37.5	54	0.025	2837.35	130.05
6	1.0	45.0	19	0.050	2272.87	72.59
7	1.5	30.0	54	0.050	3523.25	163.09
8	1.5	37.5	19	0.075	3084.37	104.13
9	1.5	45.0	36	0.025	3344.99	123.04

由虚拟正交试验看出，在 α =30°～45°、m_s=0.5～1.5mm、Z_w=19～54 范围内，模数、花键齿数对最大滚轧力、最大滚轧力矩有显著影响，最大滚轧力、最大滚轧力矩是模数、花键齿数的单调增函数。

一次滚轧过程中最大滚轧力 $F_{max,n}$、最大滚轧力矩 $M_{max,n}$ 的变化曲线，如图 4.27 所示。从图中可以看出，滚轧力、滚轧力矩的变化规律不同，但在成形最后阶段都趋于平稳，其值保持不变。

对于压力角为 30°的花键冷滚轧成形，滚轧力峰值出现在滚轧完成前；对于压力角为 45°的花键冷滚轧成形，滚轧力峰值在滚轧最后阶段；对于压力角为 37.5°的花键冷滚轧成形，只有在模数较大、齿数较少的情况下(图 4.27(a)中第 8 组)，

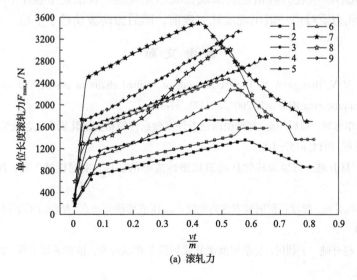

(a) 滚轧力

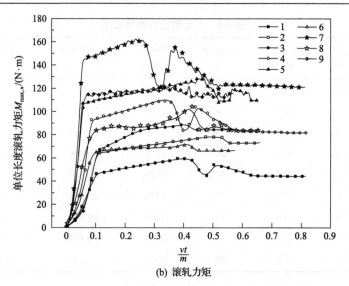

(b) 滚轧力矩

图 4.27　滚轧成形过程中滚轧力、滚轧力矩

滚轧力峰值才出现在滚轧完成前。压力角越小、模数越大、花键齿数越少，滚轧力峰值出现的时间越早，变化越大。

滚轧力矩峰值一般出现在滚轧完成前，随后振荡波动趋于平稳。压力角为 30° 的花键冷滚轧成形过程中会出现明显的两次峰值，当然第二次的峰值小于第一次（图 4.27(b) 中第 1、4、7 组）。

在滚轧全程中（不包括精整阶段），滚轧力峰值一般会出现在成形最终阶段，而小压力角(30°)花键成形的滚轧力峰值出现在成形完成前，大模数、小齿数的 37.5° 花键成形的滚轧力峰值也会出现在成形完成前。在滚轧全程中（不包括精整阶段），滚轧力矩峰值一般出现滚轧完成前，随后振荡波动趋于平稳。

参 考 文 献

[1] Klepikov V V, Bodrov A N. Precise shaping of splined shafts in automobile manufacturing. Russian Engineering Research, 2003, 23(12): 37-40.

[2] 赵升吨, 李泳峰, 刘辰, 等. 复杂型面轴类件高效高性能精密滚轧成形工艺及装备探讨. 精密成形工程, 2014, 6(5): 1-8.

[3] 张大伟, 赵升吨. 行星滚柱丝杠副滚柱塑性成形的探讨. 中国机械工程, 2015, 26(3): 385-389.

[4] 张大伟, 赵升吨. 螺纹花键同轴零件高效同步滚压成形研究动态. 精密成形工程, 2015, 7(2): 24-29, 40.

[5] 张大伟, 赵升吨, 王利民. 复杂型面滚轧成形设备现状分析. 精密成形工程, 2019, 11(1): 1-10.

[6] Zhang D W, Li Y T, Fu J H, et al. Mechanics analysis on precise forming process of external spline cold rolling. Chinese Journal of Mechanical Engineering, 2007, 20(3): 54-58.

[7] 李永堂, 张大伟, 付建华, 等. 外花键冷滚压成形过程单位平均压力. 中国机械工程, 2007, 18(24): 2977-2980.

[8] 张大伟, 李永堂, 付建华. 外花键冷滚压精密成形滚压接触面积的计算与仿真分析. 太原科技大学学报, 2007, 28(1): 64-68.

[9] Zhang D W, Li Y T, Fu J H. Tooth curves and entire contact area in process of spline cold rolling. Chinese Journal of Mechanical Engineering, 2008, 21(6): 94-97.

[10] Zhang D W, Li Y T, Fu J H, et al. Rolling force and rolling moment in spline cold rolling using slip-line field method. Chinese Journal of Mechanical Engineering, 2009, 22(5): 688-695.

[11] 李永堂, 张大伟, 宋建丽, 等. 花键冷滚压精密成形力学分析与数值模拟. 锻压装备与制造技术, 2007, 42(6): 79-82.

[12] Zhang D W, Li Y T, Fu J H, et al. Theoretical analysis and numerical simulation of external spline cold rolling//IET Conference Publications CP556, Institution of Engineering and Technology, London, 2009: 1-7.

[13] 张大伟, 李永堂, 付建华, 等. 外花键冷滚压成形坯料直径计算. 锻压装备与制造技术, 2007, 42(2): 56-59.

[14] 张大伟, 付建华, 李永堂. 花键冷滚压成形过程中的接触比. 锻压装备与制造技术, 2008, 43(4): 80-84.

[15] Zhang D W, Zhao S D, Wu S B, et al. Phase characteristic between dies before rolling for thread and spline synchronous rolling process. The International Journal of Advanced Manufacturing Technology, 2015, 81(1-4): 513-528.

[16] Zhang D W, Liu B K, Xu F F, et al. A note on phase characteristic among rollers before thread or spline rolling. The International Journal of Advanced Manufacturing Technology, 2019, 100(1-4): 391-399.

[17] Zhang D W, Liu B K, Zhao S D. Influence of processing parameters on the thread and spline synchronous rolling process: an experimental study. Materials, 2019, 12(10): 1716.

[18] Zhang D W, Zhao S D, Ou H G. Motion characteristic between die and workpiece in spline rolling process with round dies. Advances in Mechanical Engineering, 2016, 8(7): 1-12.

[19] 詹昭平, 常宝印, 明翠新. 渐开线花键标准应用手册. 北京: 中国标准出版社, 1997.

[20] 张大伟, 赵升吨. 外螺纹冷滚压精密成形工艺研究进展. 锻压装备与制造技术, 2015, 50(2): 88-91.

[21] Wang Z K, Zhang Q. Numerical simulation of involutes spline shaft in cold rolling forming. Journal of Central South University of Technology, 2008, 15(2): 278-283.

[22] Cui M C, Zhao S D, Chen C, et al. Finite element modeling and analysis for the integration-rolling-extrusion process of spline shaft. Advances in Mechanical Engineering, 2017, 9(2):1-11.

[23] Ma Z Y, Luo Y X, Wang Y Q, et al. Geometric design of the rolling tool for gear roll-forming process with axial-infeed. Journal of Materials Processing Technology, 2018, 258: 67-79.

[24] Zhang D W, Zhao S D. Deformation characteristic of thread and spline synchronous rolling process. The International Journal of Advanced Manufacturing Technology, 2016, 87(1-4): 835-851.

[25] Zhang D W, Zhao S D, Li Y T. Rotatory condition at initial stage of external spline rolling. Mathematical Problems in Engineering, 2014, 1-12.

[26] 胡正寰, 张康生, 王宝雨, 等. 楔横轧理论与应用. 北京: 冶金工业出版社, 1996.

[27] Zhang D W, Ou H G. Relationship between friction parameters in a Coulomb-Tresca friction model for bulk metal forming. Tribology International, 2016, 95: 13-18.

[28] 俞汉清, 陈金德. 金属塑性成形原理. 北京: 机械工业出版社, 1999.

[29] 复旦大学数学系《曲线与曲面》编写组. 曲线与曲面. 北京: 科学出版社, 1977.

[30] 吴序堂. 齿轮啮合原理. 2版. 西安: 西安交通大学出版社, 2009.

[31] 张大伟. 花键冷滚压工艺理论研究[硕士学位论文]. 太原: 太原科技大学, 2007.

第 5 章　主应力法建模与分析：筋板类构件局部加载

高筋薄腹的大型整体筋板构件可以有效提高结构效率、减轻装备重量、缩短生产周期，并且具有优异的服役性能，在航空、航天、舰船等工业中的应用日益广泛[1~5]。由于构件尺寸巨大、材料难变形、成形质量要求高，传统整体加载成形大型钛合金筋板类构件需要复杂的预成形坯料，载荷大、周期长、成本高。局部加载可通过控制不均匀变形提高材料成形极限，并可有效降低锻造载荷、拓展成形构件的尺寸范围[6]。将局部加载和等温成形技术有机结合，并辅以适合简单不等厚坯料，为钛合金、铝合金等大型筋板类构件的成形制造提供了一条可选择的省力精确成形途径[2~7]。Shan 等[8,9]通过增加中间垫板实现单面带筋的镁合金、铝合金筋板构件局部加载成形，Yang 等[1,2]通过模具分区实现双面带筋的钛合金筋板构件局部加载成形。本章讨论的局部加载特征在这两类局部加载方法中都有所体现。

大型复杂筋板类构件不仅形状复杂、尺寸巨大，而且具有极端尺寸配合特征，例如，某钛合金隔框构件，其长、宽约为 1000mm，而筋腹板处的过渡圆角半径仅为 5mm。应用 DEFOEM-3D 5.0 软件，在 CPU3.60GHz 的 HP 工作站对该构件的局部加载等温成形过程(两个局部加载步)的有限元模拟的 CPU 时间超过 220h，优化其工艺过程需要的周期较长[10,11]。通过考虑材料流动平面上的变形特征[12~14]，研究选择典型位置分析成形过程[9]，分析设计的特征结构成形特征[15,16]也可探究成形过程的基本成形规律，初步认识复杂的成形工艺。获取的基本规律可为针对整体构件的三维有限元模型简化建立、合理参数范围的确定、初始模拟参数的选择提供基础，其初步认识的局限性也可通过整体三维构件成形过程的研究来发展完善。

张大伟等[4,7,10,15~22]应用主应力法较为系统地开展了筋板类构件局部加载成形工艺研究，分析了大型筋板类构件采用不等厚坯料的局部加载成形中可能出现的加载状态，应用主应力法建立了整体加载状态、模具几何参数(分区、腹板型腔表面落差)导致的局部加载状态、坯料几何参数(厚度变化)导致的局部加载状态下的材料流动解析模型；进一步完善了多筋构件主应力分析的边界条件模型，开发了多筋构件主应力法分析系统；建立了考虑筋型腔拔模斜度、过渡圆角的主应力模型，发展了采用不同摩擦模型下的材料流动主应力模型表现形式；基于解析模型还研究了摩擦条件对局部加载成形的影响。

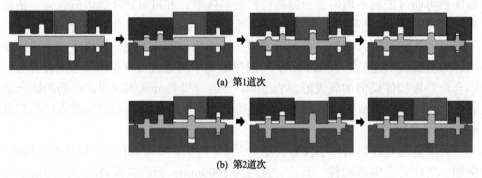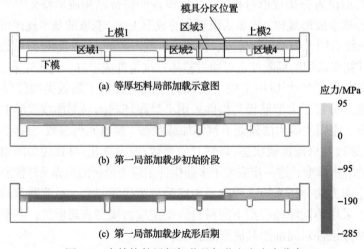

5.1 筋板类构件局部加载过程中加载状态

采用简单不等厚坯料(以简单的台阶式结构改变坯料厚度分布)结合局部加载,大幅度降低了成本和时间,有效改善了大型筋板构件型腔充填[7,15]。本章中,主应力法建模及模型应用都基于此类坯料结构。

图 5.1 所示的通过模具分区实现的局部加载工艺中[3],上模或下模分成数个子模块,成形过程中,只有部分模具对坯料施加载荷。其成形过程中存在加载区(加载模具对应区域)和未加载区(未加载模具对应区域),未加载区是自由边界。加载区内仍然存在多个筋型腔,由于坯料和模具的几何结构特征,在特定的成形阶段加载区内也会存在自由边界,表现出局部加载特征。

(a) 第1道次

(b) 第2道次

图 5.1　筋板类构件局部加载示意图[3]

以图 5.2 所示筋板构件局部加载成形为例,上模分成两部分,在每个加载步只有部分模具施加载荷,其成形过程共有两个局部加载步(图 5.2(a)):第一局部

(a) 等厚坯料局部加载示意图

应力/MPa

(b) 第一局部加载步初始阶段

(c) 第一局部加载步成形后期

图 5.2　多筋构件局部加载及加载方向应力分布

加载步，上模 1 加载，上模 2 对未加载区域施加约束条件；第二局部加载步，上模 2 加载，上模 1 施加约束。

以第一局部加载步为例，分析不同区域在局部加载步内的加载情况。从整体坯料看，未加载区(未加载模具对应区域，图 5.2(a)中区域 4)没有施加载荷，是自由边界，其沿加载方向的应力值为零。成形过程中，加载区内(加载模具对应区域，图 5.2(a)中区域 1~区域 3)有一部分材料流向未加载区，未加载区有部分区域开始与上模接触，这部分接触区域加载方向的应力值不再为零(图 5.2(c))，但其绝对值较小，仍可近似认为是自由边界。加载区内，由于坯料结构、模具结构的原因，也可能存在类似未加载区那样的自由边界(加载方向无载荷或很小载荷)，如图 5.2(b)所示区域 1。

如果从筋型腔和相邻筋型腔间是否存在上述的自由边界定义筋型腔附近的加载情况，成形过程中加载区内可能会出现两种加载情况：局部加载情况，存在自由边界；整体加载情况，没有自由边界。并且随着材料体积的分配，筋型腔附近的加载情况可能会发生变化。根据不等厚坯、模具的几何结构特征，局部加载成形过程中存在一种整体加载状态和三种局部加载状态：整体加载状态，两充填型腔之间不存在自由边界，如图 5.3(b)所示；局部加载状态 1，分模位置处，模具分区导致的局部加载状态，如图 5.3(c)所示；局部加载状态 2，构件腹板厚度变化对应的区域，腹板型腔表面落差 Δt 导致的局部加载状态，如图 5.3(d)所示；局部加载状态 3，坯料变厚度区，坯料存在厚度差 ΔH 导致的局部加载状态，如图 5.3(e)所示。

腹板型腔表面落差 Δt 和坯料厚度差 ΔH 类似于未加载区的约束间隙，成形过程中随着金属的分配，其约束条件在不断变化，一旦这个落差或厚度差消失，其加载状态改变。因此，后两种局部加载情况(局部加载状态 2、局部加载状态 3)在成形过程中会向整体加载情况转变，而第一种局部加载情况一般不会转变为整体加载情况。

以对于图 5.3(a)所示的局部加载成形第一局部加载步为例介绍成形过程中的局部加载特征。坯料在筋 3、筋 4 间的区域内存在厚度差，并且其与上下模接触，在此区域内表现出局部加载特征，该局部加载特征可归于局部加载状态 3。该区域的厚度差消失后，筋 4 和模具分区边界之间的区域内表现出局部加载特征，该局部加载特征可归于局部加载状态 1。筋 3、筋 4 间的厚度差消失后，若筋 2、筋 3 间的坯料尚未与下模接触，则筋 3、筋 4 间区域内表现出局部加载特征，该局部加载特征可归于局部加载状态 2；若筋 2、筋 3 间的坯料与下模接触并承受载荷，则筋 3、筋 4 间区域内表现出整体加载特征。筋 1、筋 2 间的区域和筋 2、筋 3 间的区域内，坯料与上下模接触后表现出局部加载特征，该局部加载特征可归于局部加载状态 3；当相应的坯料厚度差消失后，局部加载状态 3 转变为整体加载状态。

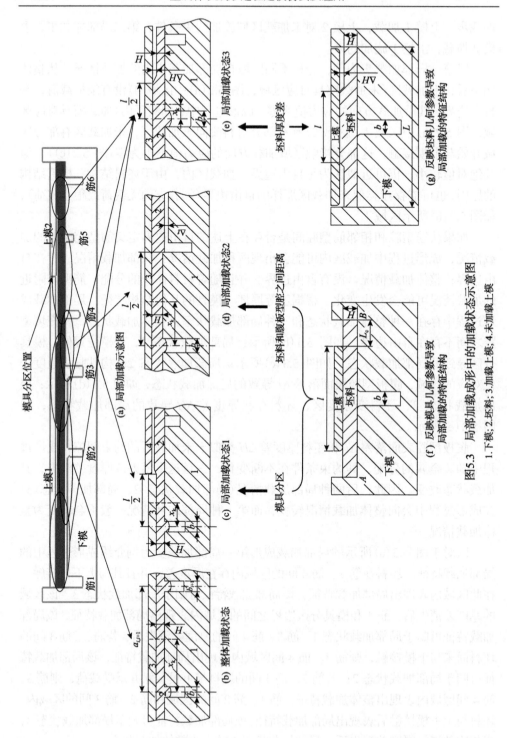

图5.3　局部加载成形中的加载状态示意图
1.下模; 2.坯料; 3.加载上模; 4.未加载上模

局部加载状态 1 和局部加载状态 2 是由模具几何参数(geometric parameter of die, GPD)决定的。通常，其局部加载宽度在局部加载阶段中不变化，由模具结构特征决定；加载区内的坯料厚度与上模行程之间是线性关系。图 5.3(f)所示的 T 形构件成形过程可以反映局部加载状态 1 和局部加载状态 2 下的局部加载特征。

然而，局部加载状态 3 是由坯料几何参数(geometric parameter of billet, GPB)导致的，其局部加载宽度在局部加载阶段中是动态变化的，加载区内的坯料厚度(H、ΔH)与上模行程之间是非线性相关的。鉴于成形过程中相邻区域的约束限制，抽取设计如图 5.3(g)所示的 T 形构件局部加载成形研究局部加载状态 3 下的局部加载特征。5.2 节局部加载状态下主应力法建模即以这两种特征结构物理模型为基础进行。

5.2　不同加载状态下材料流动解析模型

除 2.3 节中应用主应力理论采用的体积不变、理想刚塑性材料等基本假设外，根据大型筋板类构件局部加载变形特点，假设塑性变形问题为平面应变，采用剪切摩擦模型(式(3.2))描述坯料/工件和模具之间接触面上的摩擦。筋板构件精密锻造中的拔模斜度较小，甚至是零。考虑筋型腔拔模斜度、过渡圆角(圆角半径为 r)的主应力分析结果表明[20]，拔模斜度(1°～5°)对筋高(筋宽为 b)和成形载荷的影响较小；在 $r/b = 0.25 \sim 0.75$ 范围内，含过渡圆角和拔模斜度的主应力与不考虑过渡圆角和拔模斜度的主应力法分析结果之间的误差普遍小于 10%；而当 $r/b > 0.75$ 时，过渡圆角半径的增大对结果的影响甚微。因此，本章的主应力法建模中不考虑筋型腔拔模斜度和过渡圆角。

5.2.1　模具几何参数导致局部加载状态下的主应力模型

图 5.3(f)所示 T 形构件局部加载成形的物理试验研究表明，局部加载成形过程中存在如图 5.4 所示的两种变形模式：剪切变形模式和镦挤变形模式，其变形模式依赖于坯料和模具的几何参数。

当坯料较厚，上模行程(s)较小时，成形筋高(h)近似等于上模行程，如图 5.4(a)所示。模具型腔对应的加载区域金属尚未满足屈服条件，此时 T 形构件局部加载条件下的金属流动可简化为图 5.4(c)。筋型腔入口处存在剪切面，如图 5.4(c)所示，但是剪切面的位置与筋宽 b、上模宽度(局部加载宽度)l、加载区腹板厚度 H 高度非线性相关，难以确定。为了简化分析，便于主应力法模型建立，将该剪切面简化为直线。

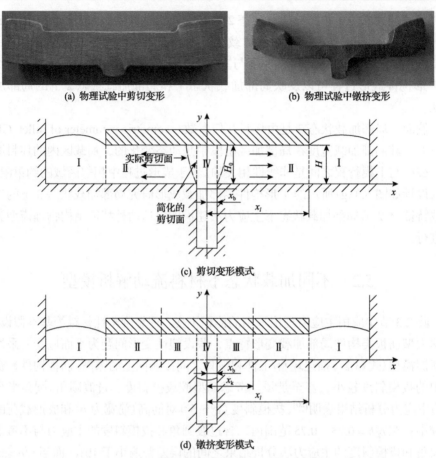

(a) 物理试验中剪切变形　　　　　　　　　(b) 物理试验中镦挤变形

(c) 剪切变形模式

(d) 镦挤变形模式

图 5.4　T 形构件局部加载条件下的变形模式

在剪切变形模式下，腹板处的金属（变形区 Ⅱ）完全向上模之外流动，可按平面应变镦粗处理；Ⅳ 区为非变形区，做刚性移动向型腔充填；Ⅰ 区是未加载区，y 向没有约束，即 $\sigma_y \approx 0$。若 Ⅳ 区受到相邻变形区 Ⅱ 的挤压发生塑性变形，此时图 5.4(c) 所示 Ⅳ 区分化为变形区 Ⅳ 和非变形区 Ⅴ，如图 5.5 所示。当变形区 Ⅳ 向型腔填充时可认为变形区 Ⅱ、Ⅳ 交界面上的剪切应力为最大剪切应力，即 $\tau_{xy} = K$。

可将变形区 Ⅳ 看成厚度为 b 的坯料在平行砧板间的平面应变镦粗，金属沿 y 轴负向移动，取基元板块（图 5.5(b)），考虑 x 方向的平衡关系，可得

$$\mathrm{d}\sigma_y = \frac{2K}{b}\mathrm{d}y \tag{5.1}$$

根据式 (2.28) 可得

$$\mathrm{d}\sigma_x = \mathrm{d}\sigma_y = \frac{2K}{b}\mathrm{d}y \tag{5.2}$$

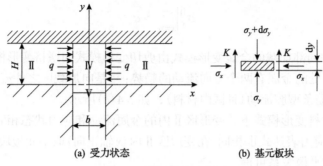

(a) 受力状态 (b) 基元板块

图 5.5 Ⅳ区受力示意图

对式 (5.2) 进行积分，可得此时Ⅳ区内 x 轴方向应力的表达式为

$$\sigma_x^{IV} = \frac{2K}{b}y + C_4 \tag{5.3}$$

可认为型腔内（Ⅴ区）的金属不变形，若忽略型腔侧壁的摩擦，则可忽略非变形区Ⅴ对变形区Ⅳ的影响，即有

$$\left.\sigma_y^{IV}\right|_{y=0} = 0 \tag{5.4}$$

因此，根据式 (2.28) 可得变形区Ⅳ和非变形区Ⅴ交界处的边界条件为

$$\left.\sigma_x^{IV}\right|_{y=0} = 2K \tag{5.5}$$

将式 (5.5) 代入式 (5.3)，可得积分常数为

$$C_4 = 2K \tag{5.6}$$

将式 (5.6) 代入式 (5.3)，可得变形区Ⅳ内 x 轴方向应力沿 y 轴的分布特征：

$$\sigma_x^{IV} = 2K\left(1 + \frac{1}{b}y\right) \tag{5.7}$$

设Ⅳ区和Ⅱ区交界面上 $(x = x_b)$，变形区Ⅱ对变形区Ⅳ的平均压力为 q，则结合式 (5.7) 可得

$$q = \frac{1}{H}\int_0^H \sigma_x^{IV}\,\mathrm{d}y = 2K\left(1 + \frac{H}{2b}\right) \tag{5.8}$$

当变形区Ⅱ在交界面 $x = x_b$ 处作用于变形区的横向压应力大于变形区Ⅳ发生塑性变形时此处的平均压力 q 时，即

$$\sigma_x^{\mathrm{II}}\Big|_{x=x_b} > q \tag{5.9}$$

T 形构件局部加载的金属变形模式由剪切变形模式向镦挤变形模式转变。此时加载区腹板处的金属有两个方向流动的趋势：一是向加载区之外流动（II区内材料），二是向筋条型腔流动（III区内材料），如 5.4(d) 所示。

在两种材料变形模式下，变形区 II 内的金属流动和应力状态相同，垂直方向（y 轴正向）的应力表达式也相同。在变形区 II 内（x 轴正向）取基元板块（图5.6(a)），根据 x 方向的平衡关系可得

$$\mathrm{d}\sigma_x = -\frac{2mK}{H}\mathrm{d}x \tag{5.10}$$

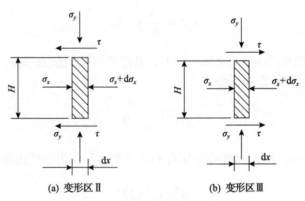

(a) 变形区 II　　　　(b) 变形区 III

图 5.6　基元板块的应力状态

同样，根据式(2.28)可得

$$\mathrm{d}\sigma_y = \mathrm{d}\sigma_x \tag{5.11}$$

联立式(5.10)和式(5.11)，积分可得变形区 II 内 y 轴方向的应力表达式为

$$\sigma_y^{\mathrm{II}} = -\frac{2mK}{H}x + C_2 \tag{5.12}$$

区域 I 是未加载区，y 向没有约束，即 $\sigma_y \approx 0$，因此结合简化的屈服条件式(2.28)，在区域 I 和变形区 II 交界面处：

$$\sigma_x^{\mathrm{II}}\Big|_{x=x_l} = \sigma_x^{\mathrm{I}}\Big|_{x=x_l} = 2K \tag{5.13}$$

因此，根据屈服条件式(2.28)可得变形区 II 边界 $x = x_l$ 处的边界条件：

$$\left.\sigma_y^{\mathrm{II}}\right|_{x=x_l} = 4K \tag{5.14}$$

将式(5.14)代入式(5.12)，可得其积分常数为

$$C_2 = 4K + \frac{2mK}{H}x_l \tag{5.15}$$

式中，$x_l = l/2$，l 为图 5.3(f) 中模具宽度。

将式(5.15)代入式(5.12)，可得变形区 II 内 y 轴方向应力沿 x 轴的分布特征：

$$\sigma_y^{\mathrm{II}} = 4K + \frac{2mK}{H}(x_l - x) \tag{5.16}$$

在变形区 III 内 (x 轴正向) 取基元板块 (图 5.6(b))，根据 x 方向的平衡关系可得

$$\mathrm{d}\sigma_x = \frac{2mK}{H}\mathrm{d}x \tag{5.17}$$

同样，根据式(2.28)在变形区 III 内也可得到与式(5.11)类似的表达式，结合式(5.17)积分，可得

$$\sigma_y^{\mathrm{III}} = \frac{2mK}{H}x + C_3 \tag{5.18}$$

设在区域 III 和区域 IV 交界面上，变形区 III 对变形区 IV 的平均压力为 q，式(5.8)的表达式适用于此处，则根据屈服条件式(2.28)，有

$$\left.\sigma_y^{\mathrm{III}}\right|_{x=x_b} = 2K + q \tag{5.19}$$

式中，$x_b = b/2$。

故由 $x = x_b$ 处的边界条件可得式(5.18)的积分常数为

$$C_3 = 2K + q - \frac{2mK}{H}x_b \tag{5.20}$$

将式(5.20)代入式(5.18)，可得变形区 III 内 y 轴方向应力沿 x 轴的分布特征：

$$\sigma_y^{\mathrm{III}} = 2K + q + \frac{2mK}{H}(x - x_b) \tag{5.21}$$

设腹板处材料分流层位置为 x_k。当 $\left.\sigma_x^{\mathrm{II}}\right|_{x=x_b} \leqslant q$ 时，材料变形属于剪切变形模式，此时分流层位置可以表示为

$$x_k = \frac{b}{2} \tag{5.22}$$

当 $\sigma_x^{II}\big|_{x=x_b} > q$ 时，材料变形属于镦挤变形模式，分流层两侧相邻变形区 II 和变形区 III 内的 σ_y 相等，即

$$\sigma_y^{II}\big|_{x=x_k} = \sigma_y^{III}\big|_{x=x_k} \tag{5.23}$$

将式(5.8)、式(5.16)和式(5.21)代入式(5.23)，可确定此时分流层位置，即

$$x_k = \frac{x_l + x_b}{2} - \frac{H^2}{4mb} = \frac{1}{4}\left(l + b - \frac{H^2}{mb}\right) \tag{5.24}$$

模具几何参数导致的局部加载状态下分流层位置可以表示为

$$x_k = \begin{cases} \dfrac{b}{2}, & \sigma_x^{II}\big|_{x=x_b} \leqslant q \\[3mm] \dfrac{1}{4}\left(l + b - \dfrac{H^2}{mb}\right), & \sigma_x^{II}\big|_{x=x_b} > q \end{cases} \tag{5.25}$$

式中，

$$\sigma_x^{II}\big|_{x=x_b} = \sigma_y^{II}\big|_{x=x_b} - 2K = 2K + \frac{mK}{H}(l - b) \tag{5.26}$$

设分流层位置在 dt 时间内不变，且加载区内腹板减薄 dH(即 dt 内的上模行程)、成形筋(型腔深度)增加 dh，如图 5.7 所示。根据体积不变原则，可得

$$dh = \frac{2x_k}{b}dH \tag{5.27}$$

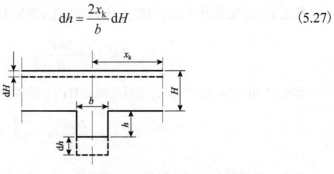

图 5.7　筋型腔充填示意图

在上模压下的过程中，分流层的位置在不同的瞬间是不同的。上模宽度(l)、

筋宽(b)在加载过程中是不变的，设坯料初始厚度为 H_0，则局部加载过程中加载区腹板厚度(H)与上模行程(s)之间有如下关系：

$$\begin{cases} H = H_0 - s \\ \mathrm{d}H = -\mathrm{d}s \end{cases} \tag{5.28}$$

根据式(5.25)～式(5.28)，T 形结构件局部加载过程中成形筋高(型腔充填深度)的计算公式为

$$h = -\frac{2}{b}\int_{H_0}^{H} x_k(H)\mathrm{d}H = \frac{2}{b}\int_{0}^{s} x_k(s)\mathrm{d}s \tag{5.29}$$

5.2.2 坯料几何参数导致局部加载状态下的主应力模型

1. 材料流动主应力法建模

坯料厚度变化导致的局部加载状态(局部加载状态 3)下的局部加载宽度在成形过程中是动态变化的。5.2.1 节所建立的主应力模型难以定量描述局部加载状态 3 下的材料变形流动行为，对于局部加载状态 3，不仅需要改变模型原有的边界条件，还需要引入新的假设、参数和边界条件。

O'Connell 等[23]在应用主应力法分析闭模镦粗时指出，由于金属流动受到模具型腔的限制，在应用主应力法分析时对传统主应力法进行修正以减少变形区。在分析图 5.3(g)所示存在变厚度区的局部加载特征时也存在类似的情况。类似图 5.8 所示的变形情况，工件可以被明显地分为两层(层 1、层 2)。在时间增量 dt 内，近似认为层 2 做刚体运动。

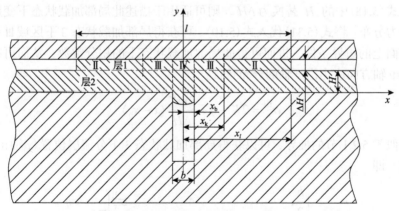

图 5.8 坯料几何参数导致局部加载状态下工件划分为两层

层 1 内的材料流动行为类似于图 5.4 中 T 形构件局部加载条件下的材料流动

行为，只是边界条件有所不同。图 5.8 所示变形区 II 一侧存在自由边界，因此结合简化的屈服条件式(2.28)，有

$$\begin{cases} \sigma_x^{\mathrm{II}}\big|_{x=x_l} = 0 \\ \sigma_y^{\mathrm{II}}\big|_{x=x_l} = 2K \end{cases} \tag{5.30}$$

对于区域 IV，式(5.7)的表达式依然适用。设 x 方向的 $x=x_{\mathrm{b}}$ 处平均压力为 q，则其可表示为

$$q = \frac{1}{H+\Delta H}\int_0^{H+\Delta H}\sigma_x^{\mathrm{IV}}\mathrm{d}y = 2K\left(1+\frac{H+\Delta H}{2b}\right) \tag{5.31}$$

式中，ΔH 为变厚度区的厚度差；H 为层 2 的厚度，即变厚度区到凹模侧壁间的坯料厚度，如图 5.8 所示。

在局部加载状态 3 下同样存在剪切变形和镦挤变形两种基本变形模式，图 5.8 所示为镦挤变形模式。在两种材料变形模式下，变形区 II 内的材料流动和应力状态相同，垂直方向(y 轴正向)的应力表达式也相同，将式(5.12)中的 H 替换为 ΔH 则可适用于此处，即

$$\sigma_y^{\mathrm{II}} = -\frac{2mK}{\Delta H}x + C_2$$

进而将式(5.30)代入该式可得此局部加载状态下的积分常数，从而可得变形区 II 内 y 轴方向应力沿 x 轴的分布特征：

$$\sigma_y^{\mathrm{II}} = 2K + \frac{2mK}{\Delta H}(x_l - x) \tag{5.32}$$

将式(5.18)中的 H 替换为 ΔH，则可适用于描述此局部加载状态下变形区 III 内的应力分布。将式(5.31)代入式(5.19)，可获得局部加载状态 3 下区域 III 和区域 IV 交界面上的边界条件，进而可得此局部加载状态下的积分常数，从而可得变形区 III 内 y 轴方向应力沿 x 轴的分布特征：

$$\sigma_y^{\mathrm{III}} = 2K + q + \frac{2mK}{\Delta H}(x - x_{\mathrm{b}}) \tag{5.33}$$

类似于 5.2.1 节的推导，可以获得局部加载状态 3 下分流层位置(x 轴正向)的表达式，即

$$x_{\mathrm{k}} = \begin{cases} \dfrac{b}{2}, & \sigma_x^{\mathrm{II}}\big|_{x=x_{\mathrm{b}}} \leqslant q \\[3mm] \dfrac{1}{4}(l+b) - \dfrac{\Delta H}{2m}\left(1+\dfrac{H+\Delta H}{2b}\right), & \sigma_x^{\mathrm{II}}\big|_{x=x_{\mathrm{b}}} > q \end{cases} \tag{5.34}$$

式中，

$$\sigma_x^{II}\Big|_{x=x_b} = \sigma_y^{II}\Big|_{x=x_b} - 2K = \frac{mK}{\Delta H}(l - b) \tag{5.35}$$

分流层以内（变形区 III、变形区 IV）的材料充填筋型腔，分流层以外（变形区 II）的材料一部分增加局部加载宽度 l，一部分流入层 2 增加坯料厚度 H。因此，局部加载阶段 ΔH 是上模行程 s 和层 2 厚度 H 的函数，可以表示为

$$\begin{cases} \Delta H = C_1 - s - H \\ \mathrm{d}(\Delta H) = -\mathrm{d}s - \mathrm{d}H \end{cases} \tag{5.36}$$

$$C_1 = H_0 + \Delta H_0 \tag{5.37}$$

式中，H_0、ΔH_0 分别为两层初始厚度。

局部加载宽度 l 是动态变化的，其增量 δ 可以近似用二阶多项式表达，其中常系数、一阶系数、二阶系数分别表示为 a、b_1、b_2，常系数 a 的绝对值一般远小于初始宽度 l_0。因此，l 可近似表示为

$$l = l_0 + \delta \approx l_0 + b_1 s + b_2 s^2 \tag{5.38}$$

设时间增量 $\mathrm{d}t$ 内，位移增量为 $\mathrm{d}s$，图 5.8 所示 x 轴正向材料流向筋型腔的体积为 $\mathrm{d}V_{in}$，流向筋型腔之外的体积为 $\mathrm{d}V_{out}$，根据体积不变原理可得

$$\mathrm{d}V_{in} = x_k \mathrm{d}s \tag{5.39}$$

$$\mathrm{d}V_{out} = \left(\frac{l}{2} - x_k\right)\mathrm{d}s \tag{5.40}$$

忽略未接触区域（变厚度区到凹模侧壁之间区域）坯料的翘曲拱起等现象，并假设 H 增加的厚度均匀分布在未接触区域，根据体积不变原理，$\mathrm{d}t$ 内层 2 厚度增量 $\mathrm{d}H$、层 1 厚度增量 $\mathrm{d}(\Delta H)$ 与 $\mathrm{d}V_{out}$ 的关系可表示为

$$\mathrm{d}V_{out} = (\Delta H + \mathrm{d}(\Delta H))\frac{\mathrm{d}l}{2} + \frac{L - l}{2}\mathrm{d}H \tag{5.41}$$

式中，L 为图 5.3（g）所示下模内壁之间的宽度。

令常数 $K_1 \sim K_8$ 为

$$\begin{cases} K_1 = L - l_0 \\ K_2 = -b_1 C_1 - b + l_0 \\ K_3 = -2\left(b_2 C_1 - b_1\right) \\ K_4 = b_1 - \dfrac{1}{m} - \dfrac{C_1}{2mb} \\ K_5 = 2b_2 + \dfrac{1}{2mb} \\ K_6 = -C_1 K_4 + \dfrac{1}{2}\left(l_0 - b\right) \\ K_7 = \dfrac{b_1}{2} + K_4 - C_1 K_5 \\ K_8 = K_5 + \dfrac{b_2}{2} \end{cases} \tag{5.42}$$

联立式(5.34)、式(5.36)、式(5.38)~式(5.41)，并忽略二阶微量，可得不同变形模式下坯料厚度以及体积分配相关的微分方程。

在剪切变形模式下（$\sigma_x^{\mathrm{II}}\big|_{x=x_b} \leqslant q$），有

$$\begin{cases} \left(K_1 - b_1 s - b_2 s^2\right)\dfrac{\mathrm{d}H}{\mathrm{d}s} - \left(b_1 + 2b_2 s\right)H = K_2 + K_3 s + 3b_2 s^2 \\ \dfrac{\mathrm{d}V_{\mathrm{in}}}{\mathrm{d}s} = \dfrac{b}{2} \end{cases} \tag{5.43}$$

在镦挤变形模式下（$\sigma_x^{\mathrm{II}}\big|_{x=x_b} > q$），有

$$\begin{cases} \left(K_1 - b_1 s - b_2 s^2\right)\dfrac{\mathrm{d}H}{\mathrm{d}s} - \left(K_4 + K_5 s\right)H = K_6 + K_7 s + K_8 s^2 \\ \dfrac{\mathrm{d}V_{\mathrm{in}}}{\mathrm{d}s} = \dfrac{1}{4}\left(l_0 + b + b_1 s + b_2 s^2\right) - \dfrac{C_1 - s - H}{2m}\left(1 + \dfrac{C_1 - s}{2b}\right) \end{cases} \tag{5.44}$$

将式(5.31)和式(5.35)代入 $\sigma_x^{\mathrm{II}}\big|_{x=x_b} > q$，可得

$$\Delta H(2b + H + \Delta H) < mb(l - b) \tag{5.45}$$

由式(5.31)和式(5.36)可知，q 是关于 s 的单调减函数；由式(5.35)、式(5.36)和式(5.38)可知，$\sigma_x^{\mathrm{II}}\big|_{x=x_b}$ 是关于 s 的单调增函数。因此，若初始参数条件满足式(5.45)，则整个成形过程在镦挤模式下进行，即局部加载阶段内 $\sigma_x^{\mathrm{II}}\big|_{x=x_b} > q$，

解微分方程组 (5.44) 和初值条件 (5.46) 可得 V_{in} 。

$$\begin{cases} H\big|_{s=0} = H_0 \\ V_{in}\big|_{s=0} = 0 \end{cases} \tag{5.46}$$

若初始参数条件不满足式 (5.45) ，则存在临界值 s_k ，使 $\sigma_x^{II}\big|_{x=x_b} = q$ 。若 $s \leqslant s_k$ ，则 $\sigma_x^{II}\big|_{x=x_b} \leqslant q$ ，解微分方程组 (5.43) 和初值条件 (5.46) 可得 V_{in} ；若 $s > s_k$ ，则 $\sigma_x^{II}\big|_{x=x_b} > q$ ，解微分方程组 (5.44) 和初值条件 (5.47) 可得 V_{in} 。

$$\begin{cases} H\big|_{s=s_k} = H_k \\ V_{in}\big|_{s=s_k} = \dfrac{b}{2} s_k \end{cases} \tag{5.47}$$

若确定关于描述局部加载宽度动态变化的式 (5.38) ，则可求解这些微分方程初值问题，借助数值方法求解这些微分方程组是便捷可行的。结合下面建立的动态变化局部加载宽度的预测模型，可采用龙格-库塔法求解微分方程求得成形过程中的坯料厚度 (H 、 ΔH)、分流层位置、成形筋高等参数。

2. 动态局部加载宽度建模

局部加载宽度是重要的局部加载条件，对材料流动、型腔充填、变形行为有重要影响。坯料厚度变化导致的局部加载状态下 (局部加载状态 3) 的局部加载宽度在成形过程中是动态变化的，难以用解析方法描述。可采用有限元法分析局部加载宽度的变化，获取样本数据，然后应用多项式回归结合偏最小二乘回归的方法建立动态变化局部加载宽度的预测模型。

局部加载工艺中的坯料变厚度区变形行为的研究结果表明[24]，变厚度区宜采用圆角、倒角形式过渡，并且分模位置和筋型腔附近设置变厚度区容易引起折叠缺陷，最好在腹板位置设置变厚度区。并得到过渡条件 $R_r = r/\Delta H = 1.0$ (圆角过渡形式)， $R_b = \Delta l/\Delta H > 1.0$ (倒角过渡形式)；但当 $\Delta H/H > 0.5$ 时，圆角过渡形式容易产生折叠缺陷，最好采用较大过渡条件的倒角过渡形式。因此，本节变厚度区的过渡形式为圆角和倒角两种形式。

1) 局部加载宽度动态演化及回归建模

对图 5.3 (g) 所示成形过程的有限元分析结果如图 5.9 所示。图中描述了成形过程中变厚度区圆角过渡和倒角过渡两种过渡形式下的载荷行程曲线以及成形过程中局部加载宽度 (l) 的增量 δ 。

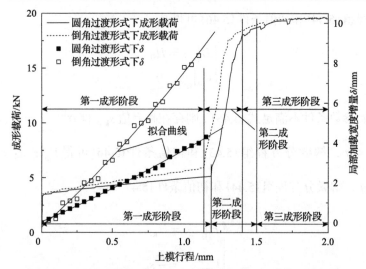

图 5.9　T 形构件成形过程的载荷及局部加载宽度增量(不等厚坯)

　　根据变厚度区附近坯料与上下模的接触情况，成形过程可以分为三个阶段。第一成形阶段，部分坯料与上模接触，具有明显的局部加载特征，载荷缓慢上升，是本章研究所关注的成形阶段。第二成形阶段，坯料和模具间形成封闭的近似三角的空腔，该空腔在此阶段或消失或形成折叠缺陷，加载情况由局部加载逐渐向整体加载转变，载荷急剧上升。第三成形阶段，坯料与上模完全接触，表现出整体加载特征，载荷变化平稳。在局部加载阶段，ΔH 减少的同时，H 增加，当然，变厚度区到凹模侧壁间的厚度增加不是均匀的。

　　从图 5.9 可以看出，倒角过渡形式下的加载区宽度(局部加载宽度 l)增量 δ_b 的增加速度大于圆角过渡形式下增量 δ_r 的增加速度。这是因为在坯料厚度发生变化的过渡区域，倒角过渡的斜面距上模的距离小于圆角过渡表面相应位置距上模的距离，倒角过渡形式更利于坯料变厚度区域材料与上模接触形成新的接触面。但是圆角过渡较圆滑，其局部加载宽度增量的变化也比倒角形式下平稳，特别是在加载初期。

　　图 5.9 所示成形过程中，局部加载宽度增量 δ 数据点分布可用二阶多项式近似表达，即压下量 s 对 δ 的影响可以表示为式(5.48)。对于图 5.9 所示的数据点，可以分别建立圆角过渡形式下 δ_r 和倒角过渡形式下 δ_b 的回归模型(5.49)，其方差分析如表 5.1 所示，从表中可以看出所建立的回归模型是非常显著的。

$$\delta = f(s) = a + b_1 s + b_2 s^2 \tag{5.48}$$

$$\begin{cases} \delta_r = f_r(s) = 0.04065 + 3.09134s + 0.51204s^2 \\ \delta_b = f_b(s) = -0.21783 + 6.31209s + 1.47036s^2 \end{cases} \tag{5.49}$$

表 5.1　回归分析

方差来源	离差平方和 SS		自由度 f		均方 V		均方比 F		$F_{0.01}(2,21)$	$F_{0.01}(2,20)$
	圆角	倒角	圆角	倒角	圆角	倒角	圆角	倒角	圆角	倒角
回归	39.010	159.557	2	2	19.505	79.778	4729.888	1883.790	5.78	5.85
误差	0.087	0.847	21	20	0.004	0.042	—	—	—	—
总和	39.097	160.404	23	22	—	—	—	—	—	—

建立由坯料厚度变化导致的局部加载状态（局部加载状态 3）下的局部加载宽度预测模型，关键是对成形过程中局部加载宽度增量 δ 的预测。δ 可用二阶多项式近似表达，但是初始几何参数（如 l、L、H 等）对回归方程系数 a、b_1、b_2 的值产生影响。

根据文献[25]、[26]中关于筋板类构件的设计准则以及某大型高筋薄腹钛合金构件的尺寸特征，并遵循尽量减少成形过程中剪切变形的原则，以及 R_r 和 R_b 的选取建议[24]，选定各初始几何参数取值范围如下：$l/b = 5 \sim 20$ ；　$L/l = 1.5{\sim}10.0$ ，$L < 1000\text{mm}$ ；　$H/b = 0.75{\sim}2.25, H < H_k$ ；　$\Delta H/H = 0.125{\sim}1.000$ ；　$R_r = 1$ ；$R_b = 1 - 4[R_b\Delta H < (L-l)/2]$ 。

采用 $L_{25}(5^6)$ [27]正交表设计试验方案。其中圆角过渡模式为 4 因素（$A(l/b)$、$B(L/l)$、$C(H/b)$、$D(\Delta H/H)$）5 水平的虚拟试验，倒角过渡模式为 5 因素（$A(l/b)$、$B(L/l)$、$C(H/b)$、$D(\Delta H/H)$、$E(R_b)$）5 水平的虚拟试验。当某几何参数的值超出其取值范围时，剔除此次试验，最终设计方案列于表 5.2。由有限元模拟虚拟完成试验，获取成形过程中的局部加载宽度增量 δ 的样本数据。根据虚拟试验获得的样本数据，分别建立 $\delta = f(s)$ 的二阶多项式回归方程，其回归方程系数 a、b_1、b_2 列于表 5.3。

表 5.2　虚拟试验方案

编号	$A(l/b)$	$B(L/l)$	$C(H/b)$	$D(\Delta H/H)$	$E(R_b)$
1	1 (5)	1 (1.5)	1 (0.75)	1 (0.125)	1 (1.0)
2	1 (5)	2 (2.5)	2 (1.00)	2 (0.250)	2 (1.5)
3	2 (8)	1 (1.5)	2 (1.00)	3 (0.500)	4 (3.0)
4	2 (8)	2 (2.5)	3 (1.25)	4 (0.750)	5 (4.0)
5	2 (8)	5 (10.0)	1 (0.75)	2 (0.250)	3 (2.0)
6	3 (12)	1 (1.5)	3 (1.25)	5 (1.000)	2 (1.5)
7	3 (12)	2 (2.5)	4 (1.75)	1 (0.125)	3 (2.0)
8	3 (12)	4 (7.0)	1 (0.75)	3 (0.500)	5 (4.0)

编号	$A(l/b)$	$B(L/l)$	$C(H/b)$	$D(\Delta H/H)$	$E(R_b)$
9	3(12)	5(10.0)	2(1.00)	4(0.750)	1(1.0)
10	4(16)	1(1.5)	4(1.75)	2(0.250)	5(4.0)
11	4(16)	3(4.0)	1(0.75)	4(0.750)	2(1.5)
12	4(16)	4(7.0)	2(1.00)	5(1.000)	3(2.0)
13	5(20)	1(1.5)	5(2.25)	4(0.750)	3(2.0)
14	5(20)	2(2.5)	1(0.75)	5(1.00)	4(3.0)
15	5(20)	3(4.0)	2(1.00)	1(0.125)	5(4.0)

表 5.3　虚拟试验结果

编号	圆角过渡形式			倒角过渡形式		
	a	b_1	b_2	a	b_1	b_2
1	0.00839	3.38577	−0.03005	−0.05568	4.48591	2.77445
2	0.03779	3.01564	0.63960	−0.20603	5.50630	0.82350
3	0.03027	4.86196	0.68130	0.05177	6.68939	12.76558
4	0.11665	3.41792	0.42806	0.60275	7.03824	3.84869
5	0.04881	5.45634	1.37873	−0.14082	8.79492	2.04758
6	0.19034	4.64823	0.62889	0.51184	3.23136	3.83847
7	0.02236	5.29165	0.37822	0.07937	8.66793	0.96731
8	0.16220	7.46417	1.43687	−0.20254	18.35706	4.24518
9	0.02393	6.22391	0.36974	−0.09424	5.59238	1.95941
10	0.00576	7.21916	0.47883	0.31761	13.0904	14.54041
11	0.03149	9.62553	1.16094	−0.48346	12.68910	1.15675
12	0.26739	6.98127	0.68890	−0.63442	11.29158	1.09605
13	0.08629	5.64025	0.37295	1.23332	3.38936	4.58819
14	−0.06862	11.61353	0.74982	−0.91700	19.96945	1.97708
15	−0.03399	12.71856	0.66365	−0.19797	17.26508	6.21001

　　从表 5.3 中数据可以看出，回归模型的常数项一般较小，对 δ 的贡献很小；但是倒角过渡形式下 a 的绝对值一般大于相应圆角过渡形式下的绝对值，这是因为成形初期圆角过渡较圆滑，其局部加载宽度增量变化比倒角过渡形式下平稳。可以用二阶多项式回归方程来预测成形过程中 δ，成形过程中局部加载宽度 l 可近似用式 (5.38) 描述。

　　2) 局部加载宽度多向式系数的偏最小二乘回归建模

　　由于试验次数少、因变量个数多，采用偏最小二乘回归方法对以上数据进行建模。

    偏最小二乘回归方法是具有广泛适用性的多元线性回归方法[28]。偏最小二乘回归方法可以有效解决变量之间的多重相关性问题，适用于解决样本容量小、自变量个数多的回归建模问题，并且为多个因变量对多个自变量的回归建模问题提供了一个有效的解决办法[29]。

    通常，变量的数据均以数据表的形式出现。如果有 p 个变量 x_1、x_2、$\cdots$、x_p，对它们分别进行 n 次采样或观测，得到 n 个样本点：

$$\begin{bmatrix} x_{i1} & x_{i2} & \cdots & x_{ip} \end{bmatrix}, \quad i=1,2,\cdots,n$$

所构成的数据表 X 可以写成一个 $n \times p$ 矩阵：

$$X = \left(x_{ij} \right)_{n \times p} = \begin{bmatrix} x_{11} & x_{12} & \cdots & x_{1p} \\ x_{21} & x_{22} & \cdots & x_{2p} \\ \vdots & \vdots & & \vdots \\ x_{n1} & x_{n2} & \cdots & x_{np} \end{bmatrix} = \begin{bmatrix} e_1^{\mathrm{T}} \\ e_2^{\mathrm{T}} \\ \vdots \\ e_n^{\mathrm{T}} \end{bmatrix} = \begin{bmatrix} x_1 & x_2 & \cdots & x_p \end{bmatrix} \quad (5.50)$$

    在对数据进行偏最小二乘回归分析之前，会对数据进行标准化处理，即对数据同时进行中心化和压缩处理。

    自变量和因变量分别表示为 $X = \begin{bmatrix} x_1 & x_2 & \cdots & x_p \end{bmatrix}_{n \times p}$ 和 $Y = \begin{bmatrix} y_1 & y_2 & \cdots & y_q \end{bmatrix}_{n \times q}$。$X$ 经标准化处理后的数据矩阵为 $E_0 = \begin{bmatrix} E_{01} & E_{02} & \cdots & E_{0p} \end{bmatrix}_{n \times p}$，$Y$ 经标准化处理后的数据矩阵为 $F_0 = \begin{bmatrix} F_{01} & F_{02} & \cdots & F_{0p} \end{bmatrix}_{n \times p}$，则偏最小二乘回归建模过程可描述如下。

    记 t_1 是 E_0 的第 1 个成分，$t_1 = E_0 w_1$，w_1 是 E_0 的第 1 个轴，它是一个单位向量，即 $\|w_1\| = 1$。记 u_1 是 F_0 的第 1 个成分，$u_1 = F_0 c_1$，c_1 是 F_0 的第 1 个轴，它是一个单位向量，即 $\|c_1\| = 1$。求解下列的优化问题：

$$\max_{w_1, c_1} <t_1, u_1>$$
$$\text{s.t.} \begin{cases} w_1^{\mathrm{T}} w_1 = 1 \\ c_1^{\mathrm{T}} c_1 = 1 \end{cases} \quad (5.51)$$

然后分别求出 E_0 和 F_0 对 t_1、u_1 的 3 个回归方程：

$$\begin{cases} E_0 = t_1 p_1^{\mathrm{T}} + E_1 \\ F_0 = u_1 q_1^{\mathrm{T}} + F_1^* \\ F_0 = t_1 r_1^{\mathrm{T}} + F_1 \end{cases} \quad (5.52)$$

而 E_1、F_1^*、F_1 分别是 3 个回归方程的残差矩阵。用残差矩阵 E_1 和 F_1 取代 E_0 和

F_0，然后求第 2 个轴 w_2 和 c_2 以及第 2 个成分 t_2 和 u_2。依此类推，如果 X 的秩是 A，则有

$$\begin{cases} E_0 = t_1 p_1^{\mathrm{T}} + t_2 p_2^{\mathrm{T}} + \cdots + t_A p_A^{\mathrm{T}} \\ F_0 = t_1 r_1^{\mathrm{T}} + t_2 r_2^{\mathrm{T}} + \cdots + t_A r_A^{\mathrm{T}} + F_A \end{cases} \quad (5.53)$$

式中，$t_1, t_2, \cdots, t_A$ 均可表示成 $E_{01}, E_{02}, \cdots, E_{0p}$ 的线性组合。

根据交叉有效性判断选择主成分个数 m[29]。将标准化变量还原成原始变量，从而得到一个原始变量的回归方程，即

$$Y = XB \quad (5.54)$$

本章中回归系数矩阵 B 是针对原始变量并包括常数项，其大小为 $(p+1) \times q$。其中，

$$b_i = \begin{bmatrix} a_{i0} & a_{i1} & a_{i2} & \cdots & a_{ip} \end{bmatrix}^{\mathrm{T}} \quad (5.55)$$

式中，b_i 为第 i 个因变量 y 的回归系数，a_{i0} 为常数项。

非线性迭代偏最小二乘（non-linear iterative partial least squares，NIPALS）算法是求解偏最小二乘回归模型的经典算法[30]。本章基于 MATLAB 开发坯料几何参数导致局部加载状态下的主应力模型求解程序中，求解偏最小二乘回归模型程序的算法也采用此方法。

自变量 x_j 在解释因变量 Y 时作用的重要性可用变量投影重要性指标 VIP_j（variable importance for the projection）来测度，其表达式为

$$\begin{cases} \mathrm{VIP}_j = \sqrt{\dfrac{p}{\mathrm{Rd}(Y; t_1, \cdots, t_m)} \sum_{h=1}^{m} \mathrm{Rd}(Y; t_h) w_{hj}^2} \\ \mathrm{Rd}(Y; t_1, \cdots, t_m) = \sum_{h=1}^{m} \mathrm{Rd}(Y; t_h) \\ \mathrm{Rd}(Y; t_h) = \dfrac{1}{q} \sum_{k=1}^{q} \mathrm{Rd}(y_k; t_h) \\ \mathrm{Rd}(y_k; t_h) = r^2(y_k; t_h) \end{cases} \quad (5.56)$$

式中，w_{hj} 为轴 w_h 的第 j 个分量；$r(y_k; t_h)$ 为两个变量间的相关系数。对于 p 个自变量 $x_j(j = 1, 2, \cdots, p)$，如果它们在解释 Y 时的作用都相同，则所有的 VIP_j 均等于 1；否则，对于 VIP_j 很大（>1）的 x_j，它在解释 Y 时就有更加重要的作用。

在圆角过渡形式的局部加载成形中，几何参数与局部加载宽度多项式回归系

数 a、b_1、b_2 之间并不是简单线性关系，根据经验和分析建立了一个较合适的模型，其结构为

$$\begin{cases} a = \ln(a_0 + a_1 A + a_2 B + a_3 C + a_4 D) \\ b_1 = e^{a_0} A^{a_1} B^{a_2} e^{a_3 C} e^{a_4 D} \\ e^{b_2} = e^{a_0} A^{a_1} B^{a_2} C^{a_3} D^{a_4} e^{a_5 AB} e^{a_6 AC} e^{a_7 AD} e^{a_8 BC} e^{a_9 BD} e^{a_{10} CD} \end{cases} \tag{5.57a}$$

对模型进行线性化处理，可得

$$\begin{cases} e^a = a_0 + a_1 A + a_2 B + a_3 C + a_4 D \\ \ln b_1 = a_0 + a_1 \ln A + a_2 \ln B + a_3 C + a_4 D \\ b_2 = a_0 + a_1 \ln A + a_2 \ln B + a_3 \ln C + a_4 \ln D + a_5 AB \\ \qquad + a_6 AC + a_7 AD + a_8 BC + a_9 BD + a_{10} CD \end{cases} \tag{5.57b}$$

分别进行三次单因变量的偏最小二乘回归分析，得到三个回归系数矩阵 $\boldsymbol{b}_{r,1}$、$\boldsymbol{b}_{r,2}$、$\boldsymbol{b}_{r,3}$，即

$$\boldsymbol{b}_{r,1} = \begin{bmatrix} 0.96069 & -0.00756 & 0.00776 & 0.06189 & 0.18851 \end{bmatrix}^T \tag{5.58a}$$

$$\boldsymbol{b}_{r,2} = \begin{bmatrix} 0.01071 & 1.06763 & -0.02661 & -0.52489 & -0.39254 \end{bmatrix}^T \tag{5.58b}$$

$$\boldsymbol{b}_{r,3} = \begin{bmatrix} 0.98615 \\ 0.12678 \\ 0.89567 \\ -0.13858 \\ 0.72958 \\ -0.00251 \\ 0.01599 \\ -0.02192 \\ -0.04845 \\ -0.17894 \\ -0.60447 \end{bmatrix} \tag{5.58c}$$

式中，$\boldsymbol{b}_{r,1}$ 为系数 a 的回归系数；$\boldsymbol{b}_{r,2}$ 为系数 b_1 的回归系数；$\boldsymbol{b}_{r,3}$ 为系数 b_2 的回归系数。

绘制 VIP_j 的直方图如图 5.10 所示。图中对于系数 a，有 $x_1 = A$，$x_2 = B$，$x_3 = C$，$x_4 = D$；对于系数 b_1，有 $x_1 = \ln A$，$x_2 = \ln B$，$x_3 = C$，$x_4 = D$；对于系数 b_2，有 $x_1 = \ln A$，$x_2 = \ln B$，$x_3 = \ln C$，$x_4 = \ln D$，$x_5 = AB$，$x_6 = AC$，$x_7 = AD$，$x_8 = BC$，$x_9 = BD$，$x_{10} = CD$。

从图 5.10 可以看出，因素 $D(\Delta H / H)$ 对常数项 a 的影响最为突出，x_1、x_2、

x_3 的 VIP 值都小于 1，因素 $C(H/b)$ 的解释能力最弱；因素 $A(l/b)$ 对一次项系数 b_1 的影响最为突出，x_2、x_3、x_4 的 VIP 值都小于 1，同样因素 $C(H/b)$ 的解释能力最弱；因素 $B(L/l)$ 以及 BD 对二次项系数 b_2 的影响最为突出，x_4、x_5、x_6、x_{10} 的解释能力较弱，其中 x_6、x_{10} 的 VIP 值小于 1。

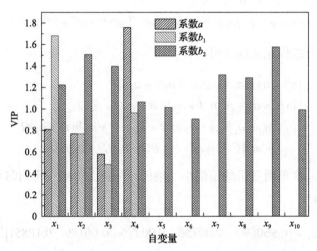

图 5.10　三次单因变量偏最小二乘回归模型的 VIP 图（圆角过渡形式）

　　根据 t_1/t_2 平面图和 T^2 椭圆图，以上偏最小二乘回归建模样本点取值分布基本均匀，没有特异点。对于系数 b_1，观察 t_1/u_1 平面图，发现自变量和因变量之间存在较强的线性关系，其相关系数约为 0.86。对于系数 b_2，观察 t_1/u_1 平面图，其相关系数约为 0.57；在这里 t_1 仅能解释 X 的 37.86%信息，u_1 仅能解释 Y 的 31.01%信息。

　　同样地，在倒角过渡形式下，几何参数与局部加载宽度多项式回归系数 a、b_1、b_2 之间并不是简单线性关系，根据经验和分析建立了一个较合适的模型，其结构为

$$\begin{cases} e^a = e^{a_0} A^{a_1} B^{a_2} e^{a_3 C} e^{a_4 D} E^{a_5} \\ b_{1,2} = e^{a_0} e^{a_1 A} e^{a_2 B} e^{a_3 C} e^{a_4 D} e^{a_5 E} A^{a_6} B^{a_7} C^{a_8} E^{a_9} \end{cases} \tag{5.59a}$$

对模型进行线性化处理，可得

$$\begin{cases} a = a_0 + a_1 \ln A + a_2 \ln B + a_3 C + a_4 D + a_5 \ln E \\ \ln b_{1,2} = a_0 + a_1 A + a_2 B + a_3 C + a_4 D + a_5 E + a_6 \ln A + a_7 \ln B + a_8 \ln C + a_9 \ln E \end{cases}$$
$$\tag{5.59b}$$

　　分别进行一次单因变量和一次多因变量的偏最小二乘回归分析，得到两个回归系数矩阵 $b_{b,1}$、$[\,b_{b,2}\quad b_{b,3}\,]$，即

$$\boldsymbol{b}_{\mathrm{b},1} = \begin{bmatrix} -0.20918 & -0.50852 & 0.00006 & 1.06611 & 0.27875 & 0.10878 \end{bmatrix}^{\mathrm{T}} \quad (5.60\mathrm{a})$$

$$\begin{bmatrix} \boldsymbol{b}_{\mathrm{b},2} & \boldsymbol{b}_{\mathrm{b},3} \end{bmatrix} = \begin{bmatrix} 1.16941 & -1.01970 \\ 0.03880 & -0.03751 \\ -0.13668 & 0.74348 \\ -0.33010 & -0.04876 \\ -0.47077 & -0.22359 \\ -0.04376 & 1.19454 \\ 0.17274 & 0.94165 \\ 0.73480 & -3.74272 \\ -0.39029 & -0.45123 \\ 0.64892 & -1.50094 \end{bmatrix} \quad (5.60\mathrm{b})$$

式中，$\boldsymbol{b}_{\mathrm{b},1}$ 为系数 a 的回归系数；$\boldsymbol{b}_{\mathrm{b},2}$ 为系数 b_1 的回归系数；$\boldsymbol{b}_{\mathrm{b},3}$ 为系数 b_2 的回归系数。

绘制 VIP_j 的直方图如图 5.11 所示。图中对于系数 a，有 $x_1 = \ln A$，$x_2 = \ln B$，$x_3 = C$，$x_4 = D$，$x_5 = \ln E$；对于系数 b_1 和 b_2，有 $x_1 = A$，$x_2 = B$，$x_3 = C$，$x_4 = D$，$x_5 = E$，$x_6 = \ln A$，$x_7 = \ln B$，$x_8 = \ln C$，$x_9 = \ln E$。

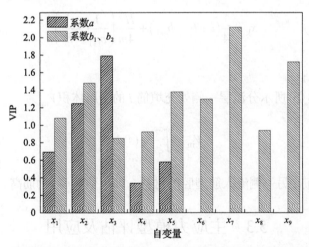

图 5.11　单因变量和多因变量偏最小二乘回归模型的 VIP 图（倒角过渡形式）

从图 5.11 可以看出，因素 $C(H/b)$ 对常数项 a 的影响最为突出，x_1、x_4、x_5 的 VIP 值都小于 1，因素 $D(\Delta H/H)$ 的解释能力最弱；因素 $A(l/b)$、$B(L/l)$、$E(R_b)$ 对系数 b_1 和 b_2 的影响较为突出，因素 $C(H/b)$、$D(\Delta H/H)$ 的解释能力较弱，x_3、x_4、x_8 的 VIP 值小于 1。

根据 t_1/t_2 平面图和 T^2 椭圆图，以上关于动态局部加载宽度多项式系数的偏最小二乘回归建模样本点取值分布基本均匀，没有特异点。对于系数 b_1 和 b_2，观察 t_1/u_1 平面图，发现自变量和因变量之间存在较强的线性关系，其相关系数约为 0.91。

　　式 (5.38)、式 (5.47)、式 (5.57)～式 (5.60) 一起构成了坯料几何参数引起局部加载状态（局部加载状态 3）下的局部加载宽度以及其增量的预测模型。

5.2.3　整体加载状态下的主应力模型

　　整体加载状态下，在筋 i 和筋 $i+1$ 之间腹板处存在分流层，如图 5.3 (b) 所示，以筋 i 型腔中心建立直角坐标系，应用主应力法，其分流层位置在该坐标系下可表示为

$$x_k = \frac{a_{i,i+1}}{2} + \frac{b_i - b_{i+1}}{4} + \frac{H^2}{4m}\left(\frac{1}{b_{i+1}} - \frac{1}{b_i}\right) \tag{5.61a}$$

式中，$a_{i,i+1}$ 为筋 i 型腔中心和筋 $i+1$ 型腔中心之间的距离；b_i 为筋 i 的筋宽；b_{i+1} 为筋 $i+1$ 的筋宽；H 为加载区坯料厚度。

　　为了与局部加载状态下分流层位置表现形式保持一致，式 (5.61a) 可写为

$$x_k = \frac{1}{4}(l + b_i - b_{i+1}) + \frac{H^2}{4m}\left(\frac{1}{b_{i+1}} - \frac{1}{b_i}\right) \tag{5.61b}$$

式中，$l = 2a_{i,i+1}$。

　　显然图 5.3 (b) 所示分流层一侧处充填筋 i 的金属体积 V_{in} 为

$$V_{in} = \int_{s_1}^{s_2} x_k(s)\mathrm{d}s \tag{5.62}$$

综合考虑筋 i 另一侧流入筋型腔的材料，即可估算筋 i 的筋高。

5.3　主应力模型评估及应用

　　采用物理试验和数值模拟两种方法评估局部加载状态下的主应力模型，对图 5.3 (f)、(g) 所示的两类 T 形构件成形过程进行物理试验，采用铅作为试验材料，试验在室温下进行。物理模拟试验方案以及主要的几何参数列于表 5.4。针对 T 形构件的物理模拟试验中采用二硫化钼进行润滑。对于不等厚坯料，其坯料变厚度区采用倒角过渡形式。

表 5.4　物理模拟试验方案以及主要的几何参数

序号	坯料形式	润滑条件	筋宽 b/mm	型腔过渡圆角 r/mm	l_0^* /mm	L /mm	H_0 /mm	ΔH_0 /mm	R_b
1	等厚坯料	润滑	8	2	60	—	10	—	—
2	等厚坯料	润滑	8	2	40	—	10	—	—
3	等厚坯料	润滑	8	2	25	—	10	—	—
4	等厚坯料	无润滑	8	2	40	—	10	—	—
5	不等厚坯料	润滑	8	2	52	90	8	4	2
6	不等厚坯料	润滑	8	2	40	90	8	4	2
7	不等厚坯料	无润滑	8	2	40	90	8	4	2

＊ 采用等厚坯料的试验中为上模宽度。

在 DEFORM 软件中建立图 5.3(f)、(g)所示的两类 T 形构件成形过程的二维有限元模型。为了使研究结果具有更广泛的普适性和可重复性，材料采用应用较为广泛的 Ti-6Al-4V 钛合金，它是一种($\alpha+\beta$)型两相钛合金，其材料属性取自DEFORM 软件自带数据库，成形温度为 950°。同时对物理模拟试验过程进行数值模拟，有限元模拟中材料为铅，成形温度为 20°。基于铅压缩试验，物理模拟材料铅的流动应力行为表示为

$$\sigma = 30.20826\dot{\varepsilon}^{0.11847} \tag{5.63}$$

采用剪切摩擦模型描述接触面的摩擦，取 m=0.3。

5.3.1　局部加载状态主应力模型评估

1. 模具几何参数导致局部加载状态下模型评估

从有限元模拟可以发现，变形初始阶段，剪切变形发生在上模外侧顶角与筋条根部区域，如图 5.12(a)、(b)所示。随着上模行程(s)的增加，变形区域沿上模外侧顶角与筋条根部连线逐渐接近，并向两侧扩大，变形后期，变形几乎贯穿整个加载区，如图 5.12(c)、(d)所示。这与主应力法分析中剪切变形和镦挤变形之间转变存在临界厚度的现象一致。

局部加载成形过程中，筋高(型腔充填深度)是由分流层位置决定的，物理试验中确定与测量筋高比确定与测量分流层位置容易，也较为准确。表 5.5 列出了物理试验、主应力法、有限元法获得的不同局部加载宽度下的筋高(型腔充填深度)。通过比较发现，在 l/b 较大的情况下($l/b>5$)，主应力法和有限元法的预测精度相当。

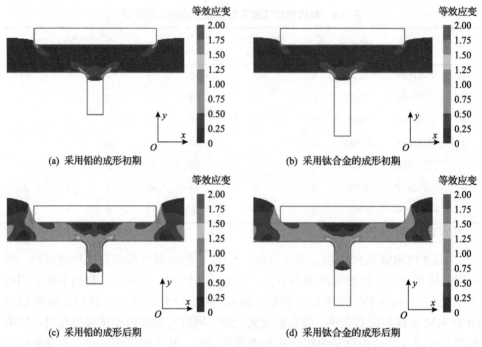

(a) 采用铅的成形初期　　　　　　　(b) 采用钛合金的成形初期

(c) 采用铅的成形后期　　　　　　　(d) 采用钛合金的成形后期

图 5.12　不同成形阶段加载区域的等效应变分布

表 5.5　不同方法分析所得的筋高

冲头宽度 /mm	行程 /mm	筋高/mm			误差/%	
		试验	主应力法	有限元法	主应力法	有限元法
60	3	7.50	7.05	7.86	−6.00	4.80
40	4.75	8.21	7.19	8.97	−12.42	9.26
25	5	6.94	5.30	6.86	−23.63	−1.15

　　解析结果和试验结果存在误差的主要原因是：①由上模和下模垂直侧壁间的距离(L_c)来模拟未加载区的约束间隙，如图 5.3(f)所示；②筋型腔入口处的剪切面简化为直线，如图 5.4(c)所示；③主应力法的基本假设。

　　为了简化试验和分析，图 5.2(a)、图 5.3(a)所示的约束间隙在 T 形构件局部加载成形中由上模和下模垂侧壁间的距离 L_c(图 5.3(f))来模拟。L_c应当使上模和侧壁之间的材料进入屈服状态，但保证坯料下表面不脱离下模的型腔表面。在主应力分析中没有考虑 L_c 的影响，这可能会引起分析结果与试验结果的误差，但当 L_c 满足上述约束条件时，这一误差可以被降低，乃至可以被忽略。然而三组物理模拟试验中，下模 AB 之间长度(图 5.3(f))是不变的。随着上模宽度的减小，L_c 是增加的。随着 L_c 的增大，简化的约束条件与复杂构件局部加载中的约束条件误差增大，也致使主应力法和试验结果之间的误差增加。而将主应力法模型用于分析大型整体筋板构件局部加载工艺时，这一误差可以被减小，乃至可以被忽略。

筋型腔入口处的剪切面简化为直线而带来的误差在 T 形构件局部加载成形及复杂构件局部加载成形中都存在。但是在 l/b 较大的情况下，对Ⅳ区边界（剪切面，图 5.4(c)）进行简化所引起的误差较小，当然，当 l/b 接近 1 时，Ⅳ区边界简化所引起的误差也较小，随着 l/b 增大，其导致的误差逐渐减小。

主应力法计算所得的分流层位置与采用钛合金热成形过程的有限元模拟结果比较如图 5.13 所示。随着冲头宽度的增加、压下量的增加，分流层位置逐渐远离型腔中心线，但压下量的影响程度较小，这与文献[31]中应用三维刚黏塑性有限元模拟所得到的结论相同。分流层位置距型腔中心线越远，型腔充填性能越好，不同冲头宽度下的筋高变化也证明了这一结论。

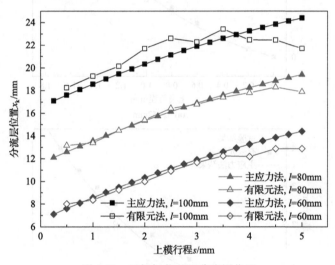

图 5.13　局部加载过程分流层位置

2. 坯料几何参数导致局部加载状态下模型评估

应用 5.2.2 节所建立的主应力模型式(5.34)、式(5.36)、式(5.38)、式(5.43)和式(5.44)可快速预测不等厚坯料局部加载成形过程中的分流层位置(x_k)、成形筋高(h)、变厚度区厚度差(ΔH)、层 2 的厚度(H)等参数变化，其中式(5.38)的回归系数 b_1、b_2 由式(5.57)~式(5.60)计算。

主应力模型中认为未接触区域（变厚度区到凹模垂直侧壁之间区域）内的坯料厚度 H 在成形过程中是均匀增加的，而在真实的成形过程中未接触区域厚度增加是不均匀的。在成形过程中，分流层的位置决定流入筋型腔的材料体积，即决定了成形筋高。采用 5.2.2 节建立的主应力模型预测成形筋高，并将其结果与物理模拟试验结果和有限元模拟结果进行了比较。

　　对于表 5.4 中第 5 组、第 6 组试验，根据表 5.4 中的参数，可采用式 (5.43) ～式 (5.47) 计算流入筋型腔的材料体积。其中关于局部加载宽度变化的回归系数 b_1、b_2 采用式 (5.59) 计算。用主应力法、有限元法预测以及试验测量的成形筋高如图 5.14 所示。

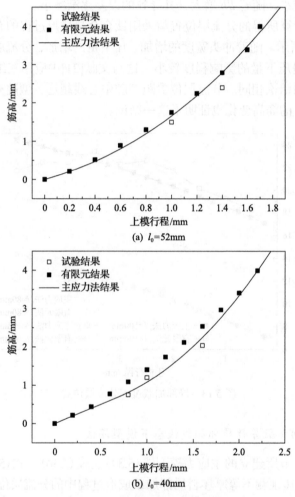

(a) $l_0=52\text{mm}$

(b) $l_0=40\text{mm}$

图 5.14　不同研究方法获得的结果

　　从图 5.14 可以看出，主应力法预测结果与试验结果之间的误差小于 15%。同时也可发现局部加载宽度越大，主应力法预测结果越接近有限元分析结果，模具几何参数导致局部加载状态下的主应力模型也存在这一现象。这是因为型腔入口处存在的剪切面简化为直线带来的误差会随着局部加载宽度的增加而减小。由于将剪切面简化为直线，主应力法预测结果会小于有限元模拟结果。合模后上下模之间存在间隙以及组合下模之间存在配合间隙，试验中材料在这些地方形成纵向飞边和毛刺，而有限元模型中没有考虑这一问题，导致试验结果小于有限元模拟结果。

5.3.2 基于主应力法的局部加载流动特征分析

在采用不等厚坯料的局部加载成形中，有三种局部加载状态，可以将其归为两类，分别由模具几何参数(GPD)和坯料几何参数(GPB)决定。模具分区导致的局部加载状态(局部加载状态 1)和腹板型腔深度差导致的局部加载状态(局部加载状态 2)是由模具几何参数决定的，坯料厚度变化导致的局部加载状态(局部加载状态 3)是由坯料几何参数导致的，分别由 5.2.1 节、5.2.2 节所建立的主应力模型描述。

1. 变形模式

分流层位置是变形模式的直接体现，图 5.15 比较了不同局部加载状态下分流层位置的变化，其中，其他初始参数保持不变($H/b=1$，$\Delta H/H=0.5$，$L/l=2.25$，$R_b=2$，$R_r=1$)。两种局部加载状态下，随着局部加载宽度的增加，分流层位置显著增大。但是在初始成形阶段，由坯料几何参数导致的局部加载状态(局部加载状态 3)下的分流层位置显著小于由模具几何参数决定的局部加载状态(局部加载状态 1、2)的分流层位置。随着上模行程的增加，分流层位置都增加，即远离筋型腔，但是局部加载状态 3 下增加迅速，并最终远大于局部加载状态 1、2。这主要是由于局部加载状态 3 下，局部加载宽度动态变化并随上模行程的增加而显著增加。由于变厚区倒角过渡形式下的局部加载宽度增加速度大于圆角过渡形式，倒角过渡形式下的分流层位置也越来越大于圆角过渡形式下的分流层位置。

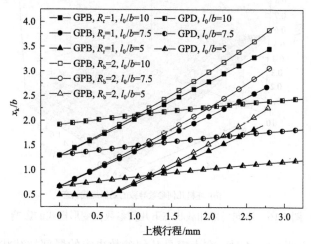

图 5.15 不同局部加载状态下的分流层位置

　　筋板构件局部加载成形中主要存在剪切变形和镦挤变形两种模式，其依赖于坯料、模具的几何参数。图 5.16 根据主应力模型中关于变形模式转换的判断条件给出了不同几何参数下的变形模式。对于三种局部加载状态，增大局部加载宽度、减小坯料厚度都有助于减少整个成形过程中的剪切变形。但是要使坯料几何参数导致的局部加载状态（局部加载状态 3）在成形初期避免剪切变形，其参数范围小于模具几何参数决定的局部加载状态（局部加载状态 1、2）。

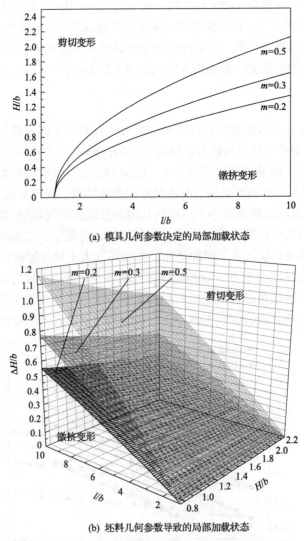

(a) 模具几何参数决定的局部加载状态

(b) 坯料几何参数导致的局部加载状态

图 5.16　不同局部加载状态下几何参数对变形模式的影响

　　图 5.15 也表明 $l/b = 5$ 时，在由模具几何参数决定的局部加载状态下可以避免剪切变形，而在由坯料几何参数导致的局部加载状态下需要经历一段时间的剪切

变形。图 5.15 所示局部加载状态 3($l/b=5$)下要完全避免剪切变形，需使 $\Delta H/H < 0.36$ 或者 $l/b > 6.83$，但这样可能难以满足初步分配材料体积的要求。在局部加载状态 3 下，局部加载宽度在成形过程中会迅速增加，剪切变形时间较短。而且流向筋型腔之外的材料只是重新进行坯料的体积分配，并不会引起相邻成形筋的流线问题。因此，一般可按照图 5.16(a)选择由坯料几何参数引起的局部加载状态下的初始几何参数。

剪切变形模式不利于型腔充填，易造成充不满缺陷，如图 5.17(b)所示。剪切变形模式下，腹板处金属沿水平向外侧移动，如图 5.17(c)所示。这种材料流动可能会带动邻近筋型腔内材料向外移动，导致氧化金属表面汇合形成折叠[32]。若筋很薄且流动速度很快，则可能导致筋条根部的裂纹产生和断裂(图 5.17(d))。因此，需要调整坯料和模具参数，使型腔充填在镦挤变形模式下进行。

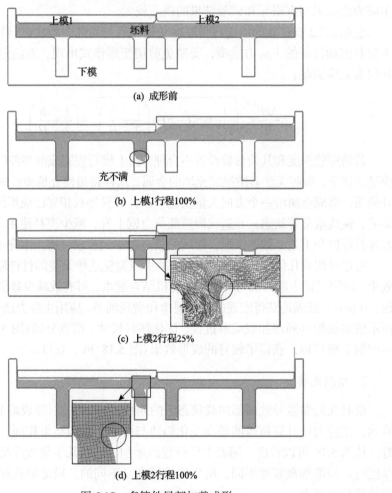

图 5.17 多筋件局部加载成形

剪切变形和镦挤变形两种变形模式的转变条件由 q 和 $\sigma_x^{\mathrm{II}}\big|_{x=x_{\mathrm{b}}}$ 确定，不同局部加载状态下的 q 和 $\sigma_x^{\mathrm{II}}\big|_{x=x_{\mathrm{b}}}$ 不同，其确定变形模式的几何参数也不同。

根据 5.2.1 节建立的描述局部加载状态 1 和局部加载状态 2 下材料流动特征的主应力模型，模具几何参数决定的两种局部加载状态下要避免剪切变形模式出现，在给定润滑条件下，几何参数应满足：

$$\frac{l}{b} > 1 + \frac{1}{m}\left(\frac{H}{b}\right)^2 \tag{5.64}$$

当 $H_0 \approx 10\mathrm{mm}$、$s \approx 0 \sim 5\mathrm{mm}$ 时，根据式 (5.64) 可得临界值 $l/b \approx 2.5 \sim 6$。试验和有限元研究表明，当 $l/b < 2.5$ 时，剪切变形主导着整个成形过程；当 $l/b < 5$ 时，主应力法结果与有限元和试验结果的误差较大。

根据 5.2.2 节建立的描述坯料厚度变化导致的局部加载状态（局部加载状态 3）下材料流动特征的主应力模型，要避免剪切变形模式出现，在给定润滑条件下，几何参数应满足：

$$\frac{\Delta H}{H} < \sqrt{\frac{1}{H^2}mb(l-b) + \left(\frac{1}{2} + \frac{b}{H}\right)^2} - \left(\frac{1}{2} + \frac{b}{H}\right) \tag{5.65}$$

若筋型腔深度和其他参数设置不合理，在上模行程完成前型腔已充填完毕，上模继续压下，型腔无法容纳继续充填的金属，这样将迫使充填型腔的金属沿腹板向外流动，造成金属沿一个方向大量快速移动，容易导致相邻已成形筋条产生折叠、穿筋、流线紊乱等缺陷，并造成锻造载荷急剧上升，减少模具使用寿命。相反地，若坯料厚度和工艺参数不匹配，形成的筋高达不到要求，将产生充不满缺陷。

可通过调整几何参数、工艺参数，减少或避免这些无益的材料流动，改善充填效果。特别是将主应力法与有限元法有机结合起来，可有效减少数值模拟的计算规模，并快速、准确地获得宏观的流动规律和微观细节。应用主应力法分析图 5.17(a) 所示的多筋构件局部加载成形过程，优化坯料尺寸、模具分区（图 5.18(a)）以及相匹配的上模行程，获得了较好的成形效果（图 5.18(b)、(c)）。

2. 型腔充填

模具几何参数导致局部加载状态下的筋型腔充填深度（即成形筋高）如图 5.19 所示，主应力法计算所得的筋高变化趋势与有限元模拟结果相同，结果也吻合较好。从图 5.19 可以看出，随着上模行程的增加，筋高几乎呈线性增加。相同坯料厚度时，局部加载宽度不同，所得到的筋高是不同的，局部加载宽度越大，所得到的筋高也越大。

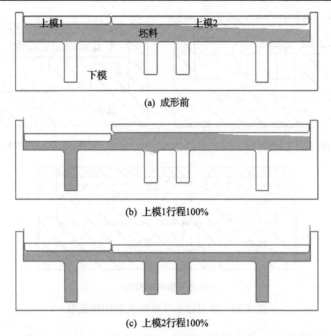

(a) 成形前

(b) 上模1行程100%

(c) 上模2行程100%

图 5.18　对图 5.17 所示局部加载过程优化

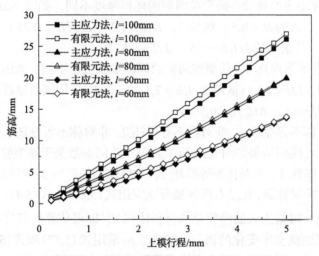

图 5.19　模具几何参数导致局部加载状态下筋高变化

　　采用不等厚坯料的筋板类构件成形时，筋两侧的几何参数可能是不相同的。因此，对于局部加载状态 3 下，关于筋型腔两侧的几何参数设置为不对称，分三种类型，如图 5.20 所示。

　　(1)非对称不等厚坯 1，筋型腔两侧的变厚度区过渡形式不同，如图 5.20(a)所示，区域 1 为圆角过渡形式，$R_r = 1$；区域 2 为倒角过渡形式，$R_b = 2$；其余的几

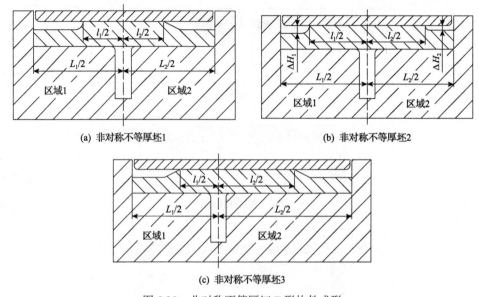

图 5.20 非对称不等厚坯 T 形构件成形

何参数相同，分别为 $l/b=5$ ， $L/l=2.25$ ， $H/b=1$ ， $\Delta H/H=0.5$ 。

(2)非对称不等厚坯 2，筋型腔两侧的坯料厚度不同，如图 5.20(b)所示，区域 1， $H/b=1$ ， $\Delta H/H=0.5$ ；区域 2， $H/b=1.2$ ， $\Delta H/H=0.25$ ；采用圆角过渡形式， $R_r=1$ ；其余参数为 $l/b=7.5$ ， $L/l=1.5$ 。

(3)非对称不等厚坯 3，筋型腔两侧的局部加载宽度不同，如图 5.20(c)所示，区域 1， $l/b=5$ ， $L/l=2.25$ ；区域 2， $l/b=7.5$ ， $L/l=2$ ；采用倒角过渡形式， $R_b=2$ ；其余参数为 $H/b=1$ ， $\Delta H/H=0.5$ 。

采用非对称不等厚坯 1、非对称不等厚坯 2、非对称不等厚坯 3 的主应力法预测结果和有限元模拟结果如图 5.21 所示。对于几何参数关于筋型腔非对称情况，如非对称不等厚坯 1、非对称不等厚坯 2、非对称不等厚坯 3，可假设筋型腔中心为左右两区域的对称面，在左右两区域分别应用式(5.43)~式(5.47)求解流入筋型腔的材料体积，根据流入筋型腔总的材料体积 V_{in}^{tot} 即可估算加载过程中的筋高。其中关于局部加载宽度变化的回归系数 b_1 、 b_2 采用式(5.57)和式(5.59)计算。从图 5.21 可以看出，成形筋高随着上模行程和局部加载宽度的增加而增加。采用非对称不等厚坯 1 成形过程的主应力法预测最大误差约为 15%，采用非对称不等厚坯 2、非对称不等厚坯 3 成形过程的主应力法预测最大误差在约为 10%。

从图 5.19 和图 5.21 可以看出， l/b 越大，主应力模型预测结果和有限元模型预测结果之间的误差越小，在 $l/b>5$ 的情况下，简化解析模型具有和有限元计算结果相当的精度。由于将筋型腔入口处的剪切面简化为直线，基于主应力法的解析模型不能十分准确地描述剪切变形模式下的材料流动，而增加局部加载宽度可

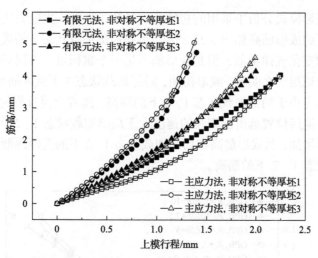

图 5.21　采用非对称不等厚坯成形过程中的筋高

减小由于简化剪切面带来的误差。5.3.1 节的物理模拟试验结果也表明，随着局部加载宽度的增加，解析模型和有限元模型之间的误差减小。

图 5.3(a)所示的局部加载成形过程共有两个局部加载步，5.1 节分析了第一局部加载步中不同区域、不同成形阶段的局部加载特征。总的来说，筋 1、筋 3 型腔充填的初始阶段是在局部加载条件下进行的；在整个成形过程中，筋 4 型腔充填是在局部加载条件下进行的。第一局部加载步中，筋 1、筋 3、筋 4 在局部加载条件下的成形筋高如图 5.22 所示。有限元模拟分别采用 Ti-6Al-4V 钛合金和 TA15 钛合金两种材料，两组有限元模拟结果相差不大。主应力法预测结果与有限元模拟结果的误差在 5%～15%。

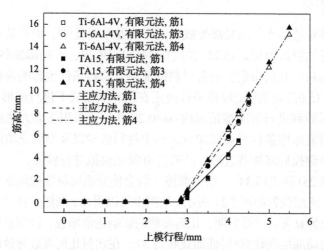

图 5.22　多筋构件局部加载条件下筋 1、筋 3、筋 4 的筋高

在本节变形模式分析中采用的初始几何参数条件下，主应力法计算的不同局部加载状态下的成形筋高如图 5.23 所示。不同局部加载状态下的成形筋高变化规律与分流层的变化规律类似，但是成形筋高是一个累积量，不同局部加载条件下的变化不如分流层那么明显。成形初期，局部加载状态 3 下流入筋型腔的材料少，因此成形筋高也小于局部加载状态 1、2 下的筋高。随着上模行程的增加，局部加载状态 3 下分流层位置远离筋型腔的速度大于局部加载状态 1、2 下的速度，流入筋型腔的金属增加，其成形筋高与局部加载状态 1、2 下的差距逐渐减小并可能超过局部加载状态 1、2 下的筋高。

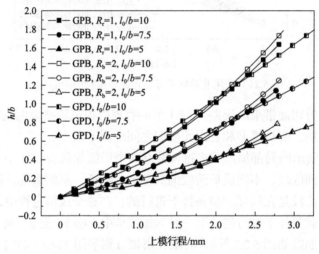

图 5.23　　不同局部加载状态下的成形筋高

3. 摩擦影响

摩擦条件对动态变化的局部加载宽度影响并不明显[16]，但是从局部加载条件下分流层位置的解析模型式(5.25)和式(5.34)可以看出，在局部加载成形过程中，不仅模具、坯料的几何参数影响着材料的流动，摩擦条件也影响着材料的流动。式(5.64)和式(5.65)也表明，摩擦条件决定在何种变模式下进行成形。本节在能够保证体积成形顺利进行的摩擦范围内($m=0.2\sim0.5$)，采用主应力法解析模型、物理模拟试验研究摩擦条件对局部加载成形中材料流动以及型腔充填的影响。应用所获得的结果调控局部加载过程，并通过有限元模拟进行验证。

根据式(5.25)和式(5.34)，增加摩擦一般会使分流层位置远离筋型腔，不同摩擦条件下的分流层位置如图 5.24 所示。从图中可以看出，摩擦条件对成形初期分流层位置影响较为显著。成形后期，几何参数的影响逐渐增强，特别是对于由坯料几何参数导致的局部加载状态(局部加载状态 3)。在坯料几何参数导致的局部加载状

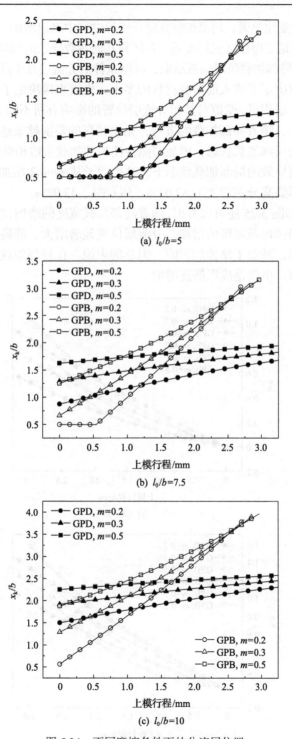

(a) $l_0/b=5$

(b) $l_0/b=7.5$

(c) $l_0/b=10$

图 5.24　不同摩擦条件下的分流层位置

态下，几何参数变化显著，局部加载宽度在变形过程中迅速增加，坯料厚度也有明显的变化，特别是变厚度区的厚度差。在坯料几何参数导致的局部加载状态下，当 ΔH 趋于零时，局部加载阶段临近结束，摩擦条件对分流层几乎没有影响。

分流层位置决定了流入筋型腔材料的多少，也就直接决定了充填筋高。但是充填筋高是一个累积量，摩擦对其和分流层位置的影响有所不同，如图 5.25 所示。不同摩擦条件下，随着局部加载的进行，充填筋高的差别越来越明显。对于坯料几何参数导致的局部加载状态，增加摩擦会使局部加载阶段稍微延长。在图 5.25 中坯料几何参数导致的局部加载状态下，摩擦因子从 m=0.2 增加至 m=0.5，局部加载阶段的成形筋高分别增加了 62.07%、58.66%、43.98%。

从图 5.24 和图 5.25 还可以看出，随着局部加载宽度的增加，摩擦的影响减弱。其原因是随着局部加载宽度的增加，分流层位置显著增大，筋高明显增加；几何参数的影响增加，减弱了摩擦的影响。但总的来说，在局部加载阶段，增大摩擦有益于型腔充填，也就是成形筋高增加。

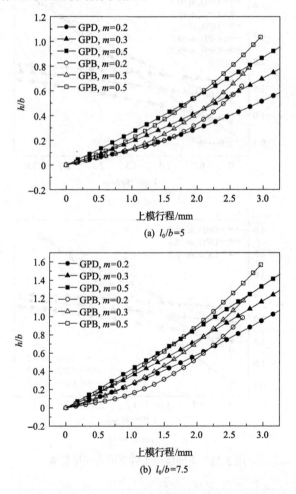

(a) l_0/b=5

(b) l_0/b=7.5

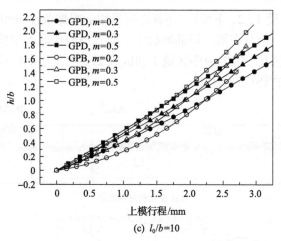

(c) $l_0/b=10$

图 5.25　不同摩擦条件下的筋高

　　试验结果进一步验证了这一结论。不同摩擦条件下的工件形状如图 5.26 所示。从图中可以看出，无论采用等厚坯还是不等厚坯，润滑条件下的成形筋高都小于干摩擦条件下的成形筋高。这也可从一个侧面证明主应力模型分析的结论是可靠的。

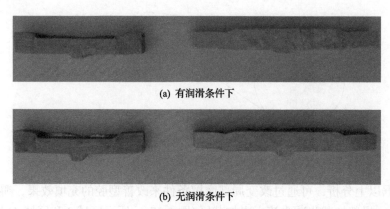

(a) 有润滑条件下

(b) 无润滑条件下

图 5.26　润滑和无润滑条件下 T 形构件形状

　　根据式(5.64)和式(5.65)，不同几何参数、摩擦条件下的变形模式如图 5.16 所示。从图 5.16 可以看出，随着摩擦因子的增大，满足镦挤变形的几何参数范围扩大，这是因为摩擦因子的增大导致 $\sigma_x^{\mathrm{II}}\big|_{x=x_{\mathrm{b}}}$ 增大，从而有助于分流层位置的增加(图 5.24)。在坯料几何参数导致的局部加载状态(局部加载模式 3)下，ΔH 越大，其镦挤变形的几何参数变化越大，其原因是 ΔH 越小，摩擦的影响越小。增加摩擦有利于避免剪切变形，扩大镦挤变形的参数范围。

　　在图 5.3(a)所示坯料形状的基础上，改变坯料形状获得图 5.27(a)所示的坯料形状,当模具(上模1、2,下模)与坯料之间采用的摩擦条件m=0.3时,除筋4外,其他筋型腔充满。而且在第二局部加载中,筋5型腔比筋6型腔先充满,过量的材料涌入未加载区(图5.27(a)中区域1和区域2),容易引起已成形筋4根部的穿筋缺陷,如图5.27(b)所示。

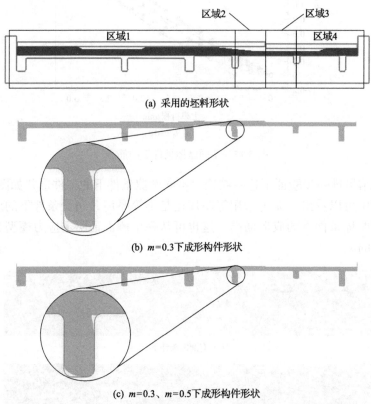

(a) 采用的坯料形状

(b) m=0.3下成形构件形状

(c) m=0.3、m=0.5下成形构件形状

图5.27　TA15钛合金筋板构件局部加载用坯料及成形构件形状

　　根据以上分析,可通过改变局部摩擦条件来改善型腔的充填效果,避免成形缺陷。第一局部加载步减少流入未加载区(图5.27(a)所示区域3和区域4)的材料,以改善筋4的充填,故增加了图5.27(a)所示区域2的摩擦条件(m=0.5)。同样第二局部加载步减少流入未加载区(图5.27(a)所示区域1和区域2)的材料,减少筋错移,避免成形缺陷,并适当减少流入筋5型腔的材料,以缩短筋5和筋6两型腔完全充满的时间差,因此增加图5.27(a)所示区域4的摩擦条件(m=0.5)。其他区域摩擦条件保持不变,不同区域的摩擦因子设置列于表5.6。在局部区域喷涂不同的润滑剂可方便实现不同区域摩擦条件的设置。从图5.27(c)可以看出,改变局部摩擦条件后,筋4型腔的充填效果得到了改善,并避免了筋4根部成形缺陷的产生,筋5和筋6两型腔也几乎达到了同步充填。

表 5.6　不同局部加载步内不同区域的摩擦条件

加载步	区域 1	区域 2	区域 3	区域 4
第一局部加载步	$m=0.3$	$m=0.5$	$m=0.3$	$m=0.3$
第二局部加载步	$m=0.3$	$m=0.3$	$m=0.3$	$m=0.5$

参 考 文 献

[1] Yang H, Fan X G, Sun Z C, et al. Recent developments in plastic forming technology of titanium alloys. Science China Technological Sciences, 2011, 54(2): 490-501.

[2] Yang H, Li H W, Fan X G, et al. Technologies for advanced forming of large-scale complex-structure titanium components//Proceedings of the 10th International Conference on Technology of Plasticity, Aachen, 2011: 115-120.

[3] 张大伟, 杨合. 大型钛合金整体隔框锻件局部加载等温成形技术. 锻造与冲压, 2012, (21): 32-38.

[4] 张大伟. 钛合金筋板类构件局部加载成形有限元仿真分析中的摩擦及其影响. 航空制造技术, 2017, 60(4): 34-41.

[5] Zhang D W, Fan X G. Review on intermittent local loading forming of large-size complicated component: deformation characteristics. The International Journal of Advanced Manufacturing Technology, 2018, 99(5-8): 1427-1448.

[6] 杨合, 等. 局部加载控制不均匀变形与精确塑性成形——原理和技术. 北京: 科学出版社, 2014.

[7] 张大伟. 钛合金复杂大件局部加载等温成形规律及坯料设计[博士学位论文]. 西安: 西北工业大学, 2012.

[8] Shan D B, Hao N H, Lu Y. Research on isothermal precision forging processes of a magnesium-alloy upper housing//Ghosh S, Castro J C, Lee J K. AIP Conference Proceedings (Volume number: 712). New York: American Institute of Physics, 2004: 636-641.

[9] Shan D B, Xu W C, Si C H, et al. Research on local loading method for an aluminium-alloy hatch with cross ribs and thin webs. Journal of Materials Processing Technology, 2007, 187-188: 480-485.

[10] Zhang D W, Yang H. Loading state in local loading forming process of large sized complicated rib-web component. Aircraft Engineering and Aerospace Technology, 2015, 87(3): 206-217.

[11] Zhang D W, Yang H. Preform design for large-scale bulkhead of TA15 titanium alloy based on local loading features. The International Journal of Advanced Manufacturing Technology, 2013, 67(9-12): 2551-2562.

[12] 阿尔坦 T, 等. 现代锻造——设备、材料和工艺. 陆索译. 北京: 国防工业出版社, 1982.

[13] Tang J, Oh S I, Altan T, et al. A knowledge based approach to automate forging design. Journal of Materials Shaping Technology, 1988, 6(1): 7-17.

[14] Park J J, Hwang H S. Preform design for precision forging of an asymmetric rib-web type component. Journal of Materials Processing Technology, 2007, 187-188: 595-599.

[15] Zhang D W, Yang H, Sun Z C. Analysis of local loading forming for titanium-alloy T-shaped components using slab method. Journal of Materials Processing Technology, 2010, 210(2): 258-266.

[16] Zhang D W, Yang H. Metal flow characteristics of local loading forming process for rib-web component with unequal-thickness billet. The International Journal of Advanced Manufacturing Technology, 2013, 68(9-12): 1949-1965.

[17] Zhang D W, Yang H. Development of transition condition for region with variable-thickness in isothermal local loading process. Transactions of Nonferrous Metals Society of China, 2014, 24(4): 1101-1108.

[18] Zhang D W, Yang H. Distribution of metal flowing into unloaded area in the local loading process of titanium alloy rib-web component. Rare Metal Materials and Engineering, 2014, 43(2): 296-300.

[19] Zhang D W, Yang H. Fast analysis on metal flow in isothermal local loading process for multi-rib component using slab method. The International Journal of Advanced Manufacturing Technology, 2015, 79(9-12): 1805-1820.

[20] Zhang D W, Yang H, Sun Z C, et al. Influences of fillet radius and draft angle on local loading process of titanium alloy T-shaped components. Transactions of Nonferrous Metals Society of China. 2011, 21(12): 2693-2704.

[21] Zhang D W, Yang H. Analytical and numerical analyses of local loading forming process of T-shape component by using Coulomb, shear and hybrid friction models. Tribology International, 2015, 92: 259-271.

[22] Zhang D W, Yang H. Numerical study of the friction effects on the metal flow under local loading way. The International Journal of Advanced Manufacturing Technology, 2013, 68(5-8): 1339-1350.

[23] O'Connell M, Painter B, Maul G, et al. Flashless closed-die upset forging-load estimation for optimal cold header selection. Journal of Materials Processing Technology, 1996, 59(1-2): 81-94.

[24] Zhang D W, Yang H, Sun Z C, et al. Deformation behavior of variable-thickness region of billet in rib-web component isothermal local loading process. The International Journal of Advanced Manufacturing Technology, 2012, 63(1-4): 1-12.

[25] 谢懿. 实用锻压技术手册. 北京: 机械工业出版社, 2003.

[26] 郭鸿镇. 合金钢与有色合金锻造. 2 版. 西安: 西北工业大学出版社, 1999.

[27] 李云雁, 胡传荣. 试验设计与数据处理. 北京: 化学工业出版社, 2005.

[28] Wold S, Sjöström M, Eriksson L. PLS-regression: A basic tool of chemometrics. Chemometrics and Intelligent Laboratory Systems, 2001, 58(2): 109-130.

[29] 王惠文. 偏最小二乘回归方法及其应用. 北京: 国防工业出版社, 1999.

[30] Wold S, Martens H, Wold H. The multivariate calibration problem in chemistry solved by the PLS method. Lecture Notes in Mathematics, 1983, 973: 286-293.

[31] 吴跃江, 杨合, 孙志超, 等. 局部加载条件对筋板类构件成形材料流动影响的模拟研究. 中国机械工程, 2006, 17(S1): 12-15.

[32] Shan D B, Zhang Y Q, Wang Y, et al. Defect analysis of complex-shape aluminum alloy forging. Transactions of Nonferrous Metals Society of China, 2006, 16(S3): 1574-1579.

第 6 章　刚黏塑性有限元法建模与分析：
复杂大件断续局部加载

随着航空、航天、装备制造业的迅速发展，对零部件的性能、可靠性、轻量化要求日益苛刻，零部件日趋大型整体化、复杂薄壁化、材料轻质难变形化[1~5]。此类锻件多为薄壁、高筋、整体构件，所用材料以铝、镁、钛及其合金等难变形轻质材料为主。然而，此类复杂大型整体构件结构复杂、投影面积大、材料难变形，采用传统塑性成形工艺整体成形所需载荷过大，超出了现有设备的成形能力。而局部加载成形可有效降低成形载荷、拓展设备能力、降低生产成本。

根据成形过程中加载方式和局部塑性变形区在时间和空间上的连续性，可将体积成形中的局部加载技术分为连续局部加载成形和断续局部加载成形。连续局部加载成形在一个成形周期中，模具始终与工件保持接触，在空间上始终存在一个固定不动或连续变化的局部塑性变形区，以楔横轧[6]、辊锻[7]、辗环[8]、摆碾[9]、旋压[10]、螺纹滚轧[11]等成形工艺为代表。而断续局部加载成形是通过间歇式的加载方式逐次累积局部塑性变形，最终实现整体成形，在成形过程中，模具和工件反复发生接触、脱离，以径向锻造[12]、旋锻[13]、自由锻[14]、增量模锻[15]、花键滚轧[16]等成形工艺为代表。

断续局部加载成形是通过间歇式的加载方式逐次累积局部塑性变形，最终实现整体成形，在成形过程中，模具和工件反复发生接触、脱离。间歇式的加载方式使断续局部加载成形柔性高、加载方式可控自由度多，在非规则、大型、复杂整体构件塑性成形领域有着广泛的应用前景，更适用于非对称、不规则的大型复杂构件，如具有高筋薄腹结构的复杂构件。

从 20 世纪 60 年代起，不断进行局部加载工艺的改进与创新，以突破现有设备吨位的限制，制造大型复杂锻件。随着技术的发展，成形制造的锻件尺寸越来越大、形状越来越复杂，采用断续局部加载方法制造复杂大件的工艺技术可以分为以下三类[17]：简单冲头柔性增量成形、中间垫板局部加载成形和部分模具局部加载成形。

然而，此类大型复杂构件不仅形状复杂，而且具有极端尺寸配合特征，并且断续局部加载是多模具约束、多参数影响、多变形区域耦合作用下的不均匀变形过程，容易出现充不满、流线紊乱、折叠等成形缺陷，并使成形过程中的材料流动十分复杂，信息数据量非常大，难以快速把握基本成形规律、认知复杂的工艺过程。而且三维有限元模拟分析需要较长的计算时间，解析分析难以胜任针对整体构件的更为详细的细节问题，如应力场、应变场，特别是变形与组织演化相耦合时。若将主应力法与有限元法有机结合起来，可有效减少数值模拟的计算规模，并快速、准确地获得宏观的流动规律和微观细节。

在对钛合金复杂大件局部加载成形过程优化控制的实践中，发现特征结构解析分析与整体构件三维有限元分析相结合不失为一种可行的有效方法。以加载特征下材料流动、型腔充填快速预测模型（多为解析模型）为基础，结合考虑几何参数、工艺参数，初步设计初始不等厚坯料以及模具分区、摩擦条件等参数；根据三维有限元分析结果，调整修改坯料几何参数、模具分区、局部摩擦条件，如图 6.1 所示。

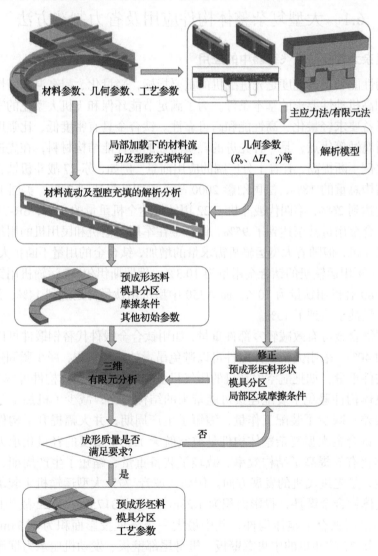

图 6.1　复杂大件局部加载过程优化方法

　　因此，建立一个合理可靠、高效精确的三维有限元模型不仅是揭示成形规律与机理、优化设计与精确控制、发展先进成形技术的重要手段[18]，更是研究发展大型、超大型构件成形制造工艺迫切需要解决的关键问题和工艺优化控制的重要环节。张大伟等[3,5,19~24]研究了大型复杂整体构件断续局部加载制造方法及工艺应用、发展且不断完善了钛合金大型隔框锻件局部加载成形过程建模方法，并评估了 TA15 钛合金等温成形中重要的摩擦边界条件及摩擦、模具圆角等细节对大型隔框锻件局部加载成形有限元分析结果及精度的影响。

6.1　大型复杂整体构件应用及省力制造方法

6.1.1　复杂大件在航空飞行器中的应用

　　机动性能和飞行速度是先进战机的重要指标，轻量化、耐高温和高性能是实现高速和高机动性要求的基本条件。为了满足节能环保和飞机大型化的需求，航空构件日益要求轻量化、高性能和高可靠性。钛合金具有密度低、比强度高、耐高温、耐腐蚀等优点，是一种先进的轻质高强的高性能结构材料，在先进飞机中应用的比例不断提高，有着十分广阔的应用前景。例如，苏-27 战斗机钛合金用量占飞机结构总重的 18%，法国幻影 2000 战斗机用钛量达到 23%，美国 B-2 轰炸机用钛量达到 26%，第四代战斗机 F-22 用钛量达全机重量的 41%，SR-71 黑鹰侦察机上钛合金用量甚至达到了 95%。钛合金在军用运输机和民用机的用量一般小于军用战斗机，但随着大型运输机需求量的增加，钛合金的用量不断扩大。例如，美国 C-17 军用运输机的钛合金用量为 10.3%，俄罗斯伊尔-76 运输机用钛量达到 12%，A380 客机用钛量为 10%，而 A350 中型机用钛量计划达到 14%，波音 787 飞机用钛量甚至达到了 15%。

　　采用钛合金可有效减轻零部件重量，如用钛合金锻件代替钢锻件可以减轻结构重量约 40%。采用大型整体锻件可以避免昂贵的电子束焊，减少紧固连接，有效减轻构件重量，如把航空发动机的压气机盘和叶片做成整体构件可减重 20%。此外，整体构件避免了装配连接可能带来的结构损伤；减少了机加工序，减少了累积误差；减少了装配工作量，缩短了生产周期；并大幅提升了构件性能和可靠性。钛合金大型复杂整体构件是航空航天工业中重要的轻量化承力构件，结构整体化有效提高了结构效率、减轻了装备重量、缩短了生产周期、提高了构件性能，是先进飞机的发展方向。例如，波音 777 大型运输机主起落架载重梁使用整体钛合金锻件，投影面积为 $1.23m^2$，重达 3175kg；F-22 战斗机机身 7 个隔框均采用钛合金整体构件，其中最大一个隔框投影面积为 $5.53m^2$，重约 2720kg；苏-27 战斗机的中央翼壁板、机身尾部壁板、发动机舱承力框等都采用钛合金整体构件。

　　钛合金大型整体构件投影面积大，一般具有高筋薄腹的复杂结构，其成形制造十分复杂困难。用传统整体成形方法需要大吨位的锻造设备，如 A380 飞机起落架为钛合金(Ti-1023)整体锻件，重达 3200kg，是由 7.5 万 t 的模锻液压机制造的。或者分段制造成形，然后焊接成整体构件，如苏-27 战斗机的中央翼壁板就是通过多段焊接成整体的。或者增加锻造余量，主要通过铣削出大型整体构件，如 F-22 战斗机中央隔框，其长 4.9m、宽 1.8m、高 0.2m，最终构件仅重 150kg，但是它最初是由 3000kg 的铸锭经锻造、切削加工而成的。美国怀曼·戈登(Wyman-Gordon)公司通过技术创新在 4.5 万 t 压机上成形出了 F-22 战斗机后机身发动机舱的钛合金整体隔框锻件，该锻件长 3.8m、宽 1.7m，重 1590kg，投影面积为 5.16m^2。我国在中国第二重型机械集团公司建造 8 万 t 模锻液压机上成形新一代战机关键承力构件的投影面积也仅稍大于此锻件。怀曼·戈登公司采用的关键技术主要有：采用优良润滑剂以降低变形抗力、改善材料流动；采用有限元模拟分析成形过程的材料流动、型腔充填情况，以确定包括模具和预成形坯料设计在内的工艺方案；钛锭生产商和锻件制造商之间密切协调，并搞好全过程的工艺设计，以确保最终锻件的组织性能。

6.1.2　复杂大件断续局部加载方法

　　根据经验方法，闭模锻造中锻造载荷可采用式(6.1)估算[25]：

$$F = C\bar{\sigma}_s A \qquad (6.1)$$

式中，C 为锻件形状复杂程度相关的系数，锻件形状越复杂，C 值越大；$\bar{\sigma}_s$ 为材料平均流动应力；A 为分模面锻件的横截面积。

　　塑性成形中的成形载荷可近似表示为[26]

$$F = K\sigma_s A \qquad (6.2)$$

式中，K 为约束系数，K 值大小与应力状态相关，一般对于异号应力状态，材料屈服时任何一个主应力的绝对值皆小于屈服应力，约束系数 $K<1$，对于三向压应力状态，约束系数 $K>1$，绝对值最小的应力数值越大，约束越严重；σ_s 为材料流动应力；A 为变形区沿作用力方向的投影面积。

　　根据式(6.1)和式(6.2)，减小变形区投影面积和降低材料流动应力是降低成形载荷的有效方法。理论上，若限制变形区投影面积为整体变形区投影面积的 $1/n$，则变形力可以减小到原来 $1/n$，并且减小接触面积不仅降低了总成形载荷，而且由于减少了变形区的约束，可以降低单位面积上的作用力，从而采用局部加载可减少工件与模具的接触面积和所受约束，控制应力状态，有效降低成形载荷。

　　塑性成形中，对于给定的材料，其流动应力主要取决于变形程度、变形温度及应变速率。随着变形温度的提高，流动应力有降低的趋势；应变速率的增加会提升材料流动应力。在非等温锻造过程中，由于模具和坯料温差较大，引起坯料温度急剧降低，特别是对于具有薄腹板、高窄筋的构件，薄壁处温度降低非常快。而且一些较难成形的金属材料，如钛合金、铝合金、镁合金等，成形温度范围比较狭窄，流动性比较差，在常规成形条件下难以锻造。采用等温成形工艺可避免坯料在变形过程中的温度降低和表面激冷问题，降低材料流动应力，提高材料成形能力。钛合金等温成形工艺在较低加载速度下进行，在特定条件下，还可在等温成形工艺中获得超塑性效应。

局部加载成形可有效拓宽成形尺寸、控制材料流动；等温成形能够降低材料的变形抗力、提高材料的塑性流动能力。将局部加载与等温成形有机结合为一体，融合两者的技术优势，以解决轻质难变形材料大型复杂整体构件的近净成形制造问题，并且通过优化设计预成形坯料及主动控制局部加载条件相结合，可实现"控形"和"控性"的目标。

1. 简单冲头柔性增量成形

简单冲头柔性增量成形是采用形状简单的平冲头，在坯料的局部区域进行加载成形，累计局部加载成形，实现整体构件成形。与其他两种局部加载成形方法相比，采用该方法成形构件的结构相对简单些。

20 世纪 60 年代，苏联采用分级锻造(也称为增量锻造)的局部加载技术锻造高强度合金的大锻件，以解决当时液压机(水压机)能力不足的问题；随后美国也开展了用局部加载方法锻造工艺生产小批量模锻件可能性的相关研究。Welschof 等[27]和 Sturm 等[28]从 20 世纪 80 年代起，开始了断续局部加载柔性成形技术的研究工作。通过精确控制形状简单冲头(不同形状的系列冲头)的运动，在工件不同位置施加局部载荷，逐次完成构件成形的目的，其共形成了三组基本方法，如图 6.2 所示，为了获取所要求的筋高，可进行多个道次的局部加载。

Welschof 等[27]采用图 6.2(b)所示方法试制了长 360mm、宽 360mm、高 75mm的铝合金筋板类构件，节省材料 30%以上，成形载荷不到整体加载的 10%，这表明可以用比较小的设备成形制造较大的结构件。应用该工艺的设备必须具有如下基本要求：首先是冲头快速移动、准确定位；其次压力机具有高频锻打的能力[15]。因此，将模糊控制、机器人控制等技术引入锻造系统[29]。代替上模的小冲头经过标准化、系列化形成了四个基本形状(圆形、方形、矩形、三角形)的系列，通过基本冲头组合，在工业生产中制造了整体筋板类构件，与机加工零件相比节省材料 45%[15]。

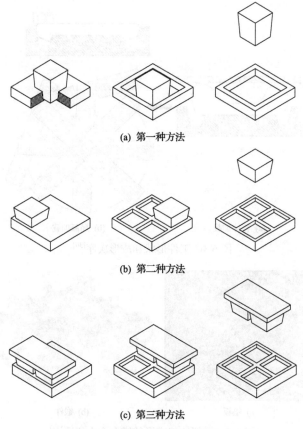

(a) 第一种方法

(b) 第二种方法

(c) 第三种方法

图 6.2　标准冲头柔性增量成形

　　Ssemakula 等[30]提出了一种大型铜盖口（U 形轴对称件）的省力成形方法。该方法主要包括两个成形工序：整体加载将坯料压入下模，下模型腔周围的凸缘（即环形筋型腔）并未充满；采用条状冲头对边缘施加局部载荷，旋转下模变换加载区，直至环形筋完全充满，如图 6.3 所示。采用该方法后，直径 500mm 铜盖口最大成形载荷仅为 4600t，而采用传统的闭式模锻工艺需要 25000t 载荷。

　　2. 中间垫板局部加载成形

　　吕炎等[31~33]将等温成形和局部加载集成一体用于复杂构件的成形，通过在上模与坯料间施加垫板以减少接触面积，实现镁合金上机匣局部加载等温成形，并指出局部加载成形时需全面考虑合适的加载面积和局部加载工具形状，保证变形过渡区的平滑过渡、避免成形缺陷等。成形过程分为不同的成形阶段，采用数个不同的垫板（图 6.4(a)），成形载荷降低了 70%，并改善充填效果。所成形的镁合金上机匣锻件如图 6.4(b)所示，其最大直径大于 680mm。

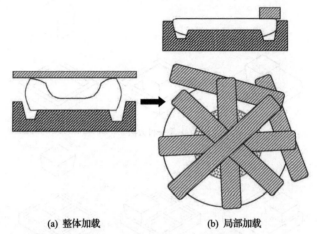

(a) 整体加载　　　　　　　　(b) 局部加载

图 6.3　工件形状和成形次序[30]

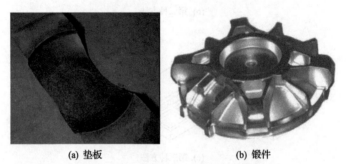

(a) 垫板　　　　　　　　　　(b) 锻件

图 6.4　局部加载成形的镁合金上机匣[33]

　　在此基础上，单德彬等[34~36]采用中间模板、环形垫板等手段实现局部加载，并结合等温闭式模锻实现了单面带有筋条的铝合金口盖精确成形。该构件长 500mm、宽 400mm，纵横筋交错，最大筋高比为 3.6。在成形过程中，整体加载和局部加载交替进行，多次更换中间模板(图 6.5(a))、环形垫板(图 6.5(b))，通过环形垫板改变受力状态、中间模板聚料等局部加载措施以改善筋条的充填质量、减少折叠缺陷，获得的无缺陷的铝合金口盖如图 6.5(c)所示[36]。

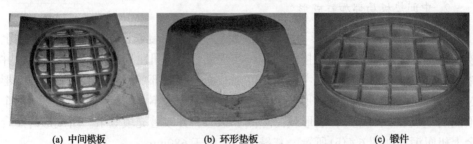

(a) 中间模板　　　　　　(b) 环形垫板　　　　　　(c) 锻件

图 6.5　局部加载成形的铝合金口盖[36]

李梁等[37]采用中间垫板实现局部加载，控制材料流动，解决了最大外径360mm、最大筋高比约为 5 的钛合金筋板类锻件的成形制造问题。该工艺先通过中间垫板进行局部加载，然后取出垫板进行整体加载，避免了直接整体加载成形出现的折叠、流线紊乱等缺陷，提高了材料利用率，由传统方法的34%提高到80%。

采用该方法所成形构件与垫板接触的表面形状较为简单，一般是机加工面。中间垫板局部加载成形方法较适用于单面带筋的构件，上述提及采用该方法成形的筋板构件均为单面带筋构件。

3. 部分模具局部加载成形

部分模具局部加载成形时，在一个局部加载步中，只有部分模具施加载荷，通过不断协调和累积局部变形，最终实现整个构件的整体成形。可成形两面都带有复杂结构的构件，一般根据变形量实施一个或多个加载道次，根据设备吨位确定每个道次的局部加载步数。

1）轴对称构件制造

部分模具局部加载成形技术的发展与工业生产的应用首先是针对轴对称零件的。针对轴对称零件的结构特征，一般采用整体下模和部分上模的模具结构，每一局部加载步中坯料仅有部分区域与上模接触变形，加载完成后上模或下模或工件旋转一定角度，再进行局部加载，直至零件成形，如图 6.6 所示。部分上模可以是长条形、扇形或其他形状，投影面积大小根据压力机吨位设计。

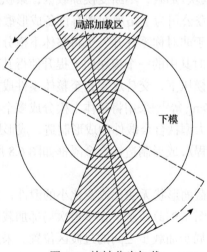

图 6.6　旋转分步加载

在 20 世纪 70 年代年初，美国钢铁公司为了突破当时液压机(水压机)吨位限制生产更大的轴对称零件，发展探索了局部加载成形工艺方案和相应的设备[38, 39]。在 20 世纪 90 年代，美国怀曼·戈登公司也开发了这种旋转分步加载成形大型轴对称零件的设备、模具以及相关工艺[40]。

任运来等[41]开发了部分凹模旋转分步锻造成形工艺，成功制造出大型整体封头，其直径是整体加载成形封头的 1.5 倍。周晓虎等[42]设计了旋转分步加载成形专用模具，在 630kJ 对击锤上成功制造了直径大于 1m 的汽轮机叶轮模锻件。范淑琴等[43]、韩晓兰等[44]采用这种旋转局部加载成形方法在 2000t 锻造液压机上实现了直径大于 1200mm 的大型离心风机叶轮盖盘和轮盘的锻造成形，成形的FV520B 叶轮盖盘锻件和轮盘锻件如图 6.7 所示。

(a) 盖盘锻件[43]　　　　　　　　　　　　　　(b) 轮盘锻件[44]

图 6.7　局部加载成形的盖盘锻件和轮盘锻件

2)非轴对称构件制造

非轴对称零件是将整体上模或整体下模分成多个子模块，在一个加载步中部分模具(一个或多个子模块)加载，不断变换加载区，累积局部变形，实现整个构件成形。美国怀曼·戈登公司为了拓展在现有设备成形锻件的尺寸，提高大型航空锻件的制造能力，对于非对称零件开发了将整体下模分成多个模块实现局部加载的工艺方案[45]。成形时其中的一个模块向上提升使得其高于其他的模块，该模块下放置垫块，整体上模压下，交替反复直至整体零件成形。为了便于等温模锻压力机上的工艺实现，Yang 等[1,2]采用将整体上模分成多个模块实现局部加载的工艺，实现了双面带筋的大型钛合金锻件的成形制造，成形原理如图 5.1 所示(2 道次 3 局部加载步成形过程)，成形制造钛合金隔框如图 6.8 所示(1 道次 2 局部加载步成形过程)。

对于轴向长度大、截面形状无变化或变化小的锻件，也可采用部分上模，沿轴向依次局部加载，如图 6.9(a)所示。在多道次局部加载成形中，一般局部加载上模中心在上 1 道次 2 局步加载步之间的过渡区位置。采用这种方法分别成形了长 3700mm[46]和 5000mm[47]的铝合金锻件，分别如图 6.9(b)、(c)所示。

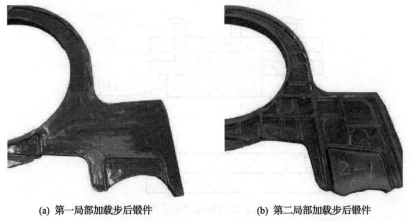

(a) 第一局部加载步后锻件　　　　(b) 第二局部加载步后锻件

图 6.8　非轴对称零件断续局部加载成形钛合金隔框[1]

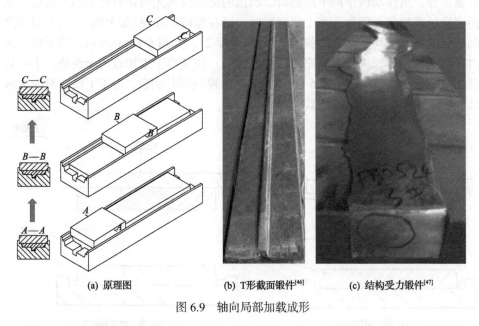

(a) 原理图　　　(b) T形截面锻件[46]　　　(c) 结构受力锻件[47]

图 6.9　轴向局部加载成形

　　图 6.9（a）所示局部加载方法在普通压力机上实现。而图 5.1 所示模具分区的局部加载方法在工业生产中实现，一般有两种方法，分别从设备和模具两个角度考虑。前者需要专用设备，后者可在普通液压机上实现。若模锻液压机具有两个及以上的滑块/活动横梁，滑块分别由独立的液压系统驱动，每个液压系统都可以提供施加于坯料的成形载荷，则可将划分的子模块分别安装在不同的活动横梁上，可任意控制每个子模块的运动，如图 6.10 所示。

　　在普通的模锻液压机上，也可以通过调整模具结构、增加相应的辅助装置来实现局部加载。在加载子模块与模座之间放置垫块，使加载的部分模具凸出于

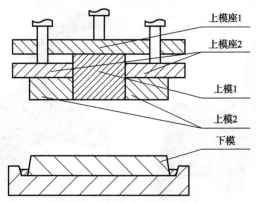

图 6.10　双动液压机上的局部加载示意图(两个局部加载步)

其他部分，当移动横梁向下运动时，凸出的部分模具先与坯料接触施加载荷，从而实现局部加载。例如，当上模分区时，可在加载子模块(如上模 1)与上模座之间放置垫块，使其低于未加载的子模块(上模 2)，如图 6.11(a)所示；当下模分区时，可在加载子模块与下模座之间放置垫块，使其高于未加载的子模块。下一局部加载步，去掉垫块，如图 6.11(b)所示，子模块同时加载，由于上模 1 对应区域已变形，主要由上模 2 施加载荷。

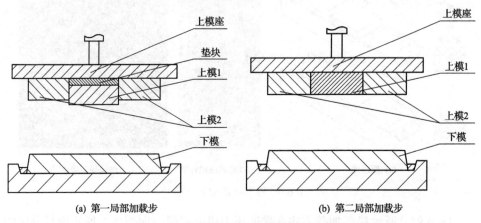

　(a) 第一局部加载步　　　　　　　　　　　　　　(b) 第二局部加载步

图 6.11　普通液压机上的局部加载示意图

　　图 6.10 所示的局部加载过程实现方法易于控制每个子模块的进给运动和加载次序，局部加载区域的变换十分方便，可以一次加热完成多个局部加载步，甚至是多个道次的成形。但是其实现需要具有两个以上主液压系统的液压机，每个液压系统都可以提供较大的成形载荷，对设备的要求很高。目前的双动液压机一般由主、辅两个液压系统组成，辅助液压系统提供的载荷较低，难以满足局部加载成形工艺要求。为了解决这个问题，张大伟等[48~51]设计了双动液压系统，可提供大于液压泵装机功率的成形载荷，实现了高效的多道次局部加载，基于该系统的

物理试验平台如图 6.12 所示。

图 6.12   低功耗多道次局部加载试验平台

图 6.11 所示通过模具结构实现局部加载工艺，虽然对设备没有特殊要求，但调整模具的相对位置比较困难，一般为了调整其相对位置，在完成一个局部加载步后，需要从模具中取出工件，冷却模具，然后调整定位模具实现下一步的局部加载，需要多火次才能完成整个成形过程，其成形过程比通过设备控制模具运动实现局部加载的成形过程更加复杂。但该实现方法基于现有设备并拓展了现有设备生产能力，适用于小批量大型复杂构件，更容易在工业生产中得到应用。目前工业中的应用案例均采用此方法，且为了简化工艺过程，一般采用 1 道次 2 局部加载步。

6.2   复杂大件局部加载等温成形有限元建模

基于 T 形、H 形特征结构的有限元模型，建立了单面带筋的大型构件局部加载有限元模型[52]。但是对于双面都带有复杂结构的大型构件，其局部加载方式和上下型腔的成形质量是有区别的。虽然发展了考虑双面都带有复杂结构的有限元模型[53,54]，但其计算效率、参数设置、复杂形状坯料的计算可靠性(特别是坯料不同高度的表面与下模型腔接触时)仍需要进一步改进。因此，需要对网格划分和摩擦条件设定等建模关键技术进行进一步的合理处理，以建立一个符合实际且兼顾计算精度和效率的三维有限元(3D-FE)模型。

基于 DEFORM 软件，建立大型复杂构件等温局部加载成形过程的有限元模型。建模过程中采用如下简化和假设：①在钛合金低应变速率等温成形过程中，变形生热、摩擦生热、热传递等这些热事件被忽略；②工件材料均质且各向同性，满足体积不可压缩，服从 Mises 屈服准则；③忽略高温成形条件下的弹性变形；

④模具是刚性体；⑤不计体积力和惯性力。

为了简化工艺过程，采用图 6.11 所示方式对复杂大件实现局部加载成形时，一般采用 1 道次 2 局部加载步。如图 6.13 所示构件局部加载，其上模分成两个子模块即上模 1 和上模 2，下模为整体模，共有两个局部加载步。第一局部加载步，上模 2 比上模 1 高，如图 6.11(a)所示，因此尽管上模 1、2 同时加载，但坯料所承受的载荷主要由上模 1 施加。第二局部加载步，上模 1 和上模 2 在同一水平面并同时加载，如图 6.11(b)所示，但是由于上模 1 对应区域在第一加载步已经成形，坯料所承受的载荷主要由上模 2 施加。试验用坯料及两个局部加载步后的锻件形状如图 6.13 所示。

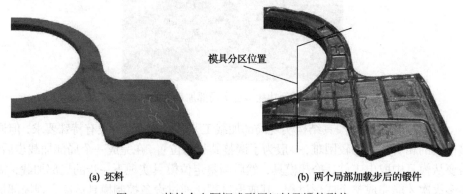

      (a) 坯料   (b) 两个局部加载步后的锻件

图 6.13   某钛合金隔框成形用坯料及锻件形状

6.2.1 材料模型

用于本章研究的钛合金材料为 TA15 钛合金，同时材料流动应力定义为

$$\sigma = \sigma(\overline{\varepsilon}, \dot{\overline{\varepsilon}}, T) \tag{6.3}$$

TA15 钛合金是国内航空工业常用钛合金，它是一种近 α 型钛合金，其名义成分为 Ti-6Al-2Zr-1Mo-1V，相变点约为 990℃。沈昌武等[55]通过恒应变速率等温压缩试验，获得了应变速率为 $0.001\sim10\mathrm{s^{-1}}$、变形温度为 $800\sim1100$℃的应力-应变关系。处理后的应力-应变数据如图 6.14 所示。将该数据以列表格式输入 DEFORM 中，通过插值方式获得不同应变、应变速率、变形温度下的流动应力，从而实现不同加载条件下对材料塑性变形的响应。

锻造温度影响着钛合金锻件的微观组织和性能，要获取所要求的组织和性能，必须将锻造温度控制在狭窄的范围内，并且钛合金对变形温度很敏感。例如，较为常用的 $(\alpha + \beta)$ 型两相钛合 Ti-6Al-4V，变形温度由 920℃下降至 820℃，变形抗力几乎增加了一倍[56]。从图 6.14 也可以看出，TA15 钛合金在 950℃以下随着温度的下降，流动应力迅速增加，因此 TA15 钛合金等温成形温度选择在 950℃以上。

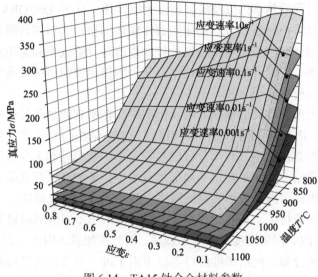

图 6.14　TA15 钛合金材料参数

在 950～1000℃范围内的钛合金高温成形中，模具材料常采用镍基高温合金 K403。但是由于忽略锻造过程的热事件以及模具假设为刚性体，DEFORM 不需要对模具赋予材料性能。

6.2.2　几何模型及网格划分

根据不同大型复杂构件的坯料及模具尺寸，可采用 CAD 造型软件，如 UG、Pro/E、CATIA 等，分别建立坯料、模具几何模型，以 STL 网格格式输入 DEFORM 软件，并调整其空间位置。如果构件几何结构和加载受力具有对称性，则可仅建立坯料、模具的 1/2 模型。例如，图 6.13 所示构件局部加载的模具及坯料，在 CAD 造型软件中分别建立其几何模型，以 STL 网格格式输入 DEFORM 软件，如图 6.15 所示。

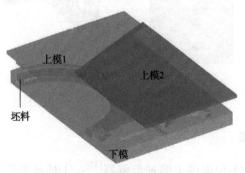

图 6.15　几何模型

忽略锻造过程的热事件以及模具假设为刚性体，基于 DEFORM 的有限元模型不需要对模具进行网格划分。采用四面体实体网格对坯料进行网格划分，同时采用网格局部细划和网格自动重新划分技术以改进计算效率和避免网格畸变。通过控制表面曲率、应变分布、应变速率分布、网格密度窗口的权重因子实现网格的局部细化，各权重因子之和等于 1。

在以往的大型构件局部加载有限元模型中，在所有的加载过程中，网格总数是固定不变的，而且对于整个工件的网格划分策略是相同的[52~54]。但是由于局部加载特征，在加载过程中只有部分区域参与变形，变形区和未变形区的网格划分可采用不同的策略。特别是在第一局部加载步中，未加载区形状简单，所需离散网格数较少，因此可减少成形初期的网格总数而不减少计算精度。

根据局部加载特征，不同加载步、不同部位采用不同的网格划分策略。

(1)加载区内的网格密度大于未加载区，同时在加载区内通过表面曲率、应变分布、应变速率分布、网格密度窗口等权重因子进一步进行网格局部细化。

(2)第一局部加载步的网格数可比其他局部加载步的网格数减少 30%～50%。

采用改进的网格划分技术后，不等厚坯料的网格划分如图 6.16 所示。

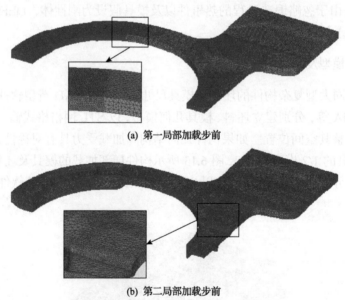

(a) 第一局部加载步前

(b) 第二局部加载步前

图 6.16　不同局部加载步的坯料网格

6.2.3　有限元求解器

DEFORM 软件平台提供了两种求解器[57]：①稀疏矩阵求解器(spare solver, SP)，它采用一种利用有限元求解算法中的稀疏对称性来改善求解速度的直接求解算法；②共轭梯度法求解器（conjugate-gradient solver, CG），它通过迭代的方法逐渐逼近求解结果。相对于稀疏矩阵求解器，共轭梯度法求解器求解速度快、需要内存少，但有时在接触很小的情况下会出现收敛问题。

　　为了减少无益的材料流动，坯料在 x-y 平面内的投影形状应当接近于锻件投影形状，并且为了能够顺利放进下模中，前者应小于后者；为了进一步改善充填质量，坯料的厚度方向（z 向）也要进行优化设计。采用等厚坯成形时，坯料在下模中放置较为平稳，与下模接触基本为面接触，加载后，接触面逐渐增大。为了提高充填质量，文献[53]采用简单的不等厚坯，如图 6.17(a) 所示，该坯料与下模的接触状态以及接触面积的演化和采用等厚坯时是相似的。在这种情况下，大部分的计算由共轭梯度法求解器完成，当出现收敛问题时采用稀疏矩阵求解器计算，一般情况下共轭梯度法求解器可以成功求解有限元问题[52~54]。

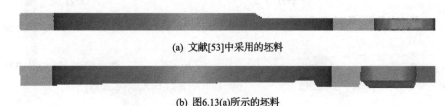

(a) 文献[53]中采用的坯料

(b) 图6.13(a)所示的坯料

图 6.17　坯料在 y-z 面的投影

　　在实际生产中，为了进一步控制金属流动、改善成形质量，比图 6.17(a) 所示坯料复杂的坯料用于成形大型复杂构件的工业生产，且厚度变化的表面放置于下模，如图 6.17(b) 所示。此时坯料与下模的接触点会更少，且可能是线接触，坯料变形前会出现轻微的滑动，部分区域会出现"触模-脱模-触模"情况。这种情况下采用共轭梯度法求解器可能不出现收敛问题，但其求解的接触点和速度场可能会不可靠。

　　在有限元分析中，图 6.17(b) 所示的坯料放入下模时，上模加载前只有凸耳区域存在很少的接触点，环形筋区域悬空。当上模 1 加载时，上模 1 施加在环形筋区域的力促使该区域向下模移动，该区域会脱离与上模的接触。当失去上模的约束后，由于凸耳处受到的载荷，环形筋处可能会翘曲。当环形筋区域与下模稳定接触后，与上模的接触也变得稳定了。分别采用稀疏矩阵求解器和共轭梯度法求解器获得的工件和模具的接触点、工件速度场如图 6.18 所示。从图 6.18 可以看出，稀疏矩阵求解器的求解结果更接近于实际情况。从图 6.18 的比较中可以看出，当坯料在下模中放置稳定后，两种求解器的求解结果趋于一致。因此，在坯料与模具接触稳定之前，SP 求解器应当被选用，虽然可能不存在收敛问题。

6.2.4　摩擦边界条件

　　剪切摩擦模型理论简单、易数值化，已被广泛用于体积成形的数值模拟，目前大部分的金属热成形研究中采用了剪切摩擦模型。描述剪切摩擦模型的式(3.2)

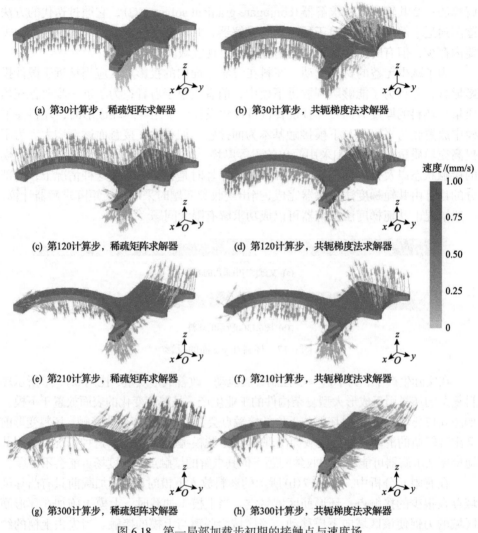

(a) 第30计算步，稀疏矩阵求解器　　　　　　(b) 第30计算步，共轭梯度法求解器

(c) 第120计算步，稀疏矩阵求解器　　　　　　(d) 第120计算步，共轭梯度法求解器

(e) 第210计算步，稀疏矩阵求解器　　　　　　(f) 第210计算步，共轭梯度法求解器

(g) 第300计算步，稀疏矩阵求解器　　　　　　(h) 第300计算步，共轭梯度法求解器

图 6.18　第一局部加载步初期的接触点与速度场

可以直接用于主应力法解析分析中，然而引入金属塑性成形的有限元分析中需进行一定的处理，详见 3.1.2 节。摩擦条件是有限元模拟中的重要输入边界条件之一，它对输出结果的精度控制起着重要的作用。

采用玻璃润滑剂的钛合金热成形过程中的剪切摩擦因子一般为 0.1～0.3，DEFORM 推荐润滑状态热成形工艺中的典型值为 $m=0.3$。采用 $m=0.3$ 摩擦边界条件时，对图 6.13 描述的某钛合金隔框构件局部加载等温成形过程的有限元分析表明，第一局部加载步中，在 $m=0.3$ 摩擦条件下，有限元分析获得的最大成形载荷和试验获得的最大成形载荷的误差超过 20%，接近 25%，如图 6.19 所示。

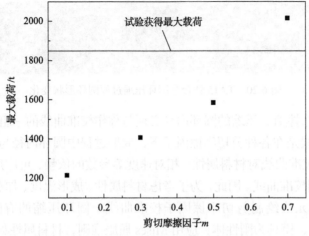

图 6.19 第一局部加载步最大成形载荷

因此，为了更准确地获取钛合金大型复杂构件局部加载等温成形的有限元分析结果，需要估测在指定成形条件下的摩擦值，以便确定有限元模型的边界条件。

1. TA15 钛合金等温成形中摩擦条件评估

用圆环压缩试验确定评估 TA15 钛合金等温成形中的摩擦因子大小。TA15 钛合金圆环等温压缩试验在 200kN 材料试验机设备上完成。模具材料为 K403 镍基高温合金，与 TA15 钛合金大型隔框局部加载等温成形工业试验所采用的模具材料是相同的。初始圆环的外径(D_0)为 21mm，内径(d_0)为 10.5mm，高(H_0)为 7mm，即 $D_0 : d_0 : H_0 = 6 : 3 : 2$。

在钛合金局部加载等温成形中一般采用较低的加载速度，即 v=0.1~1mm/s。对于大型复杂构件，有 v=0.1~0.4mm/s，对于结构简单的特征结构（如 T 型构件），加载速度可能达到 1mm/s。TA15 钛合金的常规锻造温度为 950℃，近 β 锻造温度为 970℃。因此，圆环压缩试验条件取成形温度 T=950℃、970℃，上模加载速度 v=0.1mm/s、0.2mm/s、0.5mm/s、0.7mm/s、1mm/s。

钛合金等温成形工艺中采用玻璃润滑剂，不仅起到润滑作用，还防止坯料氧化。采用两种玻璃润滑剂：润滑剂 1 来自某工业生产所使用的润滑剂，图 6.13 所示的大型隔框等温成形中即应用该润滑剂，其主要成分是玻璃粉和石墨；润滑剂 2 来自某实验室配制，其主要成分是玻璃粉，不包含石墨。TA15 钛合金圆环压缩前需要喷涂润滑剂，操作过程：将圆环试件加热至 150℃并保温一段时间，从加热炉内取出试件喷涂润滑剂，然后空冷至室温。采用润滑剂 1，成形温度 970℃，上模板压下速度 0.2mm/s 的条件下，钛合金圆环压缩过程圆环形状变化如图 6.20 所示。

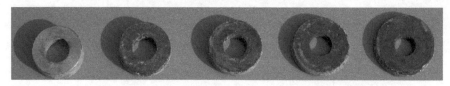

图 6.20　TA15 钛合金圆环压缩过程圆环形状变化

　　为了获得摩擦值，压缩的圆环内径必须与称作校准曲线的一组指定曲线进行比较。校准曲线是在各种剪切摩擦因子下，成形过程中圆环内径与高度之间的关系。为了研究校准曲线对材料属性、相对速度等参数的依赖，可应用数值方法(如有限元法)绘制校准曲线。因此，为了考虑材料属性、成形温度、加载速度等因素，本节采用有限元法绘制剪切摩擦因子校准曲线。圆环压缩的有限元分析采用DEFORM 软件，模具为刚性体，应用 Mises 屈服准则，材料属性如图 6.14 所示，摩擦模型的处理详见 3.1.2 节。采用均匀网格划分圆环，其初始网格尺寸小于0.1mm；当网格重划分时，进行局部网格细化，边界曲率以及应变和应变速率大的区域获得较小的网格。

　　通过设置不同的剪切摩擦因子值，可以获取指定成形条件(成形温度、上模压下速度等)下的圆环形状变化。根据有限元模拟结果，可建立圆环内径尺寸与高度之间的关系，即剪切摩擦因子校准曲线。在 $T=970℃$ 和 $v=0.2\text{mm/s}$ 条件下的 TA15钛合金摩擦校准曲线如图 6.21 所示。可以看出，采用有限元方法绘制的校准曲线形状与理论分析方法绘制的校准曲线形状有着明显的差异。

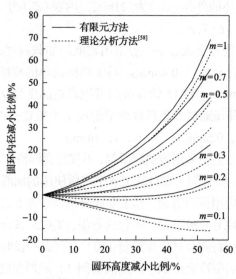

图 6.21　有限元方法和理论分析方法绘制的摩擦校准曲线

将圆环压缩后的内径变化与摩擦校准曲线比较可以确定剪切摩擦因子的大小。在 T=970℃和 v=0.2mm/s 条件下，分别采用润滑剂 1、润滑剂 2 和不润滑（干摩擦）的 TA15 钛合金圆环等温压缩试验结果如图 6.22 所示。将试验结果与该成形条件下校准曲线比较可得润滑剂 1 条件下 m=0.5，润滑剂 2 条件下 m=0.19，无润滑条件下 m=0.7。

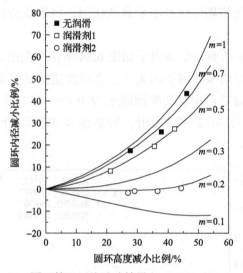

图 6.22　圆环等温压缩试验结果（T=970℃，v=0.2mm/s）

在 T=970℃和 v=0.2mm/s 条件下，润滑剂 1 和干摩擦条件下测定的剪切摩擦因子分别为 m=0.5 和 m=0.7，采用所测定的剪切摩擦因子对 TA15 钛合金圆环等温压缩试验过程进行有限元模拟，数值模拟和试验测量的成形载荷比较如图 6.23 所示。可以看出，二者之间存在差别，但是其相对误差小于 10%。这说明所建立的

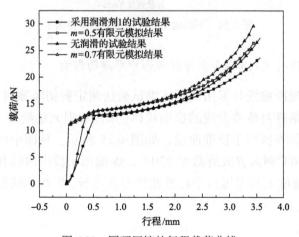

图 6.23　圆环压缩的行程载荷曲线

校准曲线适用于确定剪切摩擦因子，而且所获得的剪切摩擦因子是可靠的。

　　将采用润滑剂 1、温度 970℃、上模加载速度 0.2mm/s 试验条件所确定的摩擦条件 m=0.5 用于图 6.13 描述的某钛合金隔框构件局部加载等温成形过程的有限元分析。第一局部加载步中，有限元分析获得的最大成形载荷和试验获得的最大成形载荷的误差小于 15%，如图 6.19 所示；对于第二局部加载步，有限元模拟预测载荷的变化趋势与试验测量载荷相似，成形载荷的预测误差可以下降 5%～25%。

　　不同成形条件下的剪切摩擦因子如图 6.24 所示。润滑剂成分、成形温度、加载速度都影响着剪切摩擦因子的大小。在所选定的试验条件下，采用润滑剂的 TA15 钛合金等温成形中剪切摩擦因子为 0.12～0.5，常规锻造温度(950℃)下的剪切摩擦因子为 0.12～0.4，近 β 锻造温度(970℃)下的剪切摩擦因子为 0.16～0.5。

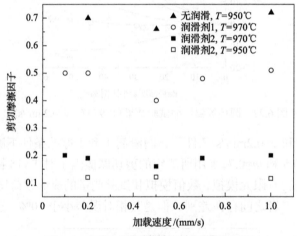

图 6.24　不同成形条件下的剪切摩擦因子

2. 成形条件对 TA15 钛合金等温成形中摩擦的影响

　　摩擦因子校准曲线是采用圆环压缩试验法测定剪切摩擦因子的基础，因此需要研究成形条件对校准曲线的影响规律。采用有限元法绘制了不同温度、不同加载速度下的摩擦因子校准曲线，如图 6.25 所示。从图中可以看出，从传统锻造温度 950℃到近 β 锻造温度 970℃，摩擦因子校准曲线几乎没有什么变化；不同加载速度下的摩擦因子校准曲线存在差异，但在不同温度下的变化是相似的。

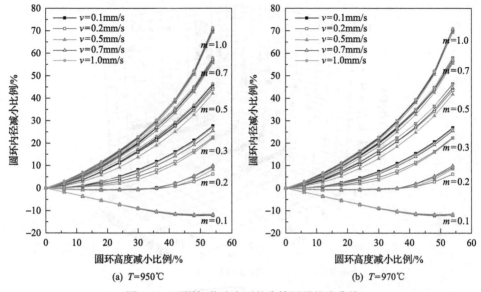

(a) $T=950℃$　　　　　　　　　(b) $T=970℃$

图 6.25　不同加载速度下的摩擦因子校准曲线

在圆环压缩过程中，分流层可能在变形圆环内，金属材料沿径向分别向内和向外流动；也有可能在圆环内径以内的位置，金属材料全部向外流动。分流层位置决定流向内侧和外侧的材料体积；向内侧和外侧流动的材料体积决定着压缩过程中的圆环内径尺寸。在模具坯料接触面上，摩擦剪应力方向改变的地方就是分流层位置。图 6.26 给出了相同摩擦条件下，圆环与上模接触面上摩擦剪应力随加载速度的变化。自由表面鼓起的形状也会影响到测量的结果。

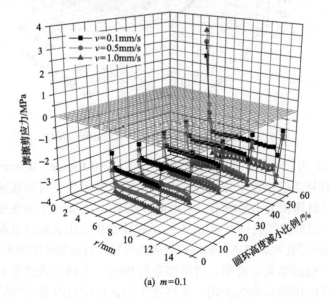

(a) $m=0.1$

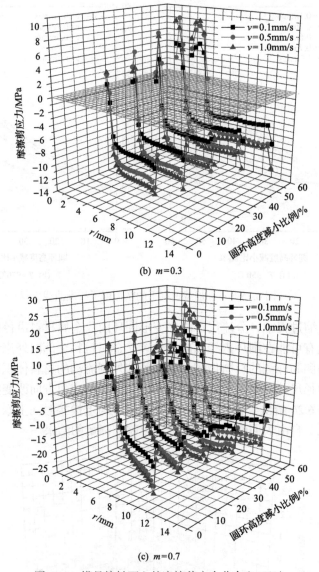

(b) m=0.3

(c) m=0.7

图 6.26　模具接触面上的摩擦剪应力分布(970℃)

　　从图 6.26 可以看出，如果其他条件不变，v=0.1mm/s、0.5mm/s、1.0mm/s 三个速度下的分流层位置十分接近，有的几乎重叠，这表明加载速度对流向内侧和外侧的材料体积大小影响不大。因此，在 0.1～1.0mm/s 加载速度范围内，剪切摩擦因子校准曲线表现出图 6.25 所示规律是由自由表面的鼓起造成的。圆柱压缩中初始高径比和摩擦条件影响着鼓起的形状，其形状可用圆弧曲线描述[59]。本节的有限元模拟结果也表明，若摩擦条件相同，不同加载速度下的圆环自由表面鼓起形状可用圆弧曲线描述。为描述压缩过程中自由表面的鼓起程度，引

入了鼓起参数指标 k：

$$k = \frac{d_{max} - d_{min}}{d_0} \tag{6.4}$$

如果流向内侧的材料体积不变，则测量内径的值随着指标 k 的增加而减小。不同圆环压缩过程中指标 k 的变化如图 6.27 所示。从图中可以看出，当 m=0.1 或 m=0.7 时，v=0.1mm/s、0.5mm/s、1.0mm/s 三个速度下的指标 k 比较接近；当 m=0.3 时，v=0.1mm/s、1.0mm/s 速度下的指标 k 比较接近并且大于 v=0.5mm/s 速度下的指标 k。因此，在 0.1～1.0mm/s 加载速度范围内，摩擦因子校准曲线出现了图 6.25 所示的变化规律。

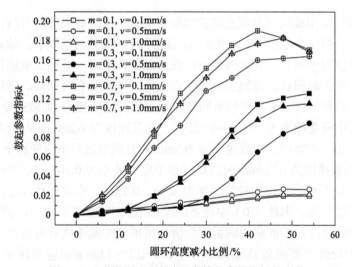

图 6.27　不同圆环压缩过程中鼓起参数指标的变化

从图 6.25 可以看出，从传统锻造温度到近 β 锻造温度这 20℃的温差对摩擦因子校准曲线几乎是没有影响的，但是其对润滑剂的性能有着显著的影响，试验结果也证明了这一点。在 T=950℃和 v=0.2mm/s 条件下，圆环压缩试验在无润滑条件下获得的剪切摩擦因子约为 0.7。但是对于润滑剂 1，950℃条件下获得的剪切摩擦因子约为 0.4，比 970℃温度下的 0.5 显著降低了。从图 6.28 所示的压缩后圆环形状也可以看出，950℃的内孔直径明显大于 970℃的内孔直径。对于润滑剂 2，950℃条件下获得的剪切摩擦因子约为 0.12，比 970℃温度下的 0.16～0.2 也显著降低了，如图 6.24 所示。

Li 等[60]研究了石墨在高温变形过程中的润滑性能，指出随着温度的增加，剪切摩擦因子迅速增加，并且在 1000℃时石墨几乎完全失去了润滑能力。为了降低成本，润滑剂 1 中添加了石墨，降低了其高温下的润滑效果，因此它的摩擦值大于润滑

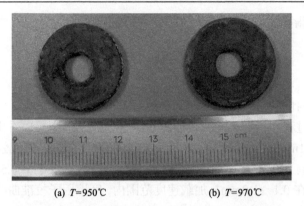

(a) T=950℃　　　　　　　　(b) T=970℃

图 6.28　采用润滑剂 1 压缩 42%的 TA15 钛合金圆环

剂 2。Li 等[61]采用玻璃润滑剂的试验结果表明，一般随着温度的升高，剪切摩擦因子会降低，但在应变速率为 0.05s^{-1} 且温度大于 950℃的条件下，随着温度的升高，剪切摩擦因子增大。其原因是温度在 950℃以上时，玻璃完全液化，在低应变速率下，变形时间长，玻璃层因受压而流失，这可能会降低其润滑性能。根据圆环几何参数和最终变形程度估算圆环压缩过程的应变速率，加载速度为 0.1mm/s 时成形过程中应变速率为 0.015～0.025s^{-1}，加载速度为 0.2mm/s 时成形过程中应变速率为 0.03～0.05s^{-1}，加载速度为 0.5mm/s 时成形过程中应变速率为 0.075～0.125s^{-1}，加载速度为 0.7mm/s 时成形过程中应变速率为 0.105～0.175s^{-1}，加载速度为 1.0mm/s 时成形过程中应变速率为 0.15～0.25s^{-1}。本章圆环压缩试验是在低应变速率下进行的，因此 970℃温度下的摩擦值大于 950℃温度下的值。

根据加载速度对校准曲线的影响分析，可推测加载速度对剪切摩擦因子的影响规律：①较低摩擦或较高摩擦条件下，v=0.1～1.0mm/s（应变速率 $\dot{\varepsilon}$=0.015～0.250s^{-1}）范围内加载速度的变化对剪切摩擦因子影响不大。②中间摩擦条件下，在 v=0.1～0.5mm/s 范围内，增加加载速度，剪切摩擦因子可能会降低；在 v=0.5～1.0mm/s 范围内，增加加载速度，剪切摩擦因子可能会增加。不同加载速度下的剪切摩擦因子如图 6.24 所示。定义不同加载速度下剪切摩擦因子最大差别为

$$\text{dif}_m = \frac{m_{\max} - m_{\min}}{m_{\max}} \times 100\% \tag{6.5}$$

干摩擦条件下，不同加载速度下剪切摩擦因子约为 0.7，不同加载速度下剪切摩擦因子最大差别约为 8%。在 950℃使用润滑剂 2，剪切摩擦因子变化轻微，不同加载速度下剪切摩擦因子最大差别约为 4%。在 970℃使用润滑剂 1 和润滑剂 2，剪切摩擦因子在 0.1mm/s 和 1.0mm/s 情况下较接近，并且其值在 0.1mm/s、0.2mm/s、0.7mm/s、1.0mm/s 情况下大于 0.5mm/s 情况下的摩擦因子值。这两种情况下，不

同加载速度下剪切摩擦因子最大差别 dif_m >20%。该影响规律不同于 Li 等[60,61]研究的结果。Li 等基于应变速率 0.05s^{-1}、0.5s^{-1}、5s^{-1}、15s^{-1} 下获得的结果指出，随着应变速率的增加，剪切摩擦因子减小。

在高温下(超过 950℃)，Li 等[60,61]的研究指出摩擦随应变速率的增加而降低，其原因主要是加载时间影响了润滑剂层的润滑剂量和成分。低应变速率(0.05s^{-1})下，变形时间长，液化的玻璃受压流出，吸附于石墨的气体(用于分散剂的油挥发分解形成)减少，这都降低了润滑剂层的润滑效果。因此，增加应变速率(0.5s^{-1}、5s^{-1}、15s^{-1})，缩短成形时间，减少玻璃的流出和气体的排出，提高了润滑效果。

而本章的加载速度较低，应变速率为 $0.015\sim0.025\text{s}^{-1}$、$0.03\sim0.05\text{s}^{-1}$、$0.075\sim0.125\text{s}^{-1}$。根据关于图 6.25 和图 6.26 的分析，剪切摩擦因子随加载速度变化的主要原因是加载速度影响了内径自由表面的鼓起程度。由于上下表面摩擦阻力的原因，自由表面上的径向速度不均匀，因此自由表面会形成鼓起。随着剪切摩擦因子的减小，摩擦阻力的影响逐渐减小。接触面的剪切摩擦因子小(小于 0.1)时，变形较均匀，加之加载速度较低($0.1\sim1.0\text{mm/s}$)，因此加载速度变化对鼓起程度的指标 k 影响不明显。接触面的剪切摩擦因子较大(大于 0.7)时，自由表面鼓起很大，由于加载速度较低，摩擦条件对指标 k 的影响远大于加载速度的影响，因此加载速度的变化对指标 k 的影响也不明显。

6.3　三维有限元模型评估及应用

本节从大型复杂构件局部加载等温成形过程中锻件的几何形状演化和模锻液压机成形载荷两个方面比较验证所建立的大型复杂构件局部加载等温成形三维有限元模型。基于所提出的大型复杂构件局部加载等温成形建模方法，模拟图 6.13 描述的某钛合金隔框构件局部加载等温成形过程，该构件长、宽均大于 1000mm。为了比较不同边界条件对计算结果的影响，这里进行三组有限元分析(finite element analysis, FEA)。采用图 6.17(b)所示的坯料，材料为 TA15 钛合金，成形温度为 970℃，上模加载速度为 0.2mm/s，其他条件如表 6.1 所示。

表 6.1　工业试验及有限元分析主要参数

方案	摩擦因子 m	拔模斜度 γ /(°)
工业试验	润滑	1.5
FEA-1	0.5	0
FEA-2	0.5	1.5
FEA-3	0.3	0

该局部加载成形过程在普通等温模锻液压机上实现，采用筋上分区闭式模锻

工艺，共有两个局部加载步。第一局部加载步，上模 2 比上模 1 高出 35mm，因此尽管上模 1、上模 2 同时加载，但坯料所承受的载荷主要由上模 1 施加；第二局部加载步，上模 1 和上模 2 在同一水平面并同时加载，但是由于上模 1 对应区域在第一加载步已经成形，坯料所承受的载荷主要由上模 2 施加，其成形稳定阶段的加载速度为 0.2mm/s。临近第二局部加载步结束时，在工作载荷 3000t 保压 8min，因此在工业生产中，当载荷接近 3000t 时，由操作工控制加载速度以使载荷变化缓慢，有限元分析没有模拟这一过程及保压过程。

　　成形过程的隔框几何形状变化如图 6.29 和图 6.30 所示。第一局部加载步，上模 2 对应的坯料区域基本没有变形，除了分模位置附近，仅在大凸耳设置试验块处有一压痕，有限元结果与试验结果是一致的，如图 6.29 所示。从图 6.29 中分模位置处变形过渡区局部区域放大比较也可以看出未加载区轻微的翘曲，环形筋筋高从加载区到未加载区由高到低过渡，有限元模拟对这些现象以及局部细小尺寸的描述与试验结果也是相符的。这说明所建立的有限元模型能够描述局部加载条件下不变形区域和塑性变形区域之间复杂的不均匀变形协调行为。第二局部加载步完成后锻件形状比较也表明，有限元模拟与试验所获得的形状相符，如图 6.30 所示。这表明所建立的模型能够描述大型复杂构件局部加载等温成形过程中的宏观变形行为，因此所建立的模型是合理可靠的。

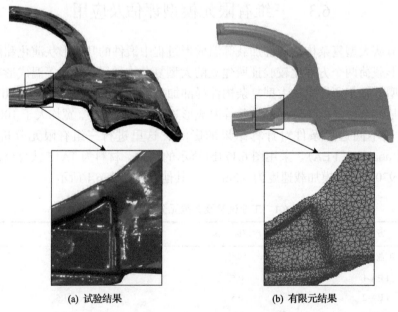

(a) 试验结果　　　　　　　　　　(b) 有限元结果

图 6.29　第一局部加载步后的锻件形状

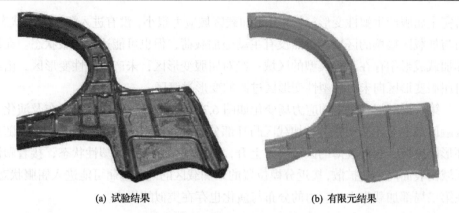

(a) 试验结果　　　　　　　　　　　　　(b) 有限元结果

图 6.30　第二局部加载步后的锻件形状

从图 6.31 可以看出，不同摩擦条件下的数值模拟预测载荷相差较大。有限元模拟采用剪切摩擦因子 $m=0.3$ 时，不仅预测结果与工业生产中的测量值有较大的误差（>30%），而且在成形过程中载荷变化趋势也有区别。根据圆环压缩试验，工业生产所用润滑剂达到的润滑效果为 $m=0.5$，采用此值进行模拟时，不仅降低了误差，其变化趋势也与试验相符，成形载荷最大误差可降至 15%。进一步考虑拔模斜度引起的微小尺寸变化，数值模拟结果与工业试验结果的直接误差可降至 10%以内。这进一步说明了所提出的三维有限元建模方法和关键技术的处理是合理的。

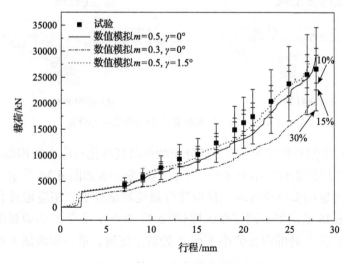

图 6.31　第二局部加载步成形载荷

基于上述建立的有限元模型，采用表 6.1 中 FEA-1 的成形条件研究局部加载等温成形过程中应力场和应变场的变化。由于局部加载特征，加载区的金属将先后完全屈服产生塑性变形；大部分未加载区域应力很小，没有进入塑性变形状态；而与加载区接壤的区域，虽然没有主动施加载荷，但也可能达到屈服状态。在局部加载成形中存在三种典型的区域：绝对屈服变形区，未产生塑性变形区，由绝对屈服变形区向未产生塑性变形区过渡的变形过渡区。

第一局部加载步中的应力场变化如图 6.32 所示。工件的应力场分布及演化与接触区域的演化密切相关。加载区凸耳部分的等效应力率先达到屈服状态；随后环形筋区域，腹板较薄的区域应力上升，然后整个表面进入塑性状态；接着塑性区域由表面向中间扩散，接近分模位置的未加载区的部分金属可能进入屈服状态。在第二局部加载步中，应力的分布与演化也存在类似的规律。

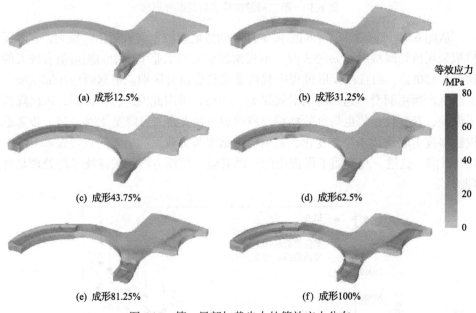

(a) 成形12.5%　　　　　　　　(b) 成形31.25%

(c) 成形43.75%　　　　　　　(d) 成形62.5%

(e) 成形81.25%　　　　　　　(f) 成形100%

图 6.32　第一局部加载步中的等效应力分布

应变是一个累积的结果，应变场分布特征及其演化与应力场相似，如图 6.33 所示。在第二局部加载步结束之后，工件的应变分布如图 6.34 所示。在凸耳区域存在一个明显的低应变区域，低应变区域变形量较少，相应地具有较大的晶粒尺寸。图 6.35 给出了不同应变区域(图 6.34 中点 1 及点 2)的微观组织，其结果充分说明了点 1 处的应变值小于点 2 处的应变值，进一步验证了有限元模型的可靠性。

该模型可获取大型复杂钛合金构件局部加载成形过程的成形载荷、型腔充填、材料流动等。若耦合微观组织演化模型，则可以研究成形过程的微观组织。为锻件性能预测、缺陷控制、模具设计、工艺优化等提供可靠、经济、高效的手段。

所提出的建模方法能够描述各种形状坯料在局部加载条件下的变形行为，描述成形条件和成形结果之间的关系更接近于实际。所建立的三维有限元模型可定量描述成形条件和成形结果之间的关系，这为大型复杂整体构件局部加载等温成形工艺参数选择、过程控制、模具设计提供了基础。

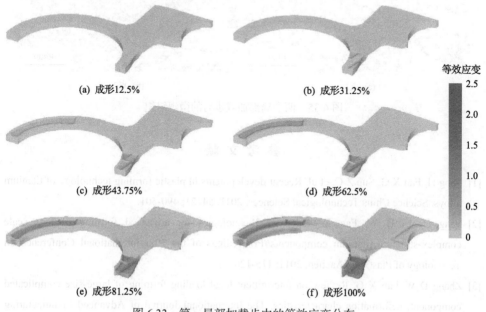

(a) 成形12.5%　　　　　　(b) 成形31.25%

(c) 成形43.75%　　　　　　(d) 成形62.5%

(e) 成形81.25%　　　　　　(f) 成形100%

图 6.33　第一局部加载步中的等效应变分布

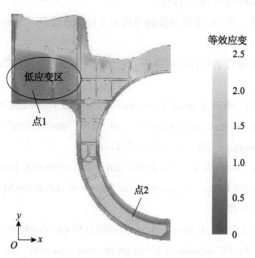

图 6.34　两个局部加载步后的等效应变分布

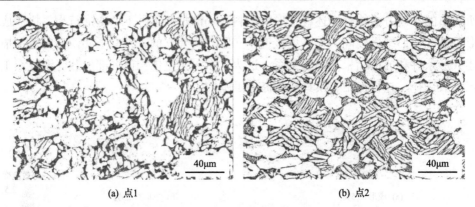

(a) 点1　　　　　　　　　　　　　　　　(b) 点2

图 6.35　两个局部加载步后的微观组织

参 考 文 献

[1] Yang H, Fan X G, Sun Z C, et al. Recent developments in plastic forming technology of titanium alloys. Science China Technological Sciences, 2011, 54(2): 490-501.

[2] Yang H, Li H W, Fan X G, et al. Technologies for advanced forming of large-scale complex-structure titanium components//Proceedings of the 10th International Conference on Technology of Plasticity, Aachen, 2011: 115-120.

[3] Zhang D W, Fan X G. Review on intermittent local loading forming of large-size complicated component: deformation characteristics. The International Journal of Advanced Manufacturing Technology, 2018, 99(5-8): 1427-1448.

[4] 杨合, 孙志超, 詹梅, 等. 局部加载控制不均匀变形与精确塑性成形研究进展. 塑性工程学报, 2008, 15(2): 6-14.

[5] 张大伟, 杨合. 大型钛合金整体隔框锻件局部加载等温成形技术. 锻造与冲压, 2012, (21): 32-38.

[6] Huang X, Wang B Y, Zhou J, et al. Comparative study of warm and hot cross-wedge rolling: Numerical simulation and experimental trial. The International Journal of Advanced Manufacturing Technology, 2017, 92(9-12): 3541-3551.

[7] Zhuang W H, Hua L, Wang X W, et al. Numerical and experimental investigation of roll-forging of automotive front axle beam. The International Journal of Advanced Manufacturing Technology, 2015, 79(9-12): 1761-1777.

[8] Zhu S, Yang H, Guo L G, et al. Research on the effects of coordinate deformation on radial-axial ring rolling process by FE simulation based on in-process control. The International Journal of Advanced Manufacturing Technology, 2014, 72(1-4): 57-68.

[9] Han X H, Hua L. Investigation on contact parameters in cold rotary forging using a 3D FE method. The International Journal of Advanced Manufacturing Technology, 2012, 62(9-12): 1087-1106.

[10] Zhan M, Guo J, Fu M W, et al. Formation mechanism and control of flaring in forward tube spinning. The International Journal of Advanced Manufacturing Technology, 2018, 94(1-4): 59-72.

[11] Zhang D W, Zhao S D, Ou H G. Analysis of motion between rolling die and workpiece in thread rolling process with round dies. Mechanism and Machine Theory, 2016, 105: 471-494.

[12] Yang X, Dong X H, Wu Y J. An upper bound solution of forging load in cold radial forging process of rectangular cross-section billet. The International Journal of Advanced Manufacturing Technology, 2017, 92(5-8): 2765-2776.

[13] Zhang Q, Jin K, Mu D, et al. Energy-controlled rotary swaging process for tube workpiece. International Journal of Advanced Manufacturing Technology, 2015, 80: 2015-2016.

[14] He X M. Effects of manipulator compliant movements on the quality of free forgings based on FEM simulation. The International Journal of Advanced Manufacturing Technology, 2011, 56(9-12): 905-913.

[15] Kopp R, Schmitz A. Plastic working in Germany and related environmental issues. Journal of Materials Processing Technology, 1996, 59(3): 186-198.

[16] Zhang D W, Zhao S D, Ou H A. Motion characteristic between die and workpiece in spline rolling process with round dies. Advances in Mechanical Engineering, 2016, 8(7): 1-12.

[17] Zhang D W, Yang H. Analytical and numerical analyses of local loading forming process of T-shape component by using Coulomb, shear and hybrid friction models. Tribology International, 2015, 92: 259-271.

[18] 杨合, 等. 局部加载控制不均匀变形与精确塑性成形——原理和技术. 北京: 科学出版社, 2014.

[19] 张大伟. 钛合金复杂大件局部加载等温成形规律及坯料设计[博士学位论文]. 西安: 西北工业大学, 2012.

[20] Zhang D W, Yang H, Sun Z C, et al. A new FE modeling method for isothermal local loading process of large-scale complex titanium alloy components based on DEFORM-3D//Barlat F, Moon Y H, Lee M G. AIP Conference Proceedings(Volume number: 1252). New York: American Institute of Physics, 2010: 439-446.

[21] Zhang D W, Yang H, Sun Z C, et al. Influences of fillet radius and draft angle on the local loading process of titanium alloy T-shaped components. Transactions of Nonferrous Metals Society of China, 2011, 21(12): 2693-2704.

[22] Zhang D W, Yang H. Preform design for large-scale bulkhead of TA15 titanium alloy based on local loading features. The International Journal of Advanced Manufacturing Technology, 2013, 67(9-12): 2551-2562.

[23] Zhang D W, Yang H, Li H W, et al. Friction factor evaluation by FEM and experiment for TA15 titanium alloy in isothermal forming process. The International Journal of Advanced Manufacturing Technology, 2012, 60(5-8): 527-536.

[24] 张大伟. 钛合金筋板类构件局部加载成形有限元仿真分析中的摩擦及其影响. 航空制造技术, 2017, 60(4): 34-41.

[25] 阿尔坦 T, 等. 现代锻造——设备、材料和工艺. 陆索译. 北京: 国防工业出版社, 1982.

[26] 王仲仁. 特种塑性成形. 北京: 机械工业出版社, 1995.

[27] Welschof K, Kopp R. Incremental forging — A flexible forming technology which improves energy and material efficiency. Aluminium, 1987, 63(2): 168-172.

[28] Sturm J C, Welschof K, Binding J, et al. Methods of saving energy and materials in the manufacture of integrated aircraft structural components. Aluminium, 1987, 63(11): 1157-1162.

[29] Lee Y H, Kopp R. Application of fuzzy control for a hydraulic forging machine. Fuzzy Sets and Systems, 2001, 118(1): 99-108.

[30] Ssemakula H, Ståhlberg U, Öberg K. Close-die forging of large Cu-lids by a method of low force requirement. Journal of Materials Processing Technology, 2006, 178(1-3): 119-127.

[31] Hao N H, Xue K M, Lü Y. Numerical simulation on forming process of ear portion of upper case. Transactions of Nonferrous Metals Society of China, 1998, 8(4): 602-605.

[32] 吕炎, 单德彬, 薛克敏, 等. 大型、复杂形状锻件等温精锻工艺的研究与应用. 机械工人, 2000, (2): 15-16.

[33] Shan D B, Hao N H, Lü Y. Research on isothermal precision forging processes of a magnesium-alloy upper housing//Ghosh S, Castro J C, Lee J K. AIP Conference Proceedings(Volume number: 712). New York: American Institute of Physics, 2004: 636-641.

[34] 杨平, 单德彬, 高双胜, 等. 筋板类锻件等温精密成形技术研究. 锻压技术, 2006, 31(3): 55-58.

[35] 司长号, 单德彬, 吕炎. 铝合金口盖近净成形关键技术研究. 材料科学与工艺, 2006, 14(3): 236-239, 243.

[36] Shan D B, Xu W C, Si C H, et al. Research on local loading method for an aluminium-alloy hatch with cross ribs and thin webs. Journal of Materials Processing Technology, 2007, 187-188: 480-485.

[37] 李梁, 刘希林. 钛合金膜板类锻件热模锻造成形技术研究. 锻压技术, 2010, 35(6): 11-13.

[38] Martin W A. Heavy press forging apparatus and method: United States, US3638471. 1972.

[39] Martin W A. Forging press and method: United States, US4096730. 1978.

[40] Delgado H E, Howson T E. Closed-die forging process and rotationally incremental forging press: European, EP0846505A2. 1998.

[41] 任运来, 聂绍珉. 大型封头整体锻造新方法研究. 重型机械, 2000, (5): 20-22.

[42] 周晓虎, 郭鸿镇. 超大型回转体盘饼类模锻件模具设计. 锻压技术, 2003, 28(5): 65-68.

[43] 范淑琴, 赵升吨, 韩晓兰, 等. 叶轮盖盘成形新工艺数值模拟和试验研究. 锻造与冲压, 2012, 21: 40-47.

[44] 韩晓兰, 赵升吨, 范淑琴, 等. 大型离心风机叶轮轮盘热锻成形新技术. 锻造与冲压, 2012, 21: 54-58.

[45] Sarkisian J M, Palitsch J R, Zecco J J. Stepped, segmented, closed-die forging: United States, US5950481. 1999.

[46] 王梦寒, 马鹏程, 周峻峰, 等. 基于 RSM 的铝合金大锻件局部加载成形质量控制. 中南大学学报(自然科学版), 2017, 48(5): 1155-1161.

[47] 郑斯佳, 周杰, 李杰, 等. 某大型航空铝合金锻件局部加载成形质量控制. 锻压技术, 2017, 42(9): 1-5.

[48] 张大伟, 李晗晶, 董朋, 等. 一种能快速稳定实现局部加载的液压机的液压系统: 中国, ZL201711268911.2. 2017.

[49] 张大伟, 李晗晶, 董朋, 等. 一种局部加载液压机的液压系统: 中国, ZL201711270024.9. 2017.

[50] 张大伟, 董朋, 李晗晶, 等. 一种局部加载的液压机液压伺服控制系统: 中国, ZL201910445255.1. 2019.

[51] 张大伟, 董朋, 李晗晶, 等. 一种局部加载的多加载步式压力机液压闭环控制系统: 中国, ZL201910463315.2. 2019.

[52] Sun Z C, Yang H. Mechanism of unequal deformation during large-scale complex integral component isothermal local loading forming. Steel Research International, 2008, 79(S1): 601-608.

[53] 孙念光, 杨合, 孙志超. 大型钛合金隔框等温闭式模锻成形工艺优化. 稀有金属材料与工程, 2009, 38(7): 1296-1300.

[54] 张大伟, 杨合, 孙志超, 等. 大型复杂筋板类构件局部加载等温成形宏微观模型//第 3 届全国精密锻造学术研讨会, 盐城, 2008: 104-111.

[55] 沈昌武, 杨合, 孙志超, 等. 基于BP神经网络的TA15钛合金本构关系建立. 塑性工程学报, 2007, 14(4): 101-104, 132.

[56] Shan D B, Xu W C, Lu Y. Study on precision forging technology for a complex-shaped light alloy forging. Journal of Materials Processing Technology, 2004, 151(1-3): 289-293.

[57] Fluhrer J. DEFORM™ 3D Version5.0 User's Manual. Columbus: Scientific Forming Technologies Corporation, 2003.

[58] Mielnik E M. Metalworking Science and Engineering. New York: McGraw-Hill, 1991.

[59] Ebrahimi R, Najafizadeh A. A new method for evaluation of friction in bulk metal forming. Journal of Materials Processing Technology, 2004, 152(2): 136-143.

[60] Li L X, Peng D S, Liu J A, et al. An experiment study of the lubrication behavior of graphite in hot compression tests of Ti-6Al-4V alloy. Journal of Materials Processing Technology, 2001, 112(1): 1-5.

[61] Li L X, Peng D S, Liu J A, et al. An experimental study of the lubrication behavior of A5 glass lubricant by means of the ring compression test. Journal of Materials Processing Technology, 2000, 102(1-3): 138-142.

第7章 局部加热—温成形—冷却全过程
建模与分析：厚壁筒温翻边成形

高压组合电器即气体绝缘金属封闭开关设备，在高压、超高压甚至特高压领域都有应用，在国内外电力系统中发挥着重要作用[1~3]。如图 7.1(a)所示的高压组合电器，按照电站主接线的要求，将变电站中除变压器外的设备连接成一个整体。以金属筒为外壳，壳体内部安装断路器、电流互感器、电压互感器、避雷器、母线、隔离开关、接地开关、电缆终端和进出线套管等元件[4,5]。

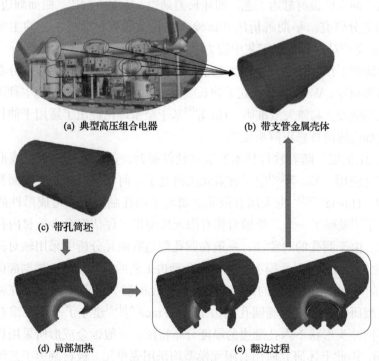

(a) 典型高压组合电器   (b) 带支管金属壳体

(c) 带孔筒坯

(d) 局部加热   (e) 翻边过程

图 7.1 高压组合电器壳体及其温翻边工艺

高压组合电器壳体同时具有复杂形状(多个口径、高度不一的支管)和较大物理尺寸(直径可大于 1000mm)，且其内部封装上述各种控制和保护电器，并充以压缩气体，如 SF$_6$ 气体。因此，高压组合电器壳体成形质量对高压组合电器装配时间、密封性能、服役期限等起着重要作用，其成形制造是高压组合电器的重要环节。

塑性成形方法是一种制造此类高性能、高可靠性大直径金属壳体构件的有效途径。尽管筒体壁厚 10~20mm，但外径尺寸大（可大于 1000mm），外径壁厚比甚至大于 50，即使是支管，其外径壁厚比也多大于 40。其几何结构具有薄壁管特征，制造过程中局部区域的塑性变形呈现体积成形特征。此外，成形前具有局部加热特征，如图 7.1(d) 所示，工程中一般采用火焰加热，温度场表现出强烈的不均匀性。这些给温翻边工艺带来一定难度，导致一些成形缺陷。其成形过程是一个多场、多因素高度非线性耦合的热力耦合问题，详细的成形特征难以通过解析分析和试验研究获得。因此，一个考虑加热、成形、卸载、冷却全过程的合理可靠、高效精确的热力耦合三维有限元模型是研究诸如高压组合电器壳体此类大直径厚壁壳体成形制造工艺迫切需要解决的关键问题之一。

室温下的金属板材翻边工艺，如伸长类翻边、压缩类翻边、曲面翻边等工艺，已经得到充分研究。早期解析法和试验研究是金属板材翻边工艺的主要研究方法。Wang 等[6]对内孔翻边工艺中应力、应变分布特征进行了解析分析。Li 等[7]基于试验研究了压缩类曲面翻边工艺中的变形特征、应力特性、应变分布以及各种因素的影响等。Wang 等[8]建立了伸长类翻边、压缩类翻边两种基本翻边工艺的近似理论和断裂、起皱失效准则。Hu 等[9]基于全量理论提出了适用于伸长类翻边和压缩类翻边的两种修正解析模型。

进入 21 世纪，随着软件技术发展和硬件提升，数值方法在板材成形分析中得到了广泛应用。Xu 等[10]应用有限元法研究了几何参数对伸长类曲面翻边成形性的影响。Huang 等[11]也采用有限元法研究了内孔翻边成形可成形性的极限。Borrego 等[12]发展了一个二维轴对称有限元模型用于评估铝合金板材内孔翻边的成形能力。由于圆孔的对称性，一般在圆孔翻边有限元分析中采用轴对称模型。Chen[13]建立了三维有限元模型研究椭圆孔翻边工艺的成形极限，根据椭圆孔、工件、模具的对称性，其建立的是四分之一有限元模型。Yu 等[14]建立了完整的三维有限元模型研究高强钢板椭圆孔翻边工艺。Frącz 等[15]建立了一个三维有限元模型研究不同冲头形状下内孔翻边的厚度分布特征。一般钣金成形所采用板材厚度小于 2mm，因此上述研究所用有限元模型均采用壳单元。板材翻边工艺研究多考虑为薄板，采用壳单元的有限元建模可以描述板材/薄板孔翻边的变形特征[16]。然而，这种建模方法难以适用于中厚板，特别是筒形件的翻边成形，因为沿着厚度方向的变形影响着翻边形状。

Kumagai 等[17]采用数值和试验方法研究了板厚为 3~10mm 的孔翻边工艺,数值研究中也采用了二维有限元模型。为了从较厚的板(5mm 厚)稳定获得刚度较好的法兰边, Lin 等[18]将孔翻边和镦粗工艺相结合发展了镦粗翻边工艺。尽管该成形问题是一个轴对称成形问题,但其基于 DEFORM 软件建立四分之一有限元模型以研究几何参数对镦粗翻边工艺的影响。马永杰等[19]采用 Dynaform 软件对壁厚 10mm、外径 356mm 的 5754 铝合金管的三通冷拉拔翻边过程几何参数影响进行了研究,然而板壳单元描述 10mm 厚材料的剧烈塑性变形不甚合理。

上述都是冷成形工艺,没有考虑热力耦合问题。工业生产中,板材厚度大于 10mm 的翻边工艺普遍采用温成形或热成形,应当采用热力耦合的有限元建模方法。An 等[20]采用 DEFORM 软件分析厚壁连接管热翻边工艺,其外径厚度比为 11.7,是典型的厚壁管特征。而图 7.1 所示零件的外径壁厚比一般大于 40,甚至大于 50,其几何结构具有薄壁管特征。虽然其壁厚可达到 20mm,但远远小于文献[20]中的 300mm 壁厚,且文献[20]工件没有表现出强烈的局部加热特征,在有限元建模中也没有考虑不均匀的初始温度场。刘丽敏等[21]对壁厚 18.4mm、外径 508mm 的 X80 钢管等径三通多道次热拉拔成形进行了数值分析,其数值与试验研究中管件均为整体加热,难以适用于大直径筒体翻边成形,其有限元建模采用的初始均匀温度场也与实际长度较大筒体翻边加热不符。

温冲压或热冲压分析中也普遍采用热力耦合的有限元建模方法。Lei 等[22]采用考虑焊点失效的热力耦合有限元模型研究 B1500HS 高强钢热冲压工艺。Sirvin 等[23]采用热力耦合有限元法研究了 Ti-6Al-4V 合金板温冲压过程。这些研究中的板材厚度都小于 2mm,采用壳单元对板材进行网格划分。采用在 2mm 板厚热冲压二维平面应变有限元模型中采用实体单元对板材进行网格划分[24]。然而,这种建模方法并不适用于图 7.1 所示零件的温翻边工艺,因为其三维成形问题和温翻边过程中的剧烈塑性变形。

张大伟等[25~27]采用 DEFORM、FORGE 等商业有限元软件对图 7.1 所示零件的整体芯模温拉拔成形工艺进行研究,分别探讨坯料初始均匀温度场、坯料椭圆预制孔径向不均匀加热下初始温度场、坯料椭圆预制孔径向和周向不均匀加热下初始温度场的有限元建模方法,不断完善了厚壁筒温翻边成形全过程有限元建模仿真方法。基于 FORGE 软件的局部不均匀加热、热力耦合翻边、卸载回弹及冷却的全过程三维有限元建模方法较为高效可靠。

坯料椭圆预制孔径向不均匀加热下初始温度场建模中[26],其加热模型为孔周边局部区均匀加热形成初始温度场,周向温度分布不均匀性描述欠佳。这与实际火焰加热过程仍有一定区别,其优点是可根据预制孔和加热模型的对称性建立四分之一有限元模型,计算效率高。考虑坯料椭圆预制孔径向和周向不均匀加热下初始温度场的有限元建模中[25],工件模具为完全形状的模型,加热热源沿预制孔周向移动。因此，该建模方法可以考虑预制孔周向和径向的不均匀温度场，本章建模仿真工作基于该加热建模方法。

7.1 大直径厚壁筒温翻边成形工艺

如图 7.1(a) 所示高压组合电器的大直径金属筒体零件为三通管或带多个支管，对一个支管区域进行局部不均匀加热与翻边成形，如图 7.1(d)、(e) 所示。对于图 7.1(c) 所示带椭圆形预制孔的筒坯，局部不均匀加热过程只加热预制孔周围局部区域。未加热区域的大小远大于加热区域，未加热区域的材料强度也大于加热区域的材料强度，未加热区域支管变形区域施加了很强的约束，因此温度场和塑性变形对其他区域影响较少。特别对于带多个支管的大直径金属筒体零件，单个支管的局部不均匀加热与翻边成形对相邻支管区域影响甚小。

在高压组合电器的大直径金属筒体实际温翻边成形工艺加热前对椭圆形预制孔周边变形区域涂抹润滑油，然后对椭圆形预制孔周边变形区域采用氧乙炔火焰枪进行加热，加热过程一般为人工加热。加热完成后，移动安装整体芯模，向下拉拔完成翻边成形，然后冷却至室温。单道次的局部加热—成形—冷却全过程，即温翻边成形全过程，一般具有 5 个成形阶段，如图 7.2 所示。

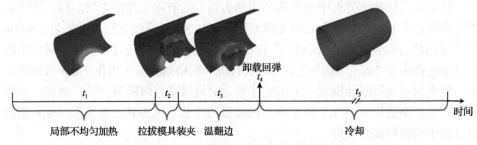

图 7.2 大直径金属筒体温翻边成形全过程

第一阶段是局部不均匀加热阶段。国内配电开关控制设备制造企业一般采用氧乙炔火焰加热。筒坯椭圆形预制孔周边变形区域一般加热至 150~250℃。加热后，椭圆形预制孔周向和径向区域的温度场都是不均匀的。

第二阶段是拉拔模具(即整体芯模)装夹阶段。该阶段，工件在等待模具转运安装，同时冷却。

第三阶段是温翻边的塑性变形过程，该阶段温度场和变形场耦合。

第四阶段是温翻边后的卸载回弹过程，有限元建模过程中认为回弹是在瞬时完成，因此有限元分析中该阶段时间为零，即 $t_4=0$s。

第五阶段是冷却过程。实际生产中一般采用空冷，第五阶段的时间远大于前几个阶段。在实际生产操作中，第四阶段很难体现出，一般和第五阶段在一起考虑，为回弹冷却阶段。

在本章的数值研究中，每个阶段的时间列于表7.1。对于具有多个支管的大直径金属筒体加工制造，依次完成多个支管的整体芯模拉拔成形。单个支管温拉拔成形过程中温度及变形对其他未成形区域影响甚微，7.2节主要关注一个支管单道次温翻边过程建模。通过变换几何模型和相关工艺参数，重复加热—冷却—翻边—回弹—冷却过程，所建立的有限元模型也可用于具有多个支管的大直径金属筒体的制造过程及多道次成形工艺的研究。

表 7.1 每阶段工艺及经历时间

成形阶段	工艺	时间/s
第一阶段	局部不均匀加热	250
第二阶段	冷却(模具装夹)	10
第三阶段	塑性变形与传热	110
第四阶段	卸载回弹	0
第五阶段	冷却	2000

7.2 大直径厚壁筒温翻边成形全过程有限元建模

基于商业有限元分析软件 FORGE NxT，建立局部不均匀加热—冷却—整体芯模拉拔翻边—回弹—冷却全过程热力耦合模型。

1. 铝合金恒应变速率拉伸及建模相关材料参数

Al-Mg 系的 5083 铝合金强度高、塑性变形性能优越、抗腐蚀能力强、焊接性能好，在航空航天、车辆、舰船中油箱管路、钣金件、外壳等零部件中应用广泛。5083 铝合金也是高压组合电器金属外壳的主要材料。

根据《金属材料 拉伸试验 第2部分：高温试验方法》(GB/T 228.2—2015)[28]，结合相关计算确定 5083 铝合金拉伸试验用试样尺寸，标距 40mm，试样总长度 120mm，平行长度的原始直径为 8mm，夹持端直径为 12mm，如图 7.3(a)所示。沿厚度为 18mm 筒坯轴向制备拉伸试样，如图 7.3(b)所示。

5083 铝合金力学性能与温度和应变速率有关。为了测定 5083 铝合金力学性能，建立温成形下的本构模型，进行了成形温度 20~250℃(20℃、100℃、150℃、200℃和 250℃)、应变速率 0.001~0.1s^{-1}(0.1s^{-1}、0.01s^{-1} 和 0.001s^{-1})范围内的恒应变速率拉伸试验。

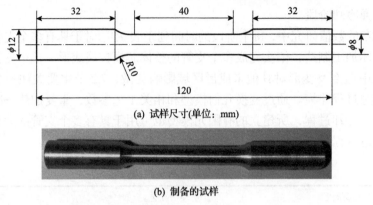

(a) 试样尺寸(单位：mm)

(b) 制备的试样

图 7.3　拉伸试样

1)恒应变速率拉伸试验实现

通过控制拉伸过程 INSTRON 试验机拉伸速度，分段变速实现不同温度下恒应变速率拉伸试验。杨蕴林等[29]建立了拉伸试验中应变速率($\dot{\varepsilon}$)与拉伸速度(v)之间的关系式(7.1)。要保证拉伸试验过程中应变速率不变，拉伸速度需要按照式(7.1)无级变速，如图 7.4(a)所示，这显然是不现实的。

$$v = L_0 \dot{\varepsilon} e^{\dot{\varepsilon} t} \tag{7.1}$$

式中，L_0 为原始标距长度；t 拉伸时间。

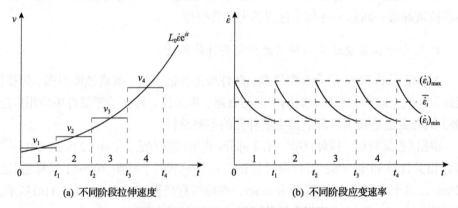

(a) 不同阶段拉伸速度

(b) 不同阶段应变速率

图 7.4　分段变速实现恒应变速率拉伸

将拉伸过程离散化，离散区间$[t_{i-1}, t_i]$内拉伸速度不变，调整不同离散区间的拉伸速度(图 7.4(a))可控制拉伸全过程的应变速率在一个误差范围内，如图 7.4(b)所示。可将离散区间内根据式(7.1)计算的平均值作为该离散区间内的恒速拉伸的拉伸速度，若离散后的时间间隔是相等的，均为Δt，则每个离散区间内拉伸速度可按式(7.2)计算。

$$\begin{cases} v_i = \overline{v}_i = \int_{(i-1)\Delta t}^{i\Delta t} \dfrac{v}{\Delta t}\,\mathrm{d}t = \dfrac{L_0}{\Delta t}(\mathrm{e}^{\dot{\varepsilon}\Delta t}-1)\mathrm{e}^{\dot{\varepsilon}(i-1)\Delta t} = v_1\,\mathrm{e}^{\dot{\varepsilon}(i-1)\Delta t} \\[2mm] v_1 = \overline{v}_1 = \int_0^{\Delta t} \dfrac{v}{\Delta t}\,\mathrm{d}t = \dfrac{L_0}{\Delta t}(\mathrm{e}^{\dot{\varepsilon}\Delta t}-1) \end{cases} \tag{7.2}$$

若离散后的时间间隔是相等的，分段变速拉伸的各个阶段内真应变速率的变化和大小（最值、平均值）都完全相同，与所处的离散区间无关，应变速率的最大相对误差（δ_e）也与所处的离散区间无关，可由式(7.3)[29]计算。

$$\delta_e = \frac{\dot{\varepsilon}\Delta t}{2} + \frac{(\dot{\varepsilon}\Delta t)^2}{6} + \cdots + \frac{(\dot{\varepsilon}\Delta t)^n}{n!} + \cdots \tag{7.3}$$

若 $\dot{\varepsilon}\Delta t < 1$，则式(7.3)可近似简化为

$$\delta_e = \frac{\dot{\varepsilon}\Delta t}{2} + \frac{(\dot{\varepsilon}\Delta t)^2}{6} + \frac{(\dot{\varepsilon}\Delta t)^3}{24} \tag{7.4}$$

综合考虑 INSTRON 试验机速度控制精度、所进行试验的应变速率、式(7.4)，分别为应变速率 $0.1\mathrm{s}^{-1}$、$0.01\mathrm{s}^{-1}$ 和 $0.001\mathrm{s}^{-1}$ 选择时间间隔 Δt 为 0.5s、5s、50s，此时间间隔满足 $\dot{\varepsilon}\Delta t < 1$，三种应变速率下相应的最大相对误差 δ_e 均为 2.54%。根据确定的时间间隔，按照式(7.2)计算不同离散时间间隔内的拉伸速度，列表于 7.2。按表 7.2 进行不同应变速率下的拉伸试验可实现相应的恒应变速率。

表 7.2　恒应变速率下分段变速与相应拉伸位移

应变速率/s^{-1}	间隔时间 Δt /s	离散区间内拉伸速度 v_i /(mm/min)	离散区间内拉伸位移 s_i /mm
0.1	0.5	v_1=246.101	s_1=2.051
		v_2=258.719	s_2=2.156
		v_3=271.984	s_3=2.267
		v_4=285.929	s_4=2.383
		v_5=300.589	s_5=2.505
		v_6=316.000	s_6=2.633
		v_7=332.202	s_7=2.768
		v_8=349.234	s_8=2.910
		v_9=367.140	s_9=3.059
		v_{10}=385.964	s_{10}=3.216
0.01	5	v_1=24.610	s_1=2.051
		v_2=25.872	s_2=2.156
		v_3=27.198	s_3=2.267
		v_4=28.593	s_4=2.383
		v_5=30.059	s_5=2.505
		v_6=31.600	s_6=2.633
		v_7=33.220	s_7=2.768
		v_8=34.923	s_8=2.910
		v_9=36.714	s_9=3.059
		v_{10}=38.596	s_{10}=3.216

续表

应变速率/s⁻¹	间隔时间Δt /s	离散区间内拉伸速度 v_i /(mm/min)	离散区间内拉伸位移 s_i /mm
0.001	50	v_1=2.461 v_2=2.587 v_3=2.720 v_4=2.859 v_5=3.006 v_6=3.160 v_7=3.322 v_8=3.492 v_9=3.671 v_{10}=3.860	s_1=2.051 s_2=2.156 s_3=2.267 s_4=2.383 s_5=2.505 s_6=2.633 s_7=2.768 s_8=2.910 s_9=3.059 s_{10}=3.216

2) 大应变下的单向拉伸试验系统

为了更精确地测量应变，拉伸试验一般会采用引伸计，因此应变大小被引伸计工作量程限制。一般应用单向拉伸试验研究材料本构模型的研究中，真应变的范围也是普遍小于 0.1[30]。一般引伸计难以满足大应变下的拉伸试验，为了保证大应变下热拉伸试验数据的精度，应用 INSTRON 电子万能材料试验机和 XJTUDIC 三维光学散斑测量系统构建了大应变下的单向拉伸试验系统，如图 7.5 所示。

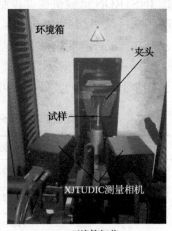

(a) 试验机及测量系统　　　　　　　　(b) 环境箱细节

图 7.5　大应变单向拉伸试验系统

XJTUDIC 三维数字散斑动态应变测量分析系统是一种光学非接触式三维形变测应变量系统，采用散斑数位影像相关法结合双目立体视觉测量技术，应变测量范围为 0.005~20。通过试样变形前后表面的散斑图像进行分析，应用专用软件进行图像处理，获取精确的应变数据。

INSTRON 5982 材料试验机最大载荷为 100kN，试验加载速度范围为 0.00005~1016mm/min，载荷测量精度为 ±0.5N。其配置的环境箱可实现 350℃以下等温试验可视化，可有效地与 XJTUDIC 三维数字散斑动态应变测量分析系统相结合。

3) 材料性能参数

　　基于上述试验装置和试验方法进行了 5083 铝合金大应变下的单向拉伸试验，获得了成形温度 20～250℃、应变速率 0.001～0.1s^{-1} 范围内的应力-应变关系，如图 7.6 所示。应力变化程度和应变速率有关，采用可以直观反映材料塑性流动应力与应变、温度和应变速率之间关系的 Hansel-Spittel 模型来描述 5083 铝合金的力学性能。对试验数据进行非线性曲线拟合分析，确定 Hansel-Spittel 模型中的相关参数，获得工件材料用本构模型，即

$$\sigma=2593.1535\varepsilon^{0.47685}\dot{\varepsilon}^{0.05893+1.9097\times10^{-4}T}\exp\left(\frac{8.60291\times10^{-7}}{\varepsilon}-1.58328\varepsilon\right)$$

$$\cdot(1+\varepsilon)^{-0.0091T}\exp(0.00292T)T^{-0.15383} \tag{7.5}$$

式中，σ 为流变应力；ε 为应变；$\dot{\varepsilon}$ 为应变速率；T 为变形温度。

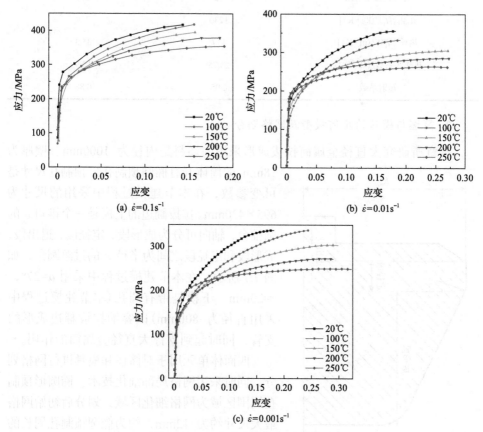

图 7.6　5083 铝合金的应力-应变曲线

　　模具的材料为 H13 热作模具钢，同样采用 Hansel-Spittel 模型（式(7.6)）描述

塑性变形特征。模具材料硬度大、刚性高，近似为刚性体，其材料性能对塑性变形结果影响较小，因此相关参数取自 FORGE 软件材料库，未单独进行材料性能试验。

$$\sigma=2821.246\exp(0.0029T)\varepsilon^{-0.10727}\dot{\varepsilon}^{0.13444}\exp\left(\frac{-0.0462}{\varepsilon}\right) \tag{7.6}$$

根据 FORGE 软件材料库参数[31]和相关手册[32,33]，并参考铝合金温、热成形相关文献[25,26,34]确定工件材料和模具材料的弹性性能参数和热物理性能参数，列于表 7.3。

表 7.3　弹性及热物理性能参数

材料参数	5083 铝合金	H13 热作模具钢
弹性模量 E/GPa	73	210
比热容/[J/(kg·K)]	1230	778
热导率/[W/(m·K)]	117	35.3
热膨胀系数/($10^{-6}K^{-1}$)	23.75	10.9
辐射系数	0.05	0.88

2. 筒坯与模具的几何模型及网格划分

本章所研究大直径金属筒拉拔成形采用的坯料是内径为 1000mm、壁厚为

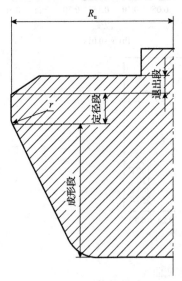

图 7.7　上模轴截面

18mm 的筒体开有椭圆预制孔。预制孔尺寸是可变参数，在本节建模过程中采用的尺寸为 695×430mm。拉拔翻边的上模是一个锥角 α 的圆锥台，轴向可分为成形段、定径段、退出段，成形段和定径段之间为半径 r 的过渡圆角，如图 7.7 所示。在本节建模过程中采用 $\alpha=27°$，$r=20mm$。下模是带有圆孔(本节建模过程中采用直径为 800mm)以容纳拉拔翻边成形的支管，同时起到支撑大直径金属筒的作用。

四面体单元用于对筒坯和模具进行网格划分，同时采用网格局部细化技术。椭圆形预制孔周围区域为网格细化区域，划分后初始网格最大尺寸约为 12mm，约为椭圆预制孔周长的0.33%，如图 7.8(a)所示。上模和下模的初始网格尺寸是不均匀的，和筒坯(工件)接触区域的

网格要细密。

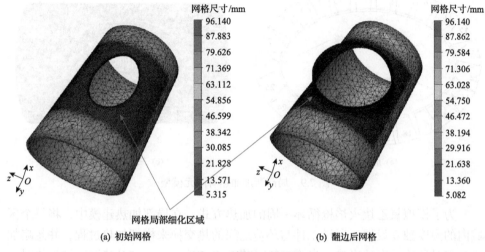

(a) 初始网格 　　　　　　　　　　　　　　 (b) 翻边后网格

图 7.8　筒坯/工件网格

同时为保证大变形下的计算精度，在温翻边成形过程（即图 7.2 所示的第三阶段）中对于工件同时采用网格局部细化、网格重划分、网格自适应的网格划分技术。由于网格重划分，剧烈塑性变形区网格更加细密，如图 7.8(b)所示。在温翻边成形过程中筒坯/工件的单元数量由 49138 增加至 93377。随后回弹、冷却阶段工件单元数保持不变。上模、下模的网格数在加热—翻边—冷却整个成形过程中保持不变。

在加热—冷却—翻边—回弹—冷却全过程中，筒坯/工件采用同一套网格。因此，工件的热、力相关模拟数据可在局部不均匀加热、冷却等待、拉拔翻边成形、卸载回弹、冷却等各个成形阶段之间无缝传递。

3. 渐进局部加热建模

为了提高工件的塑性及成形性能，整体拉拔成形前使用氧乙炔火焰枪绕预制孔一周将成形区域进行局部加热。为了模拟实际生产过程中的不均匀加热过程，设置一热源区域沿预制孔移动加热。工业生产中可能采用两个氧乙炔火焰枪对称分布同时操作，此情况下可设两个热源区域，以此类推。本章讨论的是一个氧乙炔火焰枪、一个热源区域。

在距离椭圆预制边缘 40mm 处设置一椭圆，作为热源的移动路径，并在该路径上等距设置 n 个热源区域，如图 7.9 所示。根据火焰枪枪口喷出火焰面积大小，每个区域的大小为 100mm×100mm。根据本节中工件几何模型和热源区域大小，$n=25$。

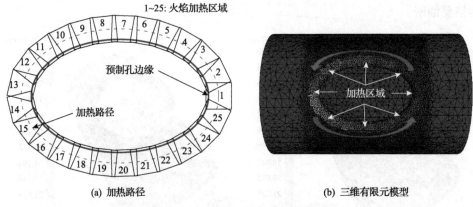

图 7.9　局部渐进加热有限元模型

为了模拟氧乙炔火焰枪循环一周的加热方式，在局部加热建模中，将每个区域内的温度独立设置，通过工件与环境之间的热交换来模拟加热过程，并忽略加热过程对环境温度的影响。当第 i 个(本节 $i=1, 2, \cdots, n$, $n=25$)热源区域加热时，将其温度设置为 T_{flame}，其余热源区域为环境温度 T_{room}(即室温)，加热 t_{flame} 时间后，移动至下一区域($i+1$)，重复计算第 i 个热源区域加热方式，直至第 n 个区域加热完成。氧乙炔焰的温度为 2000～3000℃[35]，考虑到加热过程中温度损耗，取 $T_{\text{flame}}=2000℃$，环境温度(室温)设置为 20℃，加热时间为 10s。

热量传递有三种基本方式：热传导、热对流和热辐射[36]。实际的热量传递过程往往是两种或者三种基本方式的组合。在氧乙炔火焰枪加热的过程中，主要的热交换形式为强制对流换热。工件材料的热传导、热辐射的发射率等参数见表 7.3。工件和热源区域之间的对流传热系数可根据牛顿冷却公式确定，即

$$q = h\Delta T \tag{7.7}$$

式中，q 为热流密度，表征单位时间内通过单位面积的热量；h 为传热系数；ΔT 为壁面间的温差。

为了便于测量，传热系数和壁面温度以无量纲的努塞尔数 Nu 表示[36]：

$$Nu = \frac{hl}{\lambda} \tag{7.8}$$

式中，λ 为材料热导率(本节为工件材料热导率)；l 为传热面的几何特征长度，其为火焰区域(热源区域)表面积 A 与周长 P 的比值。

$$l = \frac{A}{P} \tag{7.9}$$

Viskanta[37]研究了火焰喷射枪中努塞尔数 Nu 的值，大致为 100。结合图 7.9 所

示模型中热源区域几何参数，从而计算得到传热系数为 468000W/(m²·K)。由于受到热对流影响，工件及热源区域与环境(空气)的传热系数取 40W/(m²·K)[34,38,39]。局部不均匀加热模拟相关参数列于表 7.4。

表 7.4　有限元模拟与热传导相关参数

过程(阶段)	参数	数值
局部不均匀加热 (第一阶段)	热源温度 T_{flame}/℃	2000
	热源加热时间 t_{flame}/s	10
	筒坯和热源之间传热系数/[W/(m²·K)]	468000
	热源和环境之间传热系数/[W/(m²·K)]	40
加热及等待 (第一、第二阶段)	筒坯和环境之间传热系数/[W/(m²·K)]	40
温翻边 (第三阶段)	工件和模具之间传热系数/[W/(m²·K)]	10000
	模具和环境之间传热系数/[W/(m²·K)]	10
	模具初始温度/℃	20
温翻边及冷却 (第三至第五阶段)	工件和环境之间传热系数/[W/(m²·K)]	10
全过程 (第一至第五阶段)	室温 T_{room}/℃	20

4. 温翻边成形过程建模

在有限元模型中，上模、下模均为弹塑性体，同时一个虚拟的冲头和一个虚拟的基座分别用于约束上模和下模、施加相应运动。虚拟冲头和虚拟基座不同工件接触，并处理为刚性体。各部件在 FORGE 中的装配关系及网格情况如图 7.10 所示，图中 x 轴为筒坯轴线，y 轴为支管轴线，xyz 直角坐标系符合右手法则。

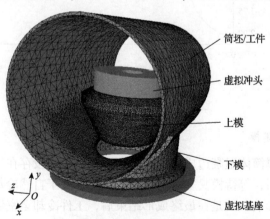

图 7.10　温翻边成形过程有限元模型

第二阶段之后的温度场为温翻边成形过程的初始温度场。温翻边成形过程中，由于存在温差，工件、模具和空气之间都会发生热量的交换，其中工件与模具之间的传热系数为 10000W/$(m^2 \cdot K)$，工件、模具和空气间的自然对流换热系数为 10W/$(m^2 \cdot K)$，相关参数列于表 7.4。

在大直径金属筒成形区域加热之前，会在成形区域均匀涂抹润滑油(蓖麻油)。采用剪切摩擦模型描述模具和工件之间的摩擦。结合铝合金温成形[39]、热成形[33]中的摩擦条件，并考虑不同摩擦模型之间摩擦条件的对应关系[40]，取剪切摩擦因子 m=0.2。虚拟冲头推动上模下行，其速度为 0.5mm/s，虚拟冲头下行的行程(s)为 550mm。

5. 卸载回弹过程建模

采用整体芯模拉拔的温翻边成形后，模具卸载，工件回弹，其回弹在瞬间完成。该过程中，成形模具移除，工件在无约束条件下进行弹性卸载。弹性卸载过程以弹性能的形式释放，温翻边过程累积的弹性能在一个计算步释放，如图 7.11 所示。该弹性卸载过程在极短的时间内完成，不占用整个仿真过程的时间步，即 t_4=0s。

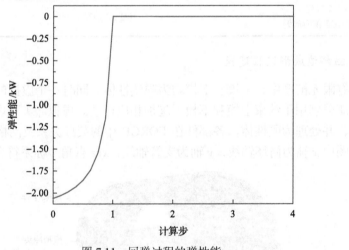

图 7.11　回弹过程的弹性能

6. 冷却过程建模

在大直径金属筒体温翻边成形全过程中，在两个阶段存在工件冷却现象。一是局部加热结束后，等待模具安装的过程中，工件处于自然冷却，加热过程的热对流仍有一定的影响；二是在最终成形结束后，工件冷却至室温，一般将工件放置在室温下进行自然冷却。

筒坯在火焰渐进局部不均匀加热后的温度场为第二阶段筒坯的初始温度场，模拟火焰加热条件的热源被移除。温翻边成形后工件温度场是第五阶段的工件温度场，此时工件回弹已完成。

两个阶段冷却过程中筒坯(工件)和环境(空气)之间的传热系数有所不同，这两阶段冷却过程中传热系数为 $10\sim40\mathrm{W}/(\mathrm{m}^2\cdot\mathrm{K})$。考虑到加热时强制对流换热的影响，加热后温翻边前的筒坯和环境之间的传热系数设为 $40\mathrm{W}/(\mathrm{m}^2\cdot\mathrm{K})$；而温翻边随后的冷却过程中工件和环境之间的传热系数设为 $10\mathrm{W}/(\mathrm{m}^2\cdot\mathrm{K})$。建模过程中忽略了加热对环境温度的影响。相应材料参数、换热参数、过程时间如表 7.1、表 7.3 和表 7.4 所示。

7.3　温翻边全过程三维有限元模型评估及应用

通过形状和缺陷比较验证了所建立的加热—等待—翻边—卸载—冷却全过程完全三维有限元模型的可靠性，所建立的有限元模型能够预测温翻边过程支管区域周向、径向、轴向的不均匀温度场及宏观塑性变形与回弹特征。

7.3.1　成形缺陷及控制

1. 典型成形缺陷

通过初步的有限元分析可发现整体芯模拉拔过程中在温翻边成形的支管附近有三类典型缺陷：①主管翘曲，如图 7.12(b)所示；②支管口部不平，如图 7.12(c)所示；③支管端部收缩弯曲，如图 7.12(d)所示。这些从成形的大直径金属筒零件上都得到验证。将工件与模具一起分析时发现，不仅支管附近主管沿轴向(x向)存在翘曲，沿 y 向也会产生翘曲现象，如图 7.12(c)和图 7.13 所示。前一种主管翘曲最大处在椭圆预制孔长轴附近，后一种主管翘曲最大处在椭圆预制孔短轴附近。支管端部收缩弯曲最大值一般出现在 z 轴附近。此外，由于支管根部处主管翘曲、支管端部收缩弯曲，支管贴模度不佳，容易出现中间鼓肚缺陷。由于椭圆形预制孔长短轴区域约束、变形不协调，温翻边成形后支管会出现圆度偏差。

工件在支管根部区域的变形抗力小于主管其他区域，上模向下($-y$向)运动，使支管垂直侧壁产生相应的向下拉力，而工件内部没有压边装置，支管根部圆角区域(靠近垂直侧壁处，甚至可能在垂直侧壁处)和下模有效接触形成一个支点，从而使支管根部向 y 轴正向弯曲。主管翘曲有两种形式，第一种导致主管直径沿轴向(x向)不均匀，第二种主要集中在支管对应区域。

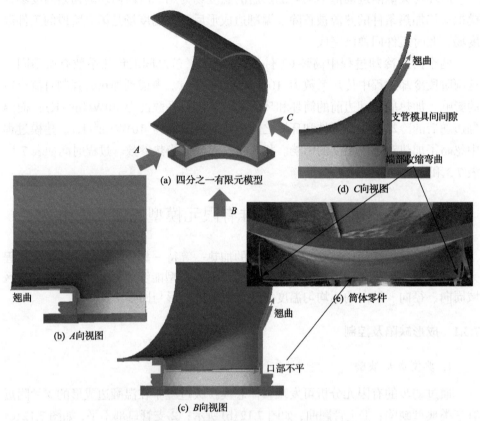

(a) 四分之一有限元模型

(d) C向视图

翘曲

支管模具间间隙

端部收缩弯曲

(e) 筒体零件

翘曲

(b) A向视图

翘曲

口部不平

(c) B向视图

图 7.12　温翻边成形过程中典型缺陷

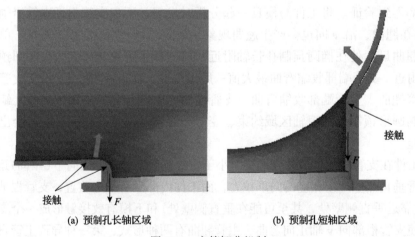

接触

(a) 预制孔长轴区域

接触

(b) 预制孔短轴区域

图 7.13　主管翘曲机制

　　下模 x 向支撑区域较小，即轴向支撑长度较短，温翻边成形过程中，特别是后期，在支撑 x 向边缘形成有效接触，使支管根部过渡圆角和支撑 x 向边缘之间的材料拱起，形成图 7.13(a) 所示的第一种主管翘曲现象。模具应力分析表明，在温翻边成形的后期，最大应力集中在下模 x 向支撑区域的短边上。同样预制孔短边区域在支管垂直侧壁向下拉力和支管根部圆角区域接触支点作用，主管有近似沿其径向收缩的趋势，形成图 7.13(b) 所示的第二种主管翘曲现象。通过增加下模 x 向支撑长度可有效控制第一种主管翘曲缺陷。第二种主管翘曲缺陷可通过上模、下模几何参数综合优化控制。

　　从图 7.12(c) 可以看出，预开口长轴方向上的成形支管高度稍微低于短轴方向上的成形支管，这是由于在成形过程中，短轴区域率先接触变形，几乎是其变形完成后，预制孔长轴区域才开始接触变形。预制孔长轴区域些许材料在温翻边成形初期向短轴区域流动，这从下面速度场分析中可得到验证。通过合理设计预开口尺寸，缩短长轴区域与短轴区域发生剧烈塑性变形的时间差，有助于消除此类成形缺陷。但椭圆预开口尺寸同时要考虑支管成形高度和支管成形口径的几何参数。

　　支管不贴模、端部收缩弯曲、中间鼓肚主要是由支管周向变形不均匀导致的，通过调整上下模之间的间隙以改善，但整体模具温翻边成形过程调整困难。仅依靠温翻边成形过程的工艺优化，完全消除此类缺陷具有极大的挑战，可通局部渐进成形等新工艺方法控制消除此类缺陷[41~43]。

2. 预测结果与试验结果比较

　　支管端部收缩弯曲是一个典型的宏观缺陷，如图 7.14(a) 所示。筒坯椭圆预制孔径向不均匀初始温度场(四分之一有限元模型)、筒坯椭圆预制孔径向和周向不均匀初始温度场(完全模型)的有限元建模方法均可描述这一宏观缺陷，如图 7.14(b) 和 (c) 所示。支管端部收缩程度可用支管端部到下模筒壁(或支管最大外径处)之间的距离 D 表征，如图 7.14(a) 和 (b) 所示。

　　支管端部收缩弯曲最大值一般出现在 z 轴附近，也就是指标 D 最大值一般出现在 z 轴附近。虽然温翻边成形过程中该处的力场条件和几何条件是一致的，但是筒坯椭圆预制孔径向和周向初始温度场均不同，从而最终 D^+、D^- 并不一致，如图 7.14(b) 所示，而椭圆预制孔周向同时加热的建模中，初始温度场仅径向不均匀，因此无法预测两者的差别。下面定量讨论参数对指标 D 的影响时，其值按式 (7.10) 计算：

$$D = \frac{D^+ + D^-}{2} \tag{7.10}$$

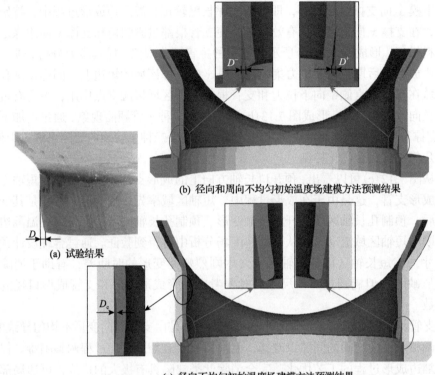

(b) 径向和周向不均匀初始温度场建模方法预测结果

(a) 试验结果

(c) 径向不均匀初始温度场建模方法预测结果

图 7.14　支管端部收缩弯曲

有限元模型也很好地预测了支管口部不平和中部鼓肚现象，如图 7.15 所示。这些关于宏观缺陷的准确预测表明，所建立的有限元模型可以描述温拉拔过程的变形行为。

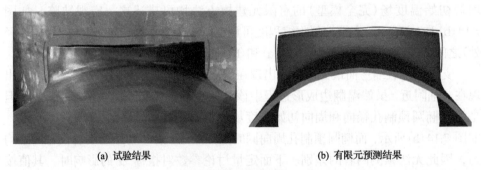

(a) 试验结果　　　　　　　　　　　　　(b) 有限元预测结果

图 7.15　支管形状

根据上述关于支管口部可能出现圆度偏差及预制孔形状，确定图 7.16(a) 所示的支管口部直径 D_x 和 D_z 表征支管直径参数，以图 7.16(b) 所示 y 向高度表征支

管高度 H_y。具体测量的仿真结果与试验结果对比列于表 7.5。回弹前后有较明显的尺寸变化，冷却过程中也存在轻微的尺寸变化。冷却后的预测尺寸和试验结果相比，最大相对误差约为 0.3%，7.2 节所建立的有限元模型能够准确描述铝合金大直径筒体温拉拔全过程的宏观变形特征。

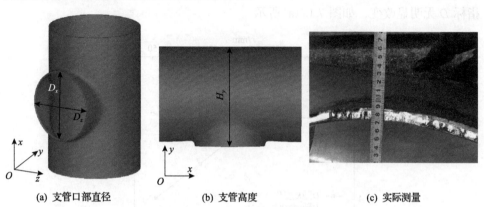

(a) 支管口部直径　　　　　(b) 支管高度　　　　　(c) 实际测量

图 7.16　支管几何尺寸表征及测量

表 7.5　有限元预测和试验测量几何参数比较

方法		D_x/mm	D_z/mm	H_y/mm
试验测量		790	782	1088
有限元预测	翻边后	786.707	784.716	1091.181
	回弹后	787.434	784.214	1090.919
	冷却后	787.496	784.180	1090.657

3. 成形缺陷控制

上模的定径段半径 R_u(图 7.7)直接决定了成形过程中上下模的间隙，影响成形过程中金属材料流动，对上述缺陷都会有或多或少的影响，其对表征支管端部收缩程度的指标 D(图 7.14(a) 和 (b)) 以及支管几何参数影响最大。若关注支管的不贴模程度，可以支管外壁和下模内壁之间的距离 D_c 表征，如图 7.14(c) 所示，其随着半径 R_u 的增大而减小。

上模的定径段半径 R_u 应满足

$$R_u \leqslant R_l - t \tag{7.11}$$

式中，R_l 为下模圆孔内径；t 为成形工件的厚度，一般可采用筒坯初始厚度。

采用指标 ΔD_{xz} 来描述温翻边成形后的支管口不圆程度，表达式为

$$\Delta D_{xz} = D_x - D_z \tag{7.12}$$

根据式 (7.11)，R_u 最大值为 382mm，据此选择几组 R_u 研究其对温翻边成形性的影响。随着 R_u 增大，指标 D 显著减小，如图 7.17(a) 所示。用指标 D_c 描述不贴模程度，该指标也反映了中部鼓肚程度。随着 R_u 增大，指标 D_c 也是减小的。增大上模定径段和成形段之间过渡圆角半径 r，可使支管变形区变形均匀些，但对指标 D 无明显改变，如图 7.17(a) 所示。

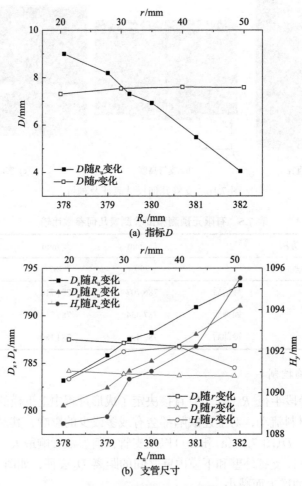

(a) 指标 D

(b) 支管尺寸

图 7.17 上模几何参数的影响

随着上模半径 R_u 的增加，模具间隙减小，材料与模具接触更充分，最终成形支管的口径几乎是线性增加的，温翻边高度也越高，如图 7.17(b) 所示。然而 D_x 和 D_z 增加程度几乎是相同的，即 R_u 的增大不会改变温翻边后支管的圆度偏差。从图 7.17(b) 可以看出，上模定径段和成形段之间过渡圆角半径 r 对支管尺寸并未有明显影响。

　　通过增加下模 x 向长度（主管轴向），可明显改善或消除第一种主管翘曲，如图 7.18 所示。温翻边成形过程中主管轴向的约束增加，抑制了支管翘曲缺陷的形成与发展。下模结构的改变也使下模应力分布情况发生很大的改变，下模 x 向与主管接触区域的应力分布更均匀，最大应力区域也转移到支管沿 y 轴附近的对应区域，如图 7.19 所示。从图 7.19(b) 可以看出，第二种主管翘曲发生区域的模具工件接触增强了，这有可能会降低其翘曲程度。

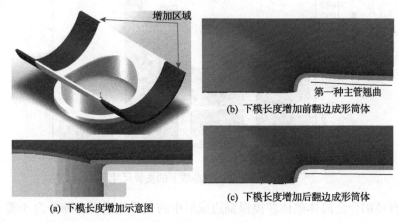

(a) 下模长度增加示意图

图 7.18　下模长度增加

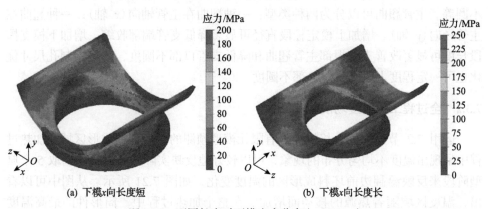

(a) 下模x向长度短

(b) 下模x向长度长

图 7.19　不同长度时下模应力分布(s=430mm)

　　增加下模 x 向长度也明显改善了支管口部的不圆度，ΔD_{xz} 小于 0.2mm，如图 7.20 所示，但对支管高度和端部收缩弯曲的影响并不明显。然而增加下模 x 向长度也增加了模具加工、安装的费用和周期，对所成形支管邻近区域的结构有限制。椭圆形预制孔的尺寸直接影响着温翻边成形后支管的形貌、支管口径大小以及最终的高度。由于温翻边成形后 $D_z<D_x$，可增加 D_z 处的材料，即减小了椭圆预制孔的短轴尺寸。不同预制孔温翻边后的支管尺寸比较如图 7.20 所示。结果表

明改善了最终成形支管端部圆度，且较接近支管的目标尺寸，但预开口短轴部分有更多的材料参与变形，因此最终温翻边的总高度有所增加，但是对支管端部收缩弯曲无明显影响。

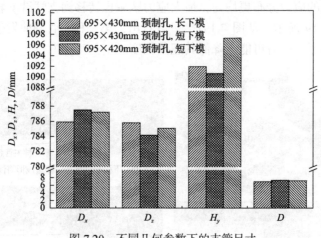

图 7.20　不同几何参数下的支管尺寸

大直径铝合金筒体整体芯模温翻边成形中的主要缺陷可以细分为 5 类：支管根部主管翘曲（两类）、支管端部收缩、支管口部不平、支管中间鼓肚、支管口部不圆等。主管翘曲可以分为两种类型：一种翘曲在主管轴向（x 轴）；一种翘曲在主管径向（y 轴）。增加上模定径段直径可显著降低支管端部收缩，增加下模支撑段长度可显著改善支管根部主管翘曲和降低支管口部不圆度，筒坯预制孔尺寸优化也可一定程度上改善支管口部不圆度。

7.3.2　全过程工件温度场演化特征

运用 7.2 节建立的火焰枪加热有限元模型预测的筒形件的成形区域在加热过程中呈现出温度不均匀分布的现象，可以较好地反映实际加热过程。选取 5 个典型阶段来反映温翻边前坯料成形区的温度变化，如图 7.21 所示。从图中可以看出，温度区域随着热源的移动而增加。在整个加热过程中，筒形件的最高温度约为 300℃，在加热结束后，椭圆形预制孔周边大部分区域的温度约为 200℃，如图 7.21(d) 所示。

在等待模具安装阶段（即第二阶段），温度略有下降，最高温度小于 250℃，椭圆形预制孔周边区域的温度在 150℃以上，如图 7.21(e) 所示，能够满足温翻边成形对工件加热温度的需求。工件局部加热后的温度从预制孔边缘沿径向逐渐递减至室温，仅在预制孔周边区域具有一定的温度，且沿预制孔周向温度分布也不均匀。

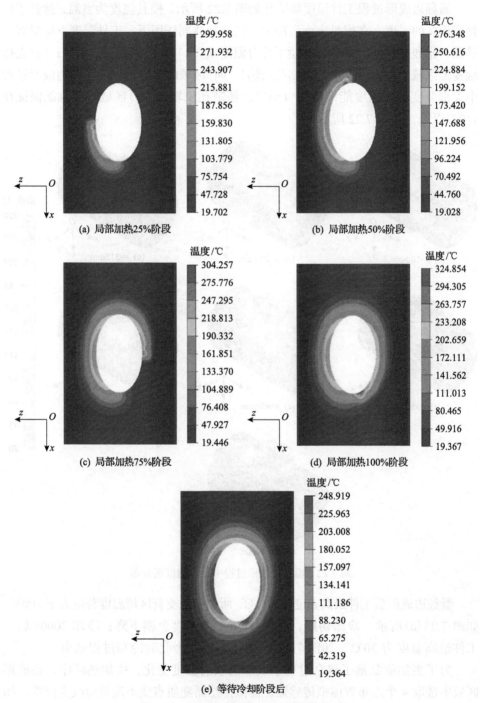

(a) 局部加热25%阶段　　　　(b) 局部加热50%阶段

(c) 局部加热75%阶段　　　　(d) 局部加热100%阶段

(e) 等待冷却阶段后

图 7.21　温翻边前筒坯/工件温度场分布

　　温翻边成形过程工件温度场演化如图 7.22 所示。模具温度为室温，远低于接触变形区的温度，在模具表面激冷和自然冷却共同作用下，工件温度下降显著。然而，剧烈的塑性会生热，补偿了部分温度损失。因此，预制孔短轴(z 向)先接触变形区域的温降程度小于预制孔长轴(x 向)区域的温降程度。温翻边成形过程中大部分变形区温度能维持在 150℃，预制孔长轴(x 向)区域温度也能保证在 110℃以上，如图 7.22 所示。

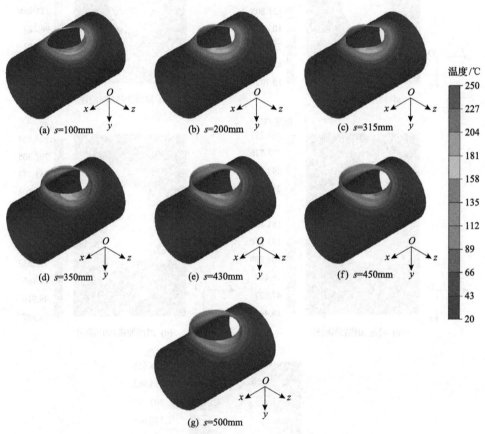

图 7.22　温翻边成形过程中工件温度场分布

　　温翻边成形后工件最高温度为170℃，所成形的支管区域温度普遍大于100℃，如图 7.23 (a) 所示。冷却初期，在冷却 300s 内温度急剧下降；冷却 2000s 后，工件最高温度为 30℃，如图 7.23 (b) 所示，可认为此时冷却过程结束。

　　为了更加清楚地了解全过程中成形区域的温度变化，按加热顺序，在成形区域中选取 4 个点布置虚拟传感器，虚拟传感器随质点变形流动而改变位置，如图 7.24 (a) 所示，4 个虚拟传感器记录的全过程温度如图 7.24 (b) 所示。

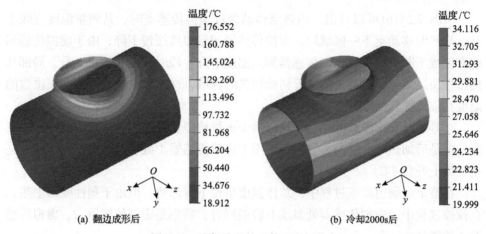

(a) 翻边成形后　　　　　　　　　　(b) 冷却2000s后

图 7.23　冷却阶段的工件温度场分布

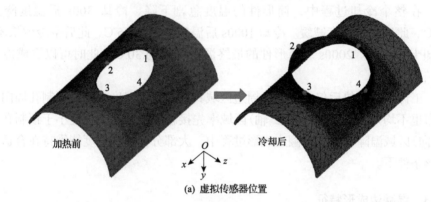

(a) 虚拟传感器位置

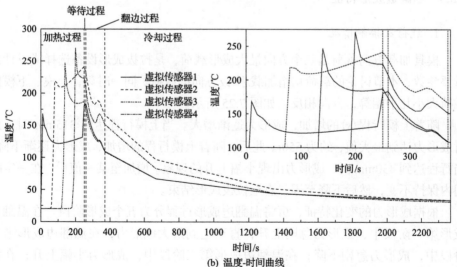

(b) 温度-时间曲线

图 7.24　温翻边成形全过程的温度变化

从图 7.24(b)可以看出，当热源移动接近虚拟传感器时，其测量温度直线上升；当热源移动至下一区域后，虚拟传感器记录温度缓慢下降，由于虚拟传感器前方区域不断被加热，虚拟传感器测量温度下降一段时间后又缓慢上升。局部加热过程快结束时，热源重新靠近初始加热的区域，这就导致虚拟传感器 1 位置的温度在临近加热结束时大幅上升。

在等待冷却阶段(即第二阶段)，由于火焰枪停止加热，各区域的温度普遍下降。但是后加热阶段的温升效应仍作用于虚拟传感器 1 处，其温度没有下降，甚至轻微上升(2.7℃)。

在整个温翻边成形过程中，总体温度呈现下降趋势。但由于塑性变形生热，在拉拔过程中，虚拟传感器处温度有轻微回升，特别是虚拟传感器 2、虚拟传感器 4 位置处。

在整个冷却过程中，筒形件的温度急剧下降，冷却 300s 后温度降至约 82℃，此后降温速度减缓。冷却 1000s 后温度降至约 45℃，此后空冷效果不佳，冷却十分缓慢。2000s 后筒形件的最终温度降至约 30℃，此时可以看成冷却过程结束。

工件局部加热后仅在预制孔周边区域具有一定的温度，且沿预制孔周向温度分布也不均匀。预制孔短轴(z 轴)区域率先接触变形，温降程度小于预制孔长轴(x 向)区域温降程度。温翻边成形过程中，大部分变形区温度能维持在合适的温变形条件下。

7.3.3　温翻边成形特征

1. 载荷及接触情况

模具加载方向载荷是三个方向最大成形载荷，是拉拔成形设备选择或设计的重要参数，本节讨论的载荷均指加载/拉拔方向的载荷。同一时刻，上模、下模的载荷大小几乎相等，方向相反，如图 7.25 所示。

随着上模行程(s)的增加，成形力逐渐增大。当上模行程达到 315mm 时，此时成形力达到最大值，约为 550t。此后，随着上模行程的增加，成形力逐渐下降。当行程达到 430mm 时，成形力出现小幅上升的现象。增加至某一值后，在一定时间内保持不变，然后下降至零，直至拉拔成形结束。

根据成形力的变化特征，可将温翻边成形过程分为五个成形阶段。在温翻边成形第一阶段中，成形力急剧上升，直至达到最大成形力；在温翻边成形第二阶段中，成形力急剧下降；在温翻边成形第三阶段中，成形力小幅上升；在温翻边成形第四阶段中，成形力几乎稳定于某一值(70t)；在温翻边成形第五阶段中，成形力再次下降，直至降至 0。成形载荷的变化特征与工件、模具间的接触状态密切相关。

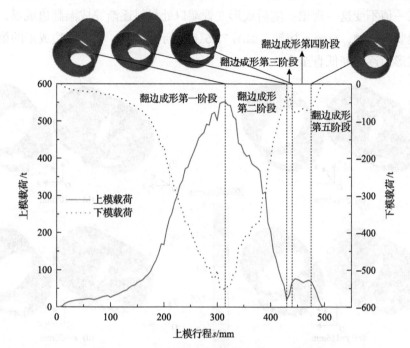

图 7.25　温翻边成形过程中的上模、下模载荷

温翻边成形过程中工件与模具的接触状态如图 7.26 所示。在温翻边成形的第一阶段内，当拉拔成形开始时，首先与上模接触的是预制孔短轴方向上的材料，材料发生弯曲变形，如图 7.26(a) 所示。随着上模行程的增加，短轴方向(z 向)上与上模接触的区域逐渐增多，参与弯曲变形的材料逐渐增加，如图 7.26(b) 所示，成形力迅速上升。当行程达到 315mm 时，预制孔短长轴方向(x 向)材料也与上模接触，如图 7.26(c) 所示，弯曲变形，此时成形力达到最大值。

在行程达到 315mm 时，预制孔短轴方向上支管变形基本完成。在温翻边成形第二阶段，主要是定径形成竖直边，支管端部(预制孔短轴附近区域)会与上模脱离接触，如图 7.26(d) 所示。虽然预制孔短长轴区域与上模接触是稳定增加的，但脱离接触的区域更大。直至上模行程增加到 430mm 时即成形第二阶段最后，支管口部材料与上模的竖直边再次发生接触，如图 7.26(e) 所示，但接触区域减小。因此，在温翻边成形第二阶段，载荷不断减小。

　　在温翻边成形的第三阶段，只有支管端口处的材料与上模接触，其他部分的材料已经完成了拉拔成形。支管端口的材料开始和上模的定径段接触，如图 7.27(a) 所示，其接触逐渐加强并稳定，如图 7.27(b) 所示，因此表现出载荷小幅上升并稳定于某一值不变这一现象。随后成形支管端口处材料逐渐完成温翻边成形，开始与上模脱离接触，直至不接触，如图 7.26(h) 所示。因此，在温翻边成形的第五阶段，成形力逐渐降低直至为 0。

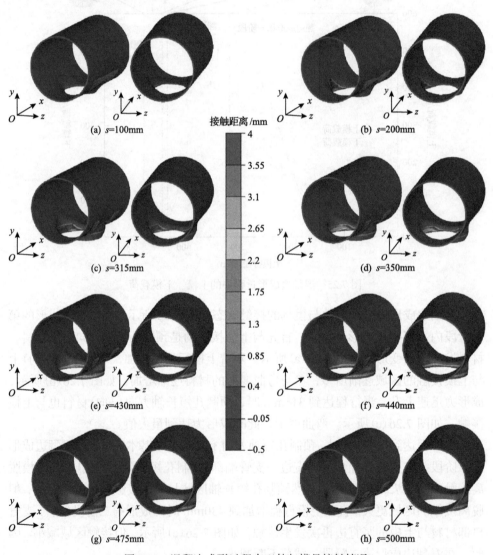

图 7.26　温翻边成形过程中工件与模具接触情况

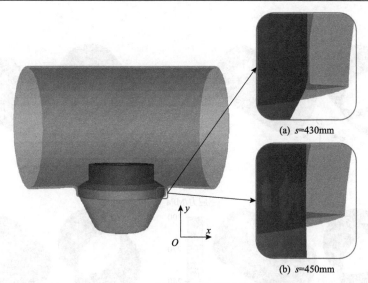

(a) s=430mm

(b) s=450mm

图 7.27　第三、第四阶段支管端部接触情况

2. 场变量演化

　　温翻边成形过程中典型阶段的工件应力场分布如图 7.28 所示。首先与上模接触的是预制孔的短轴区域，该处应力逐渐增减，并逐渐沿预制孔周向扩展，这与接触区域演化类似。当上模行程达到 315mm 时，大应力（＞270MPa）区域达到最大，此时成形载荷也达到最大。随后大应力区域逐渐减少，载荷随之下降。当行程达到 430mm 时，支管大部分变形基本完成，仅有端部（特别是预制孔长轴区域）很少部分有待最后的定径翻边。因此，此后阶段大应力区域较少，最大应力普遍小于 240MPa，大部分区域应力小于 200MPa。

　　温翻边成形过程中典型阶段的工件应变场分布如图 7.29 所示。在温翻边成形过程中工件应变场分布及演化情况与应力场类似。但应变是累计值，其大小是持续增加的。在预制孔的短轴区域首先发生变形，塑性变形区域沿预制孔周向、径向扩展。塑性变形区域集中在支管及其与主管相邻较小的过渡区域，其他区域没有变形。当行程达到 430mm 时，变形基本完成。之后成形阶段，仅支管端部（特别是预制孔长轴区域）很少部分有塑性变形，因此其应变场几乎不变，如图 7.29（e）～（h）所示。

7.3.4　回弹分析

　　从表 7.5 可以看出，与卸载回弹过程中的尺寸变化相比，冷却过程中的尺寸变化很小，因此本节主要关注卸载导致的回弹。弹性卸载过程中，温翻边成形过程累积的弹性能在一个计算步释放，如图 7.11 所示。回弹过程的位移和速度场如图 7.30 所示。

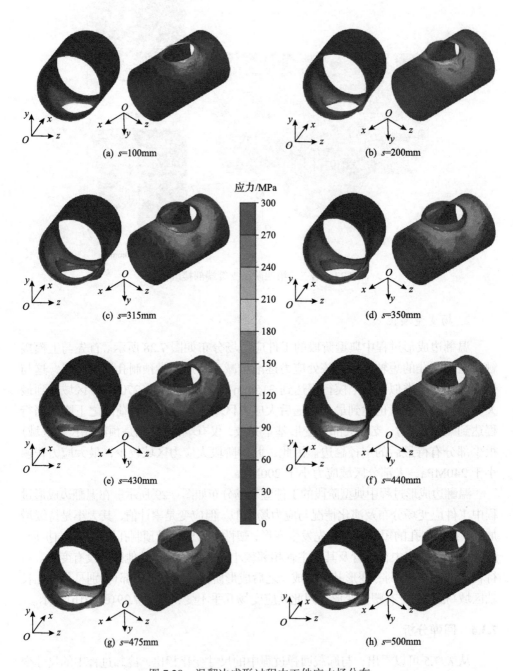

图 7.28　温翻边成形过程中工件应力场分布

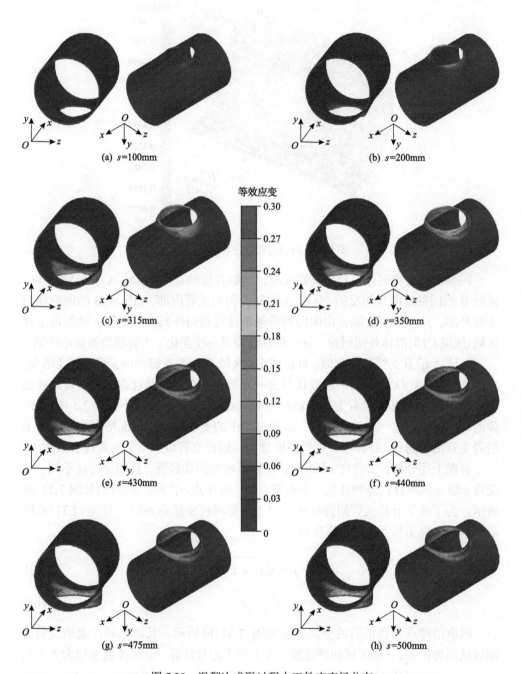

图 7.29　温翻边成形过程中工件应变场分布

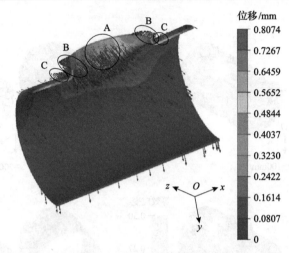

图 7.30　回弹过程的位移及速度场

　　回弹主要支管附近，对于支管区域，预制孔短轴(z 轴)区域 A 和长轴(x 轴)区域 B 的回弹反向是相反的。区域 A 的回弹朝向支管内部，而区域 B 的回弹朝向支管外部。从 z 轴到 x 轴，由向内回弹逐渐过渡到向外回弹。支管 x 轴附近主管区域(区域 C)向筒体外侧回弹，这一位移趋势进一步强化了主管翘曲等成形缺陷。

　　区域 A 沿着支管径向收缩，直径减小；区域 B 沿着支管径向扩张，直径增大。表 7.5 中 D_x 和 D_y 回弹前后的变化与这一趋势相吻合，冷却过程中的支管尺寸变化也是如此。区域 A 沿着支管沿轴向(y 轴)收缩，支管高度减小，表 7.5 中 H_y 回弹前后的变化与这一趋势相吻合，冷却过程中的支管尺寸变化也是如此。区域 B 沿着支管沿周向(y 轴)扩张，支管高度增大，因此支管口部不平的程度会减少。

　　根据上述分析，支管在 x 轴区域、z 轴区域的回弹显著，且回弹特征不同。在支管 x 轴、z 轴附件内外侧各取 5 个追踪点(共 40 个点)用于定量分析，如图 7.31(a)所示。为了便于分析支管回弹特征，建立局部圆柱坐标系 $\rho\theta z'$，如图 7.31(a)所示，其和全局坐标系 xyz 的关系为

$$\rho = \sqrt{x^2 + z^2} \tag{7.13}$$

$$z' = -y \tag{7.14}$$

　　所取追踪点回弹前后的全局坐标如图 7.31(b)所示。其结果同样表明支管 x 轴区域回弹扩张，z 轴区域回弹收缩。为了便于定量计算，设回弹前坐标为 P_i (x_i, y_i, z_i)，回弹后坐标为 P_i^s (x_i^s, y_i^s, z_i^s)，所取 40 个点回弹前后径向和轴向变化按式(7.15)和式(7.16)计算。当坐标值差为负时，回弹后尺寸沿该方向收缩；当坐标值差为正时，回弹后尺寸沿该方向扩张。

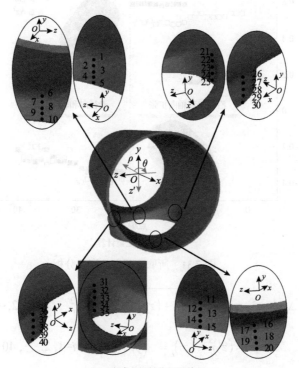

(a) 追踪点初始位置及编号

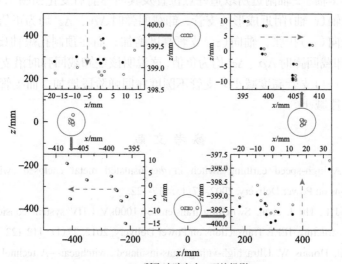

(b) 所取追踪点在 xz 面的投影

● 回弹前；○ 回弹后；----→ 回弹方向

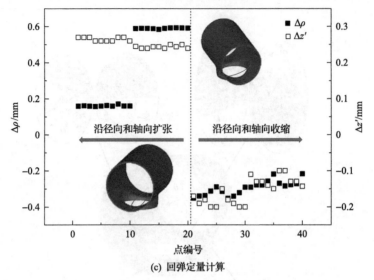

图 7.31　所取追踪点的回弹分析

$$\Delta\rho = \rho_i^s - \rho_i = \sqrt{\left(x_i^s\right)^2 + \left(z_i^s\right)^2} - \sqrt{x_i^2 + z_i^2}\ , \quad i=1,2,\cdots,40 \tag{7.15}$$

$$\Delta z' = \left(z'\right)_i^s - \left(z'\right)_i = -\left(y_i^s - y_i\right), \quad i=1,2,\cdots,40 \tag{7.16}$$

在支管 x 轴、z 轴附近所取追踪点位置及其回弹前后变化如图 7.31(c)所示。在预制孔长轴(x 轴)附近成形的支管,卸载回弹时 $\Delta\rho$、$\Delta z'$ 均为正值,这说明该处支管沿径向(ρ)扩张,轴向(z')支管高度增加;而在预制孔短轴(z 轴)附近成形的支管,卸载回弹时 $\Delta\rho$、$\Delta z'$ 均为负值,这说明该处卸载回弹时沿支管径向(ρ)收缩,轴向(z')支管高度减小。支管不圆度在回弹阶段增加,而支管端部不平程度在回弹阶段减小。

参 考 文 献

[1] Bojic P. A high-speed earthing switch in gas-insulated metal enclosed switchgear. IEEE Transactions on Power Delivery, 2002, 17(1): 117-122.

[2] Li C, He J L, Hu J, et al. Switching transient of 1000kV UHV system considering detailed substation structure. IEEE Transactions on Power Delivery, 2012, 27(1): 112-122.

[3] Riechert U, Holaus W. Ultra high-voltage gas-insulated switchgear—A technology milestone. European Transactions on Electrical Power, 2012, 22(1): 60-82.

[4] 刘洪正. 高压组合电器. 北京: 中国电力出版社, 2014.

[5] Wen T, Zhang Q G, Qin Y F, et al. On-site standard lightning impulse test for 1100kV gas-insulated switchgear with large capacitance. IEEE Electrical Insulation Magazine, 2016, 32(6): 36-43.

[6] Wang N M, Wenner M L. An analytical and experimental study of stretch flanging. International Journal of Mechanical Sciences, 1974, 16(2): 135-143.

[7] Li C F, Yang Y Y, Li S B. Deformation analysis and die-design principles in shrink curved flanging. Journal of Materials Processing Technology, 1995, 51(1-4): 164-170.

[8] Wang C T, Kinzel G, Altan T. Failure and wrinkling criteria and mathematical modeling of shrink and stretch flanging operations in sheet-metal forming. Journal of Materials Processing Technology, 1995, 53(3-4): 759-780.

[9] Hu P, Li D Y, Li Y X. Analytical models of stretch and shrink flanging. International Journal of Machine Tools and Manufacture, 2003, 43(13): 1367-1373.

[10] Xu F, Lin Z Q, Li S H, et al. Study on the influences of geometrical parameters on the formability of stretch curved flanging by numerical simulation. Journal of Materials Processing Technology, 2004, 145(1): 93-98.

[11] Huang Y M, Chien K H. The formability limitation of the hole-flanging process. Journal of Materials Processing Technology, 2001, 117(1-2): 43-51.

[12] Borrego M, Morales-Palma D, Martínez-Donaire A J, et al. Analysis of formability in conventional hole flanging of AA7075-O sheets: punch edge radius effect and limitations of the FLC. International Journal of Material Forming, 2020, 13(2): 303-316.

[13] Chen T C. An analysis of forming limit in the elliptic hole-flanging process of sheet metal. Journal of Materials Processing Technology, 2007, 192-193: 373-380.

[14] Yu X Y, Chen J, Chen J S. Influence of curvature variation on edge stretchability in hole expansion and stretch flanging of advanced high-strength steel. The International Journal of Advanced Manufacturing Technology, 2016, 86(1-4): 1083-1094.

[15] Frącz W, Stachowicz F, Trzepieciński T. Investigations of thickness distribution in hole expanding of thin steel sheets. Archives of Civil and Mechanical Engineering, 2012, 12(3): 279-283.

[16] Vafaeesefat A, Khanahmadlu M. Comparison of the numerical and experimental results of the sheet metal flange forming based on shell-elements types. International Journal of Precision Engineering and Manufacturing, 2011, 12(5): 857-863.

[17] Kumagai T, Saiki H. Deformation analysis of hole flanging with ironing of thick sheet metals. Metals and Materials, 1998, 4(4): 711-714.

[18] Lin Q Q, Dong W Z, Wang Z G, et al. A new hole-flanging method for thick plate by upsetting process. Transactions of Nonferrous Metals Society of China, 2014, 24: 2387-2392.

[19] 马永杰, 王红卫, 侯月玲. GIS 壳体三通口成形的数值模拟及参数优化. 锻压技术, 2008, 33(6):159-162.

[20] An H P, Liu J S. Research on new thermal hole flanging process of connection tube forming in heavy nuclear power thick-wall head. Materials Science Forum, 2011, 704-705: 119-123.

[21] 刘丽敏, 钟志平, 谢谈, 等. ϕ508mm 等径三通拉拔工序数值模拟与实验研究. 塑性工程学报, 2009, 16(5): 15-20.

[22] Lei C X, Xing Z W, Xu W L, et al. Hot stamping of patchwork blanks: Modelling and experimental investigation. The International Journal of Advanced Manufacturing Technology, 2017, 92(5-8): 2609-2617.

[23] Sirvin Q, Velay V, Bonnaire R, et al. Mechanical behaviour modelling and finite element simulation of simple part of Ti-6Al-4V sheet under hot/warm stamping conditions. Journal of Manufacturing Processes, 2019, 38: 472-482.

[24] Liu H S, Liu W, Bao J, et al. Numerical and experimental investigation into hot forming of ultra high strength steel sheet. Journal of Materials Engineering and Performance, 2011, 20(1): 1-10.

[25] Zhang D W, Shi T L, Zhao S D. Through-process finite element modeling for warm flanging process of large-diameter aluminum alloy shell of gas insulated (metal-enclosed) switchgear. Materials, 2019, 12(11): 1784.

[26] Ben N Y, Zhang D W, Liu N, et al. FE modeling of warm flanging process of large T-pipe from thick-wall cylinder. The International Journal of Advanced Manufacturing Technology, 2017, 93(9-12): 3189-3201.

[27] 刘楠, 赵向苹, 张大伟, 等. 高压电气用壳体翻边工艺过程分析及翻边口精度提升. 高压电器, 2019, 55(5): 245-250.

[28] 中华人民共和国国家标准. 金属材料　拉伸试验　第 2 部分: 高温试验方法(GB/T 228.2—2015). 北京:中国标准出版社, 2015.

[29] 杨蕴林, 陈国英, 董企铭, 等. 在普通拉伸试验机上实现恒应变速率变形的方法. 洛阳工学院学报, 1985, 6(2): 57-64.

[30] Zhang D W, Cui M C, Cao M, et al. Determination of friction conditions in cold-rolling process of shaft part by using incremental ring compression test. The International Journal of Advanced Manufacturing Technology, 2017, 91(9-12): 3823-3831.

[31] Transvalor S A. Reference documentation of FORGE® NxT. 2017.

[32] ASM International Handbook Committee. Wrought Tool Sheets, ASM Handbook Volume 1 Properties and Section: Irons, Steels, and High Performance Alloys. Materials Park, Ohio: ASM International, 1990.

[33] ASM International Handbook Committee. Properties of Wrought Aluminum Alloys, ASM Handbook Volume 2 Properties and Section: Nonferrous Alloys and Special-Purpose Materials. Materials Park, Ohio: ASM International, 1990.

[34] Zhang D W, Yang H, Sun Z C. Finite element simulation of aluminum alloy cross valve forming by multi-way loading. Transactions of Nonferrous Metals Society of China, 2010, 20(6): 1059-1066.

[35] 朱德忠, 贾长祥, 原遵东, 等. 氧-乙炔火焰喷涂枪的火焰温度测量. 工程热物理学报, 1985, 6(1): 96-98.

[36] 傅秦生. 热工基础与应用. 2 版. 北京: 机械工业出版社, 2007.

[37] Viskanta R. Heat transfer to impinging isothermal gas and flame jets. Experimental Thermal and Fluid Science, 1993, 6(2): 111-134.

[38] Zhang D W, Yang H, Sun Z C. 3D-FE modelling and simulation of multi-way loading process for multi-ported valves. Steel Research International, 2010, 81(3): 210-215.

[39] Takuda H, Mori K, Masuda I, et al. Finite element simulation of warm deep drawing of aluminium alloy sheet when accounting for heat conduction. Journal of Materials Processing Technology, 2002, 120(1-3): 412-418.

[40] Zhang D W, Ou H G. Relationship between friction parameters in a Coulomb-Tresca friction model for bulk metal forming. Tribology International, 2016, 95: 13-18.

[41] 张大伟, 施天琳, 赵升吨. 一种大口径厚壁筒体渐进柔性翻边装置及工艺: 中国, ZL201810130058.6. 2018.

[42] 张大伟, 施天琳, 田冲, 等. 一种筒体渐进翻边成形工具头的设计方法: 中国, ZL201810210431.9. 2018.

[43] 张大伟, 田冲, 施天琳, 等. 一种大型壳体支管法兰一体化复合渐进成形装置及工艺: 中国, ZL201910159914.5. 2019.

第8章　基于建模仿真的金属成形过程优化设计

8.1　复杂构件锻造预成形坯料设计

锻件预成形坯料设计是保证成形工艺顺利进行、获得无缺陷锻件、降低锻造载荷的关键环节。而对于大型复杂构件，其预成形坯料形状影响到制坯工艺的周期、成本、预成形组织性能。对于形状复杂的构件，需要采用合理的预成形坯料形状进行初步的材料体积分配，以避免成形缺陷、降低成形载荷、实现近净成形，并缩短成形周期、减少成本，预成形坯料设计的重要性更加突出。

8.1.1　锻造预成形坯料设计方法

目前，金属体积成形中预成形坯料设计的方法大体可分为三类：基于反向模拟技术的预成形坯料设计、基于优化设计方法的预成形坯料设计、基于正向过程分析的预成形坯料设计[1]。

体积成形过程反向模拟的数值方法有上限元法和有限元法，是在 20 世纪 80 年代发展而来的。上限元法把构件和模具的边界简化为直边界，建立模型较为简单，计算量小，其精度也比有限元法差些。有限元法可全面考虑构件和模具的边界形状及复杂的边界条件，但是也带来了计算量大、效率低等问题。

20 世纪 80 年代，在 Battelle Columbus 实验室开发的有限元分析软件平台上，Park 等[2]提出了有限元反向模拟技术，从最终给定的形状和条件出发，沿成形过程相反的方向模拟计算获得初始坯料形状。如图 8.1 所示，在 $t = t_0$ 时刻，变形体在 Q 点的几何构形为 x_0，Q 点由 P 点（$t = t_{0-1}$）通过 Δt 时间增量变形而来。P 点的几何构形为 x_{0-1}，速度场为 u_{0-1}，并有 $x_0 = x_{0-1} + u_{0-1}$。反向模拟就是基于 Q 点的已知信息（几何构形为 x_0）求解 P 点的速度场为 u_{0-1}，并确定 P 点的几何构形为 x_{0-1}，这一过程要通过反复的几何迭代和正向模拟验证。

反向模拟技术的关键问题主要有：如何考虑材料属性的影响，如加工硬化；如何修正边界条件变化（脱模准则）；解的唯一性问题。很明显，反向模拟中对边界条件处理不同，会获得不同的预成形坯料形状。Park 等[2]在提出反向模拟方法后，将其应用于设计壳体缩口的预成形坯料以避免壁厚不均匀问题。采用控制预成形件的几何形状来处理反向模拟中的动态边界条件建立脱模准则，这种准则本质是人为规定反向模拟过程中节点脱模的时间和位置，一般仅适用于几何形状较简单的构件。具体地，针对壳体缩口采用外径不变和内径不变两种方法，相应获得两种预成形坯料形状。赵国群等[3~6]也先后发展了基于边界接触点受力特征、工件形状复杂系数、反向模具接触跟踪等方法建立反向模拟中的脱模准则。

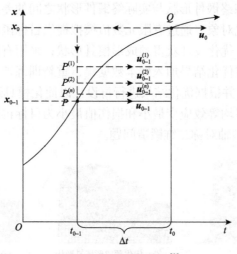

图 8.1　反向追踪方案[2]

反向模拟的难点在于如何处理反向模拟的动态边界条件以及脱模准则的确定，而目前二维边界问题还没有通用的处理办法，对于三维问题边界条件处理和节点脱模准则确定更为复杂。大型复杂构件锻造过程的三维有限元正向模拟分析需要较长的计算时间，而大部分的有限元反向模拟都存在计算效率低、计算时间远大于正向模拟时间等问题。

为了减少预成形设计的盲目性，优化设计方法被引入预成形设计，将优化设计方法与正向有限元数值模拟相结合，实现预成形坯料形状的设计。其本质是基于所建立的优化设计目标(充填性能、实际锻件形状与理想锻件形状的一致性等)和优化设计变量(坯料形状、预锻模具形状等)之间的函数关系，通过优化设计方法(包括灵敏度分析法、遗传算法、神经网络等)获取最优的预成形坯料形状(或预锻模具形状)。

灵敏度分析是一种广泛应用于计算目标函数梯度的方法，较早用于预成形坯料形状(或预锻模具形状)的优化设计[7~9]。然而，实际应用中存在灵敏度方程推导复杂、灵敏度计算针对特定的目标函数和设计变量并嵌入有限元程序中等问题。针对这些问题，Kusiak[10]率先将非梯度型优化方法引入金属体积成形过程优化设计。该方法采用商业有限元软件求解目标函数值，用近似函数表示目标函数和设计变量之间的关系，通过求近似函数的极值，最终获取优化结果。Kusiak 采用这种方法以锻件奥氏体晶粒大小分布均匀为目标，以预成形模具型腔形状为优化对象，对轴对称闭模锻造进行了预成形优化设计。

另外一种非梯度型方法——响应面法也逐渐在金属体积预成形设计中得到广泛应用。该方法是采用响应曲面近似模型描述目标函数和设计变量之间的关系。汤禹成等[11, 12]以理想终锻件形状与实际终锻件形状之间的差别为目标函数，以预成形模具形状为优化对象，通过有限元数值模拟提供目标函数值，应用神经网络法生成响应面模型，优化设计获得预成形模具形状；采用有限元正向模拟验证，若不满足要求，则将优化结果加入样本数据集，重新训练神经网络，然后优化，直至满足期望要求。并根据优化结果进行再设计以简化模具形状，如图 8.2 所示，在此基础上分别以平均等效应变最小和损伤值最小为目标再次进行优化设计，该方法成功应用于 H 型轴对称二维锻造问题。

　　(a) 终锻件形状　　　　　　　(b) 优化预成形坯料形状　　　　　(c) 再设计预成形坯料形状

图 8.2　预成形坯料形状优化与再设计[12]

遗传算法、神经网络等智能优化算法也被引入预成形设计。Roy 等[13]指出传统简单遗传算法的群规模一般为 30~200，而微观遗传算法的群规模可少至 5；遗传算法用于金属成形过程分析时，其目标函数通过有限元分析获取，为了减少数值模拟的规模和时间，一般采用微观遗传算法用于预成形优化设计。Roy 等分别对线拉拔、管型截面拉拔以及汽车零件冷锻过程进行了优化设计，获得了优化的模具形状和成形工步数。Kim 等[14]提出神经网络结合有限元正向模拟进行预成形设计，通过有限元正向模拟获得样本数据训练神经网络模型。

近年来，在结构轻量化设计中广泛应用的拓扑优化方法也被用于金属体积成形预成形坯料形状优化设计。根据有限元正向模拟结果计算单元应力，从而决定下一优化迭代步中预成形坯料形状拓扑单元的增删[15]。与轻量结构设计中拓扑优化不同，预成形坯料设计的拓扑优化中单元增删只能在坯料边界进行，并且其判断准则中要考虑到拉、压变形状态的不同。

将优化方法与正向数值模拟相结合用于预成形坯料形状设计大都用于二维问题，在三维问题上的应用一般是较为简单的构件。并且目标函数都是在给定条件下建立的，改变目标函数和设计变量，需要重新推导灵敏度方程或重新获取样本数据构建预测模型。对于大型复杂具有极端尺寸配合特征的三维构件的预成形优化设计，复杂型腔结构多、大小尺度极端配合、参变量个数大大增加，加大了设计变量选取和目标函数建立的难度。此外，灵敏度分析法实际应用中还存在复杂灵敏度方程推导的问题、非梯度型优化方法存在如何通过有限元正向模拟高效地获取一定量的适用样本数据的问题；遗传算法还存在迭代次数多、计算量大等问题；神经网络法还存在如何提高样本数据获取效率等问题。

无论采用反向模拟方法还是优化方法获得的预成形坯料形状，都还需要进行正向成形过程验证，并且根据分析结果可能需要进一步地修正调整。而且通过反向模拟方法或优化方法获取的预成形坯料形状一般都比较复杂或接近终锻件形状，为了便于加工、降低成本，可能会进行再设计，修改简化坯料形状。直接基于正向过程分析结果设计预成形坯料形状，然后通过试验等手段试错，会比较简单明了，基于专家知识和理论分析修改调整比较方便且易于掌握，但可能会费时费力。

基于正向过程分析的预成形坯料设计的关键和难点是如何快速设计初始坯料形状，以减少试错的次数或选择坯料形状的范围。实际上在反向模拟中，初始选择的预成形坯料对动态边界条件和反向模拟结果产生较大的影响；结合优化方法的预成形设计中，初始选择的预成形坯料(或一组坯料)对迭代次数/时间以及优化结果也会产生较大的影响。因此，确定设计初始坯料形状是一个共性问题，基于正向过程分析试错的预成形设计仍具有一定的应用价值和范围，特别是对一些反向模拟和数学优化方法暂时还做不到的问题。

最初的坯料预成形设计来源于长期生产实践积累的经验性知识，根据丰富的经验知识总结归纳出一定的设计准则，根据这些准则和个人经验设计预成形坯料形状，然后在生产中调整修正，获得满足要求的形状。随着滑移线法和主应力法等金属成形过程解析分析方法的出现，结合正向成形过程的解析分析设计预成形坯料，然后根据正向成形过程分析结果调整修正坯料形状。根据相似理论，通过适当的构造，金属塑性成形过程中的速度场和静电场具有相同的场方程，可以根据静电场中的等势线快速设计多个预成形坯料形状，通过正向成形过程分析选择找出合理的预成形坯料形状。早期试验过程采用真实的工业试验，不仅带来严重的设备损耗、材料浪费，而且高温成形操作困难，时间周期长、费用高。为了减少这一现象，人们采用廉价的、所需成形载荷小的、能在室温下模拟高温塑性变形的材料(如铅、塑性泥、蜡等)进行物理模拟试验。随着计算机和计算机辅助工程(computer aided engineering, CAE)技术的发展，数值模拟方法已成为求解复杂问题的强有力工具，它可以虚拟实现复杂成形过程，将大量反复试验在计算机上完成，从而减少制造费用、缩短研发周期，因此采用数值模拟方法进行虚拟研究成为塑性成形研究的发展趋势。

基于正向成形过程分析的预成形坯料形状设计过程如图 8.3 所示，采用积累的经验知识(手册、经验准则)、解析法(滑移线场法、主应力法)、相似理论(静电场)等设计一个或多个预成形坯料，然后采用试验方法(工业试验、物理模拟试验、数值模拟)修改预成形坯料形状或选择一个较优的预成形坯料形状。

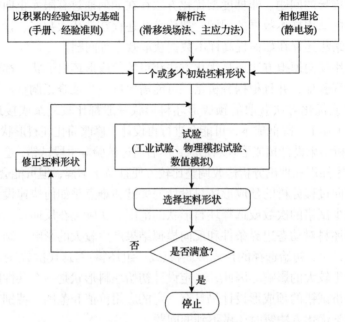

图 8.3　基于正向成形分析的预成形坯料形状设计过程

航空航天工业中应用广泛的大型整体高筋薄腹构件,可有效地提高结构效率、减轻装备重量、提升服役性能[16~18]。大型筋板类构件具有高筋薄腹的结构特征,不仅物理尺寸大、结构形状复杂、材料难变形(钛合金、铝合金、镁合金),并且具有极端尺寸配合特征。如图 6.30 所示构件,其长大于 1300mm,宽接近 1000mm,而筋宽不足 20mm,筋腹板处的过渡圆角半径仅有 5mm。一般其成形工艺采用闭式模锻工艺。在成形过程中由于已成形筋条的"钉扎"作用,跨越已成形筋条的远程材料流动十分困难,并且越过已成形型腔的材料流动会产生成形缺陷[19]。为了保证型腔充填、避免成形缺陷,需要改变坯料厚度分布以获得初步的体积分配。为了减少无益的材料流动,坯料在水平面内的投影形状应当接近于锻件投影形状。并根据体积分配,改变局部坯料厚度以保证型腔充满、不产生成形缺陷。

对于筋板类构件,一般其预成形坯料形状类似于终锻件,往往是对终锻件筋条的高、宽、圆角半径进行放缩来设计预成形坯料[19]。例如,分别采用物理模拟手段[19]、有限元方法[20]对形状如图 8.4(a)所示的筋板类构件的整体锻造成形进行预成形设计,该预成形坯料不同厚度间的过渡形式复杂,以至于在筋条和腹板区域几乎为空间曲面。文献[20]中的锻件长 49mm、宽 35mm,其形状如图 8.4(a)所示,设计的中间预成形坯料形状如图 8.4(b)所示,最终预成形坯料形状更加复杂。其他预成形优化设计也是类似,所获得的坯料形状一般是复杂、接近终锻件形状。对于构件尺寸巨大、合金材料锻造温度窄、成形工艺复杂的大型钛合金筋板类构件,复杂的预成形坯料需要多个火次的预锻,而且为了保证预锻件形状,可能需要采用等温成形。图 6.30 所示 TA15 钛合金隔框构件局部加载等温成形工业试验中,模具升温时间约为 7 天。钛合金等温锻造中模具材料一般为高温镍基合金,价格十分昂贵并且难加工。不仅费用高、周期长,多火次还会影响最终构件的组织性能。

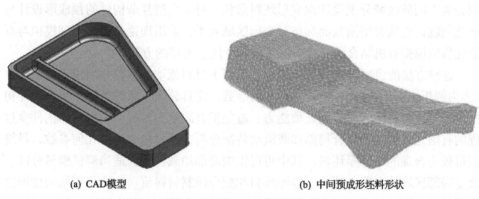

(a) CAD模型　　　　　　　　　　　　　　(b) 中间预成形坯料形状

图 8.4　文献[20]中筋板类构件

　　因此,复杂的预成形坯料难以适用于小批量的大型复杂构件。对于难变形材料大型筋板类构件,其预成形坯料应满足如下要求[21]:①坯料形状简单,便于制坯;②能够初步完成材料体积分配,改善型腔充填。而简单不等厚坯料能够满足这两点要求,其水平投影形状应当接近于锻件投影形状,以简单的台阶式结构改变坯料厚度分布。虽然不等厚坯料在变形均匀性等方面欠佳,但采用简单不等厚坯料结合局部加载可以降低成本,有效改善大型钛合金筋板构件型腔充填。

　　吕炎等[22~24]通过对镁合金上机匣成形过程的有限元值模拟和物理模拟试验结果,设计不等厚坯料,保证四个凸耳型腔处有足够的金属量。张会等[25]采用铅和铝合金作为钛合金等温成形过程的模拟材料,应用物理模拟试验方法确定了 Z形截面的钛合金筋板类构件等温成形的不等厚坯料形状,两端厚、中间薄,投影平面与模具型腔投影平面大小相等。对 H 形轴对称筋板构件复杂的预成形坯料形状进行二次优化设计获得简单形状坯料[12],如图 8.2 所示。

　　对于大型复杂的具有极端尺寸配合特征的隔框构件,大小尺度极端配合、高筋薄腹复杂结构、参变量个数大大增加,反向模拟的动态边界处理困难,设计变量选取和目标函数建立难度较大。并且局部加载等温成形全过程的三维有限元模拟分析需要较长的计算时间,如图 6.30 所示构件局部加载等温成形的有限元模拟

采用 DEFOEM-3D 5.0 软件，在 CPU3.60GHz 的 HP 工作站进行，正向模拟所需的
CPU 时间超过 220h。反向模拟和正向模拟优化设计大型复杂构件的预成形坯料
不仅面临巨大的技术挑战，而且计算时间长、设计坯料形状复杂。

　　无论采用何种方法进行预成形设计，初始预成形坯料形状的设计或选择是关
键，而这一预成形坯料形状是由经验知识、塑性理论、基本设计原则初步设计的。
对于三维预成形坯料形状设计，一般会通过考虑材料流动平面上的流动特征设计
典型截面的预成形坯料形状；或者根据构件的结构特征或成形过程的变形特征，
划分为不同的区域分别设计预成形坯料形状。对于大型复杂构件的预成形设计与
优化问题，先从典型横截面和典型变形区域入手，采用理论分析、物理模拟与有
限元数值模拟有机结合的方法应该是较为适用、可靠的方法。

　　这种方法的典型过程为[21]：以加载特征下材料流动、型腔充填快速预测模型
（多为解析模型）为基础，结合考虑几何参数、模具分区、摩擦条件，初步设计初
始不等厚坯料；然后以提高充填能力、避免折叠缺陷为目标，根据整体构件全过
程的有限元模拟结果结合局部加载流动特征分析，调整修改坯料几何参数，最终
获得较为合理的不等厚坯料。其中也可根据局部加载特征，适当调整模具分区、
改变局部区域的摩擦条件与不等厚坯料相配合控制材料流动，达到不均匀变形协
调的目的。图 6.1 所示复杂大件局部加载过程优化流程中包含了这一思路指导下
的大型筋板类构件简单不等厚坯料设计。

8.1.2　多筋构件平面应变主应力法分析系统

　　本节分析大型筋板类构件采用不等厚坯料的局部加载成形中可能出现的加载
状态，并采用主应力法分别建立不同加载状态下的材料流动解析模型[26~28]，建立
了坯料变厚度区倒角过渡形式下过渡条件演化模型[29]，应用偏最小二乘回归建立
模具分区附近流向未加载区材料的分配比率[30]，在此基础上开发多筋构件局部加
载成形快速分析系统[31]，构建初始不等厚坯料设计的关键一环。进而采用如图 6.1
所示的解析-数值混合方法设计某大型隔框构件局部加载成形用不等厚坯料，其中
基于三维有限元分析的坯料形状修正仅 2 次[21]。

　　1. 模具与工件的几何描述

　　航空航天用筋板类构件拔模斜度较小，甚至为 0，且一般采用闭式模锻。
模具型腔与锻件形状是相对应的，以锻件尺寸结构描述相应的模具型腔。考虑
筋型腔拔模斜度、过渡圆角（圆角半径为 r）的主应力分析结果表明，拔模斜度
（1°~5°）对充填筋高的影响较小：$r/b < 0.75$，考虑过渡圆角、拔模斜度与不考
虑主应力法分析结果之间的误差普遍小于 10%；$r/b > 0.75$，过渡圆角半径的

增大对结果的影响甚微[32]。因此，本节的主应力法模型中不考虑筋型腔拔模斜度和过渡圆角。根据实际某筋板类隔框构件的横截面几何结构特征，横截面典型的几何特征如图 8.5 所示，充分考虑到筋高、筋宽、腹板厚度变化及其分布位置。

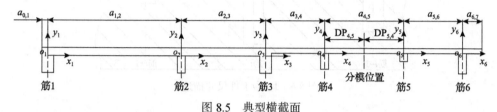

图 8.5　典型横截面

为了便于程序中相关计算，如加载模式判断、体积分配计算、接触边界处理等，对构件尺寸结构做如下约定：

(1)设横截面上共有 N 个筋，从构件的一端至另一端依次为筋 1、筋 2、$\cdots$、筋 N，记作筋 i，$i=1, 2, \cdots, N$，筋 1 和筋 N 分别为构件两端的筋。

(2)在筋 i 中心建立局部坐标系 $o_i x_i y_i$，x_i 轴正向指向 i 增大方向。

(3)筋宽记作 b_i，$i=1, 2, \cdots, N$。

(4)筋 i 和筋 $i+1$ 之间的距离记作 $a_{i,i+1}$；对于构件两端的筋条筋 1 和筋 N，筋中心到边缘的距离分别记作 $a_{0,1}$ 和 $a_{N,N+1}$，其中 $a_{i,i+1} = a_{i+1,i} > 0$。

(5)筋 i 两侧的高度分别记作 $h_{i,i-1}$、$h_{i,i+1}$，$i=1, 2, \cdots, N$。若 $a_{0,1} = b_1/2$，则 $h_{1,0} = h_{1,2}$；若 $a_{N,N+1} = b_N/2$，则 $h_{N,N+1} = h_{N,N-1}$。筋 i 的筋高记作 h_i，$i=1, 2, \cdots, N$，若 $h_{i,i-1} = h_{i,i+1}$，则 $h_i = h_{i,i-1} = h_{i,i+1}$；若 $h_{i,i-1} \neq h_{i,i+1}$，则 $h_i = \min(h_{i,i-1}, h_{i,i+1})$。

(6)筋 i 和筋 $i+1$ 间的腹板厚度记作 $t_{i,i+1}$，$i=0, 1, \cdots, N$，其中 $t_{i,i+1} = t_{i+1,i} > 0$。

设分模位置位于筋 i 和筋 j 之间，则筋 i 中心到分模位置的距离记作 $DP_{i,j}$，筋 j 中心到分模位置的距离记作 $DP_{j,i}$，如图 8.5 所示。若 $i \neq j$，则为腹板分区方式；若 $i=j$，则为筋上分区方式。

为了便于后续相关计算，如加载模式判断、体积分配计算、接触边界处理等，对坯料/工件尺寸结构做如下描述：

(1)筋 i 型腔对应区域坯料厚度记作 $H_{i,i}$，$i=1, 2, \cdots, N$(成形过程中不包括型腔部分的充填筋高)，腹板对应区域坯料厚度记作 $H_{i,i-1}$、$H_{i,i+1}$，$i=1, \cdots, N$，其中 $H_{i,i+1} = H_{i+1,i} > 0$ (不适用于成形过程中模具分区附近)，如图 8.6 所示。若 $a_{0,1} = b_1/2$，则 $H_{1,0} = H_{1,1}$；若 $a_{N,N+1} = b_N/2$，则 $H_{N,N+1} = H_{N,N}$。对坯料厚度 $H_{i,i-1}$，$H_{i,i+1}$ 约定为 $H_{i,j}$。

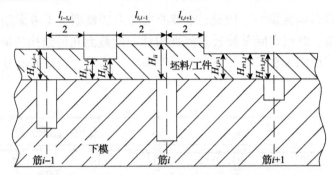

图 8.6　坯料/工件尺寸描述

(2)筋 i 中心到变厚度区的距离记作 $l_{i,i-1}/2$、$l_{i,i+1}/2$，$i=1, 2, \cdots, N$。对 $l_{i,i-1}/2$，$l_{i,i+1}/2$ 约定为 $l_{i,j}/2$。若 $l_{i,j}=0$，则 $H_{i,i}=H_{i,j}$；若 $l_{i,j}>0$，则 $H_{i,i}>H_{i,j}$。

在成形过程中筋 i 和筋 j 之间存在分流层，在直角坐标系 $o_i x_i y_i$ 下表示为 $x_{k_{ij}}$；对于构件两端的筋条筋 1 和筋 N，筋和边缘之间的分流层位置记作 $x_{k_{1,1}}$、$x_{k_{N,N}}$。

2. 计算单元划分与计算列式

通常筋型腔两侧坯料、模具几何参数并不对称，其加载状态也可能不相同。因此，假设筋型腔中心为两侧区域的对称面，在两侧区域分别采用主应力法分析成形过程中的材料流动，计算流入筋型腔的材料体积，从而估算筋高。

对于加载区内 N_{loading} 个完整筋型腔，将加载区划分为 $2N_{\text{loading}}$ 个计算单元。在增量步长内，根据上一增量步的求解结果(工件几何参数、工件模具接触情况)，计算本增量区间内的工件几何参数、工件模具接触情况。根据几何参数、接触情况、加载情况，确定增量步长内的单元边界、计算公式。

从单元的分布位置可以把单元分为三类：一是在加载区中间，如图 8.5 中的筋 1 到筋 4 之间的单元(局部加载时)，以及筋 5 到筋 6 之间的单元(局部加载时)；二是在构件边缘，如图 8.5 中的筋 1 左侧(局部加载时)和筋 6 右侧(局部加载时)；三是在分模位置附近，如图 8.5 中的筋 4 右侧(局部加载时)和筋 5 左侧(局部加载时)。

对于第一类单元，在计算单元内可能存在整体加载情况和局部加载状态 2、局部加载状态 3。整体加载情况时，如图 8.7(a)所示，其分流层位置采用式(5.61)计算；局部加载状态 2 时，如图 8.7(b)所示，其分流层位置采用式(5.25)计算；局部加载状态 3 时，如图 8.7(c)所示，其分流层位置采用式(5.34)计算。

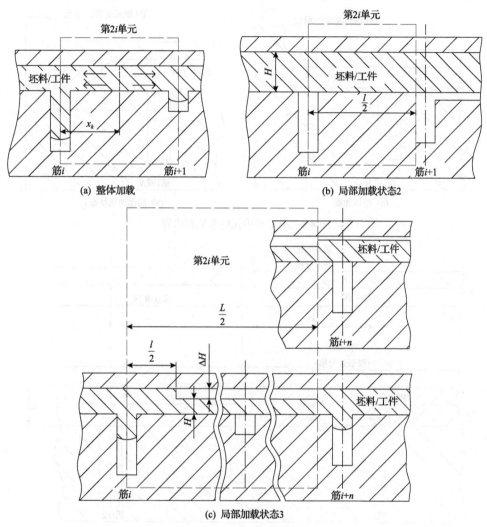

(a) 整体加载　　　　　　　　(b) 局部加载状态2

(c) 局部加载状态3

图 8.7　第一类单元的参数和边界

对于第二类单元，在计算单元内可能存在整体加载情况和局部加载状态 3，如图 8.8 所示。整体加载情况时，如图 8.8(a)所示，其分流层位置为 $a_{0,1}/2$ 或 $a_{N,N+1}/2$；局部加载状态 3 时，如图 8.8(b)所示，其分流层位置采用式(5.34)计算。

对于第三类单元，在计算单元内只有局部加载状态，理论上可能先出现模式 3 然后转变为局部加载状态 1。但由于分区位置附近设置变厚区容易导致折叠缺陷，一般计算单元只会出现局部加载状态 1，如图 8.9 所示，其分流层位置采用式(5.25)计算。

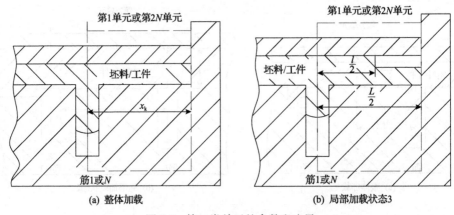

(a) 整体加载　　　　　　　　　　　(b) 局部加载状态3

图 8.8　第二类单元的参数和边界

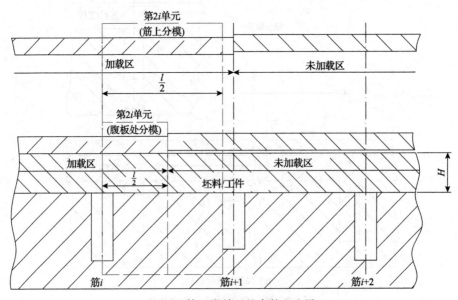

图 8.9　第三类单元的参数和边界

不考虑体积力和惯性力，设定初始接触条件为 $\min(t_{i,j})$ 区域与下模接触，加载区内 $\max(H_{i,i})$ 区域与上模接触。对于腹板较厚区域的坯料成形初期可能出现"触模-脱模-触模"情况，在此情况下几乎不发生塑性变形。当该区域坯料与上下模未完全接触时，应用主应力分析时假设坯料/工件相应区域向下刚性移动。在整个分析过程中坯料/工件与上下模接触以线(面)接触为主。

在成形过程中，筋 i 一侧(如 x 轴正向)充填筋型腔的金属体积 V_{in} 为

$$V_{\mathrm{in}} = \int_{s_1}^{s_2} x_{\mathrm{k}}(s)\mathrm{d}s \tag{8.1}$$

筋 i 一侧(如 x 轴正向)流向筋型腔之外的金属体积 V_{out} 为

$$V_{\text{out}} = \int_{s_1}^{s_2} \left(\frac{l}{2} - x_{\text{k}}(s) \right) \mathrm{d}s \tag{8.2}$$

根据筋 i 两侧流入筋型腔的材料可估算成形筋高,即

$$h = \frac{V_{\text{in}}^{\text{tot}}}{b} \tag{8.3}$$

对于流向筋型腔之外的材料,根据不同的加载情况,其分配不同:对于整体加载情况,如图 8.7(a)所示,充填筋 i+1 或筋 i−1 的筋型腔;对于局部加载状态 1,如图 8.9 所示,流入未加载区(或分区筋型腔);对于局部加载状态 2,如图 8.7(b)所示,流入腹板较厚区域,减小该区域与下模腹板型腔的距离;对于局部加载状态 3,如图 8.7(c)、图 8.8(b)所示,材料体积再次分配。

3. 基于主应力法的计算分析系统实现

在解决上述关键技术问题的基础上,应用第 5 章的主应力法模型,开发了多筋构件局部加载成形过程材料流动与型腔充填的快速分析系统 FARC(fast analysis for rib-web component)。根据快速分析系统预测的结果,调整修改不等厚坯料的厚度分布,继续采用分析系统快速预测成形过程材料流动与成形筋高,当所计算成形筋高与构件设计筋高之间高度差的最大值满足要求时,如小于 15% 时,停止修改坯料。在此基础上,综合考虑构件体积和变厚度区设置原则等条件设计初始不等厚坯料。

该系统主要对不同几何结构的多筋构件、不同不等厚坯料的平面应变问题进行正向分析计算。该系统主要包括前处理模块、计算模块、后处理模块(数据输出),如图 8.10 所示。

前处理模块主要包括参数输入和接触条件初始化。输入参数主要有构件几何信息(模具型腔结构描述)、坯料几何信息、模具分区方式、模具分区位置、模具加载次序、局部加载步数和计算增量步长,并定义模具和坯料的初始接触条件。

计算模块主要包括时间增量内的计算单元划分、边界条件确定、材料流动及型腔充填的计算、坯料/工件形状更新、接触条件更新。

后处理模块主要是各成形阶段工件形状信息数据的输出。

该计算系统预测结果与有限元模拟结果的误差基本在 10% 以下,最大误差为 15%,但是其所需要的 CPU 时间仅为二维有限元分析耗费 CPU 时间的 $10^{-5} \sim 10^{-4}$。该系统可以用于多筋构件整体加载成形过程和局部加载成形过程中材料流动和型腔充填的快速预测系统,为初始不等厚坯料形状设计提供了快速分析平台。

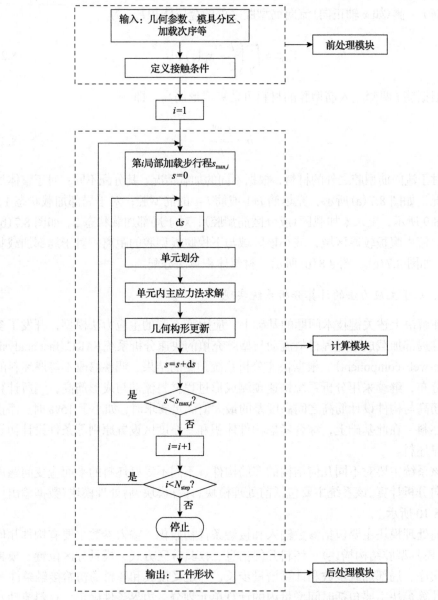

图 8.10　多筋构件主应力法计算分析系统框架

8.1.3　解析-数值混合方法的预成形坯料设计

根据构件形状选择典型横截面,应用 8.1.2 节的主应力法分析系统 FARC 分析横截面上的材料流动和型腔充填情况,根据分析计算结果设计一个初步完成材料体积分配的初始不等厚坯料。在初始不等厚坯料的基础上,应用第 6 章的三维有限元模型进行有限元分析，根据有限元分析结果优化不等厚坯料获得最终的坯料形状。

TA15 钛合金在近 β 锻造温度（970℃）下以 0.2mm/s 加载成形时的剪切摩擦因子为 0.2~0.5，本节选取一个中间值（m=0.3）进行计算分析。本节目标构件形状如图 8.11（a）所示，长大于 1300mm，宽接近 1000mm，拔模斜度为 0，最大筋宽比约为 3。该构件采用筋上分区方式，如图 8.11（a）所示，上模分为两个加载模块（上模 1、上模 2），共有两个局部加载步，上模 1 先加载，然后上模 2 加载。截面 A 和截面 C 在后加载区域内，截面 B 和截面 D 贯穿两个加载区。分析图 8.11（a）所示隔框的结构特征可以发现，上下筋条分布是对称的，在分析所选择的横截面

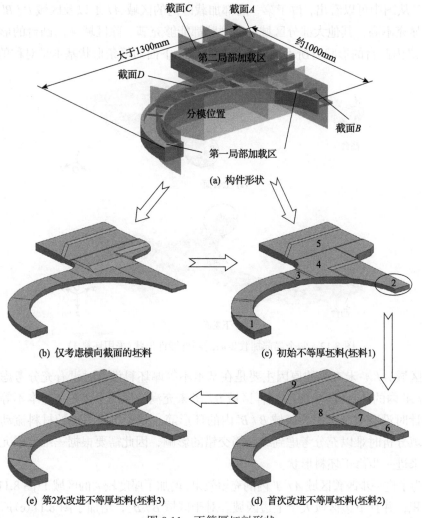

图 8.11　不等厚坯料形状

时只取一半结构进行分析，尽量避免出现跨越高宽比显著($h/b>1$)筋条的材料流动行为。

　　当仅考虑横向/径向截面(如截面 A、截面 B、截面 C)的材料流动和充填行为时，可得到如图 8.11(b)所示的坯料形状。在此基础上，考虑纵向/环向截面(如截面 D)的材料流动和充填行为，设计了图 8.11(c)所示的初始不等厚坯料(坯料 1)，坯料结构是上下对称的。变厚度区的选择与设置遵循作者的建议[33]，变厚度区采用倒角形式过渡，其过渡条件为 R_b=2～5。

　　采用初始不等厚坯料(坯料 1)，两个局部加载步后的隔框锻件形状如图 8.12 所示。从有限元分析结果看，虽然有部分区域没有完全充满，但没有发现产生折叠缺陷。从图中可以看出，位于第一局部加载区内的区域 A/A' 以及区域 B/B' 筋型腔明显充不满，其他大部分区域的筋型腔都能够充满。除区域 A 内凸台的形状和区域 A' 内凸台的形状有所不同外，其他区域上下面的筋条形状基本是对称的。

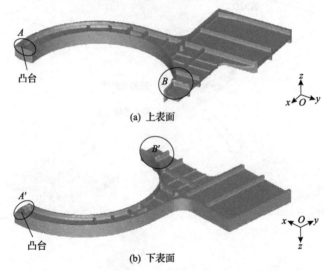

(a) 上表面

(b) 下表面

图 8.12　两个局部加载步后的隔框锻件形状(采用坯料 1)

　　区域 A/A' 未充满的原因主要是在基本不等厚坯料设计时没有充分考虑到区域 A/A' 内的凸台(图 8.12)；同样区域 B/B' 未充满的原因主要是在基本不等厚坯料设计时没有充分考虑到区域 B/B' 内的环形筋。基于主应力法的材料流动和型腔充填分析时难以充分考虑到纵横筋交错的影响，因此需要根据三维有限元模拟结果来进一步修正坯料形状。

　　为了进一步改善区域 A/A' 内的充填效果，增加了厚度较大的区域 1(图 8.11(c))的面积，并且下边区域大于上边区域。对于区域 B/B'，增加了图 8.11(c)所示区域 2 坯料厚度。第二局部加载步中，凸耳区域在成形结束前已经完全充满，进而在上下模间隙处形成毛刺，根据体积不变原理调整了区域 3、区域 4、区域 5 的坯料厚度，增加区域 3 的坯料厚度，适当减少区域 4 和区域 5 的坯料厚度。根据以上分析，通过修改基本不等厚坯料(坯料 1)，设计了如图 8.11(d)所示的不等厚坯料(坯料 2)。图 8.11(d)所示的区域 6 在第一局部加载区内。

采用改进不等厚坯料 2(图 8.11(d))，两个局部加载步后的隔框锻件形状如图 8.13 所示。区域 A / A' 的充填问题已经基本解决，区域 B / B' 内大部分筋型腔已充满，只是靠近模具分区位置的部分环形筋(图 8.13 所示区域 C / C')没有充满。由于减少了图 8.11(c)所示区域 4 和区域 5 的坯料厚度，凸耳区域的横向筋(图 8.13 所示区域 D / D')没有充满，其他区域都基本完成了充填。

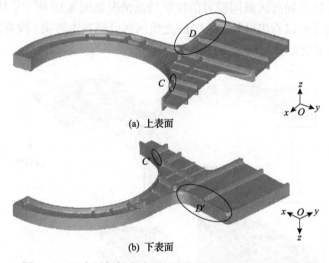

图 8.13　两个局部加载步后的隔框锻件形状(采用坯料 2)

由于局部加载特征，第一局部加载区域内靠近模具分区位置的环形筋或横向筋(如区域 C / C' 内的筋条)不会完全充满，其筋高由高到低向未加载区过渡。第二局部加载步中流向未加载区的材料会改善这一区域充填，但是这一区域所缺材料过多，就会发生充不满缺陷，如图 8.13 所示的区域 C / C'。区域 C / C' 的充不满缺陷主要是第一局部加载步中图 8.11(d)所示区域 7 的约束较弱，导致向第二局部加载区的材料流动阻力小于环形筋型腔充填的阻力，从而导致第一局部加载步内该区域充填不足。

为此增加了图 8.11(d)所示区域 6 的面积，使其跨越模具分区位置延伸到第二局部加载区内，增加了第一局部加载步内未加载区的约束作用，同时结合体积不变原理减少了图 8.11(d)所示区域 7 的面积及区域内的坯料厚度。根据有限元结果，发现凸耳区域的横向筋(图 8.13 所示区域 D / D')没有充满，但是凸耳区域纵向筋基本上在成形结束前已经完全充满。因此，对于图 8.11(d)所示区域 8 和区域 9，接近区域 D/D' 范围内的坯料厚度增加，其他范围内的坯料厚度适当减少。在此基础上设计了如图 8.11(e)所示的不等厚坯料(坯料 3)，该坯料最薄处的厚度为 25mm，最厚处的厚度为 46mm。

采用坯料 3(图 8.11(e))，第一、第二局部加载步后的隔框锻件形状和局部区域同模具接触情况分别如图 8.14 和图 8.15 所示。根据图 8.14 所示局部区域同模具的接触情况可以看出区域 A/A' 的充填问题已经基本解决，没有充不满缺陷；区域 C/C' 仍有部分未完全充满，但第二局部加载步中流入未加载区的材料充填区域 C/C' 内的环形筋，第二局部加载步后该区域已完全充满。第二局部加载步后的锻件形状以及局部区域同模具的接触情况情况如图 8.15 所示。从图中锻件和模具的接触情况可以看出区域 D/D' 的充填问题已经基本解决，没有充不满缺陷；区域 C/C' 也完全充满，整个构件充填良好。

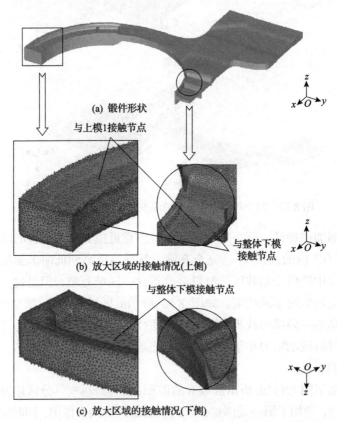

(a) 锻件形状

与上模1接触节点

与整体下模接触节点

(b) 放大区域的接触情况(上侧)

与整体下模接触节点

(c) 放大区域的接触情况(下侧)

图 8.14　第一局部加载步后的隔框锻件形状及与模具接触情况

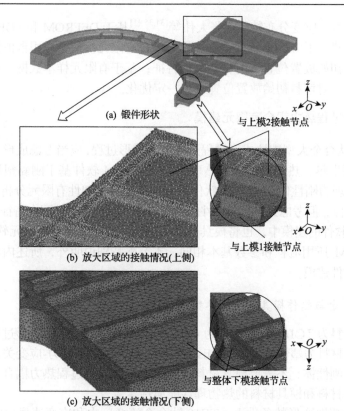

(a) 锻件形状

与上模2接触节点

(b) 放大区域的接触情况(上侧)

与上模1接触节点

(c) 放大区域的接触情况(下侧)

与整体下模接触节点

图 8.15 第二局部加载步后的隔框锻件形状及与模具接触情况

8.2 大型锻件模锻坯料初始位置优化

TC18 钛合金支柱锻件是飞机起落架上的关键承力构件,其尺寸大,结构复杂。此类支柱锻件投影长度大于 2300mm[34],具有极端尺寸配合特征,横截面变化剧烈,如头部最大截面积为 $0.0872m^2$、最小截面积为 $0.0016m^{2[35]}$。需要适当的预成形设计获得充填良好的锻件。然而,坯料初始放置位置在模锻成形过程中起着重要作用,影响着成形过程中的材料流动和型腔充填。

Akgerma 等[36]认为坯料在模具中恰当的位置可减少叶片锻造的飞边。Soltani 等[37]采用有限元模拟以减少飞边、降低压力、易于充填为目标优化叶片锻造中坯料初始放置位置。Zhan 等[38]的有限元数值研究表明,叶片锻造中坯料初始位置应偏向型腔高度较小的一侧。刘郁丽等[39]的研究也得出相似结论,但摩擦条件影响偏移距离。有限元分析表明,钛合金支柱锻件锻造即使采用较合理的预成形坯料,坯料在模具不恰当的放置位置也容易导致折叠和充不满缺陷。

黄湘龙等[40]采用数值模拟比较了液压机和锻锤两种锻造方式成形钛合金支柱

的温度、应力、应变分布特征。张大伟等[34,35,41]基于 DEFROM 和 FORGE 商业有限元软件，建立了 TC18 钛合金支柱热力耦合有限元模型；应用数值模拟初步研究不同坯料初始放置位置下的材料流动特征；基于有限元样本数据，构建型腔充填目标函数，对坯料初始放置位置进行一定优化。

8.2.1 模锻过程热力耦合有限元建模

TC18 钛合金大型支柱成形过程是非等温成形过程，应当考虑成形过程中变形生热、摩擦生热、热传递等这些热事件。DEFORM 软件基于刚黏塑性有限元列式，模具处理为刚性体；FORGE 软件可实现高效的弹塑性有限元分析，模具可处理为弹塑性体，但考虑到模具、工件的物理尺寸及其极端尺寸配合特征，在本节基于 FORGE 软件的建模中，也将模具处理为刚性体。基于商业有限元软件 FORGE 和 DEFORM 所用流程和参数基本相同，本节除特别说明外，所述内容均适用于两种商业软件建模。

1. 钛合金与热作模具钢材料参数

变形材料为 TC18，模具材料为 4Cr5MoSiV1 热作模具钢。成形过程的数值模拟中，变形材料为塑性体，采用 Mises 屈服准则，需赋予应力-应变关系的材料属性；模具为刚性体，不需要模具材料性能。非等温成形过程热力耦合数值模拟需要赋予变形材料和模具材料的热物理性能属性。

在高温塑性变形的条件下，TC18 钛合金流变应力和应变速率之间的关系可用 Arrhenius 双曲正弦形式本构方程描述，即

$$\dot{\varepsilon} = A\left[\sinh\left(\alpha\sigma\right)\right]^{n} \exp\left(-\frac{Q}{RT}\right) \tag{8.4}$$

式中，$\dot{\varepsilon}$ 为应变速率；A 为常数；α 为应力水平参数；σ 为应力；n 为应力指数；Q 为变形激活能；R 为气体常数，$R=8.3145\text{J}/(\text{mol·K})$；$T$ 为绝对温度，K；未定材料参数可由热模拟压缩试验确定，见表 8.1。

结合 TC18 某锻件整体模锻工艺，确定 TC18 钛合金和 4Cr5MoSiV1 热作模具钢的物理性能，如表 8.1 所示。

表 8.1 材料物理性能参数

物理性能或材料参数	TC18	4Cr5MoSiV1
热膨胀系数/K^{-1}	8.8×10^{-6}	90℃：1.2×10^{-5} 200℃：1.22×10^{-5} 315℃：1.24×10^{-5} 425℃：1.30×10^{-5} 480℃：1.31×10^{-5} 815℃：1.35×10^{-5}

续表

物理性能或材料参数	TC18	4Cr5MoSiV1
热导率/[W/(m·K)]	400℃：13.395 500℃：14.651 600℃：15.907 700℃：17.163 800℃：18.418 900℃：19.674	150℃：24.6 215℃：24.6 350℃：24.4 475℃：24.2 600℃：24.7
比热容/[N/(mm²·K)]	400℃：3.114 500℃：3.309 600℃：3.504 700℃：3.893 800℃：4.068 900℃：4.282	90℃：2.7 200℃：3.0 315℃：3.2 425℃：3.8 530℃：4.5 650℃：5.7
辐射率	0.6	0.3
A	2.7463×10^{17}*	—
α /MPa^{-1}	0.003284*	—
n	5.10278*	—
Q/(J/mol)	359161.1*	—

* 参数取自文献[40]。

2. 预成形坯料与模具的几何模型及网格划分

根据大型钛合金某锻件的坯料及模具尺寸，在 CAD 造型软件中可分别建立坯料、模具三维几何模型，分别输入到 FORGE 或 DEFORM 软件，并调整其空间位置。由于锻件几何结构和加载受力具有对称性，可仅建立坯料、模具的 1/2 模型。

采用四面体实体网格对坯料(工件)和模具进行网格划分。对坯料(工件)网格划分使用网格局部细化和重划分技术以提高计算效率和避免网格畸变；对模具网格划分采用局部细化技术，与工件接触区域的网格较密；坯料、模具的初始网格划分如图 8.16 所示。

FORGE 提供的网格划分功能稍优，为了描述剧烈塑性变形区，FORGE 在网格自动重划分时，坯料(工件)网格的单元数量会增加，因此基于 FORGE 有限元模型，其坯料(工件)初始网格数较少，划分的初始网格最小尺寸小于 6mm。DEFORM 软件网格自动重划分时，坯料(工件)网格保持不变，因此在建模时，采用较多的坯料(工件)初始网格数，划分的初始网格最小尺寸小于 2.5mm。由于采用二分之一有限元模型，设置相关对称面，坯料(工件)对称面上的节点位移在对称面法向受到限制，模具设置对称面与环境的热交换受限。

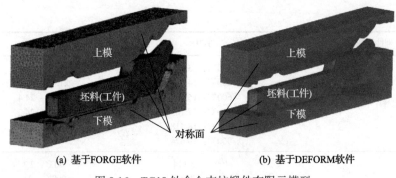

(a) 基于FORGE软件　　　　　　　　(b) 基于DEFORM软件

图 8.16　TC18 钛合金支柱锻件有限元模型

3. 边界条件与工艺参数

分别建立坯料与上模具、坯料与下模具之间的接触关系，采用剪切摩擦模型描述工件与模具之间的摩擦状态。剪切摩擦模型的一般表达式为式(3.2)，引入金属塑性成形的有限元分析中需进行一定的处理，详见 3.1.2 节。

TC18 钛合金相变温度约为 870℃，始锻温度采用近 β 锻造温度。考虑加热温度误差，始锻温度为 850℃。4Cr5MoSiV1 热作模具钢初始温度多在 300℃以下，因此选择模具温度为 300℃。

液压机模锻件要优于锻锤上成形的锻件[40]，因此采用液压机进行锻造，模具加载速度为 10mm/s。钛合金热锻成形中，采用玻璃润滑剂时，剪切摩擦因子 m 为 0.1～0.3[42]。在有限元模型中，m=0.2。

模具和坯料接触面有热交换，此外模具、坯料和空气之间也存在热交换，但热交换系数不同，要分别设置传热面。对称面上不能定义为传热面。模具、坯料和环境之间的传热系数为 0.02kW/$(m^2 \cdot K)$，模具和坯料之间接触面上的传热系数为 11kW/$(m^2 \cdot K)$。

有限元模拟采用的基本参数如表 8.2 所示。上模行程记作 s。

表 8.2　有限元模拟参数

参数	数值
坯料初始温度/℃	850
模具初始温度/℃	300
环境温度/℃	20
加载速度/(mm/s)	10
剪切摩擦因子	0.2
模具、工件与环境之间的传热系数/[kW/$(m^2 \cdot K)$]	0.02
模具、工件之间接触面上传热系数/[kW/$(m^2 \cdot K)$]	11

4. 支柱模锻热力耦合有限元模型验证

上述钛合金大型支柱锻件的三维热力耦合有限元建模是在大型钛合金大型复杂构件等温成形过程有限元建模方法[43]的基础上进行的。变换相应的材料参数、几何参数、边界条件，所建立的三维热力耦合有限元模型也可用于 6.3 节 1 道次 2 局部加载步的钛合金大型复杂构件等温局部加载成形模拟仿真。采用热力耦合有限元模型对其第一步局部加载的成形过程进行了模拟分析，形状比较如图 8.17 所示，二者较为吻合，所发展的钛合金大型锻件的三维热力耦合有限元模型可以描述成形钛合金大型锻件锻造过程的宏观变形行为。

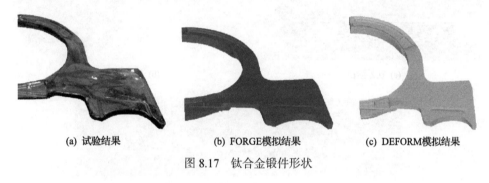

(a) 试验结果　　　　　　(b) FORGE模拟结果　　　　　(c) DEFORM模拟结果

图 8.17　钛合金锻件形状

8.2.2　大型支柱锻件模锻成形特征

本节的模拟结果都是基于 DEFORM 软件的有限元模型。考虑锻件右端形状复杂且所占体积较大，横截面变化剧烈，充填困难，将坯料靠近右端放置，坯料右半部分较多的体积处于模具型腔的形状复杂处，如图 8.18 所示。

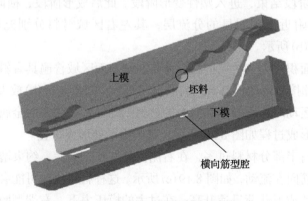

图 8.18　坯料近右端放置示意图

坯料左右厚度变化区域(图 8.18 标示区域)首先与上模接触。上模接触处是斜面，对坯料约束较小；坯料底面与下模平行接触，坯料右端没有约束。因此，在初期，模具对坯料约束条件较弱，水平方向运动阻力较小。上模向下运动时由于斜面的作用会给坯料一个向右的力，所以初始阶段坯料向右刚性移动，如图 8.19(a)所示。

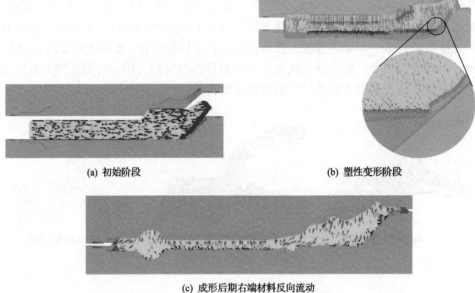

(a) 初始阶段　　　　　　　　　　　　　　(b) 塑性变形阶段

(c) 成形后期右端材料反向流动

图 8.19　坯料近右端放置下的速度场

坯料向右水平移动大约 53mm 时，由于正压力的增加，坯料开始产生较大的塑性变形，模具对坯料的约束增强，坯料水平运动阻力增大。此时以刚性右移为主的成形阶段结束，进入塑性变形阶段。此后成形阶段，横向筋(其型腔如图 8.18 所示)附近出现明显的分流层，其左右区域材料分别充填模具左右型腔，如图 8.19(b)所示。

由于上模面积增大，约束增强，坯料右端斜面区域普遍具有斜向下的速度方向，而坯料底部接触区域仍具有向右的流动趋势，如图 8.19(b)放大区域所示。当模具继续向下运动时，斜向下和向右的材料流动导致氧化表面金属接触，从而形成折叠，折叠形成过程如图 8.20 所示，其中标示处形成折叠。

由于模腔右半部分材料过多，在右侧模具型腔充满后，约束增大，促使部分材料跨越横向筋向左流动，如图 8.19(c)所示。这种材料流动可能会导致金属流线紊乱，还会导致成形载荷迅速升高。在过大的模压力下，右端型腔飞边槽会完全充满，而左端型腔尚未充满。

图 8.20　折叠形成过程

从上述坯料近右端放置下的成形过程可以看出，初期坯料整体向右刚性移动，从而致使右端分布材料过多，导致右端斜面处形成折叠和左端型腔充不满。考虑到坯料近右端放置下大于 50mm 的刚性移动距离，将坯料靠近左端放置，坯料左端和型腔左端接触。

初始阶段坯料向右刚性移动，随着行程增加，约束也加强，材料流动速度方向也在变化。坯料向右水平移动大约 38mm 时，以刚性移动为主的成形阶段结束，此时速度场如图 8.21(a) 所示。此后，坯料与上下模接触区域的塑性变形区增加，并向锻件心部和两端扩展，材料流动也在横向筋区域形成分流面，如图 8.21(b) 所示。

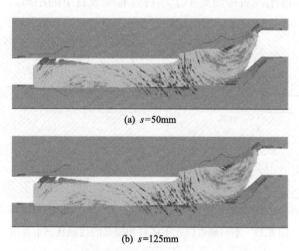

(a) $s=50\text{mm}$

(b) $s=125\text{mm}$

图 8.21　坯料近左端放置下的速度场

坯料近右端放置下形成折叠的区域(右端斜面下部)的约束条件在坯料近左端放置下得到改善，坯料底部接触区域向右的流动速度远小于斜向下的流动速度，因此该区域没有形成折叠缺陷。由于左端模具型腔简单，约束远小于右端模具型腔约束，成形后期并没有跨越分流面的材料流动。但是当左侧型腔充满时，坯料右端斜面还没有与下模侧壁接触。最终左侧型腔飞边槽充满，但右侧型腔尚未充满，如图 8.22 所示。

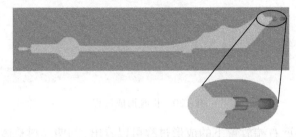

图 8.22 坯料近左端放置下型腔充填情况

坯料近右端放置和坯料近左端放置下坯料右移距离不同。这是因为两种放置方式下坯料首先与上模接触的位置不同，坯料上接触点是相同的，但上模接触点不同，如图 8.23 所示。坯料近右端放置下坯料和上模型腔—倾斜的圆弧面（图 8.23（a）所示 A 段）接触，而坯料近左端放置下坯料和上模型腔—斜面（图 8.23（b）所示 B 段）接触。B 段的倾角小于 A 段，因此约束较大；此外，上模下压坯料向右移动时，B 段的约束增加，而 A 段的约束在一定行程之后才会增加。因此，坯料近左端放置下坯料刚性右移距离小于坯料近右端放置下的距离。

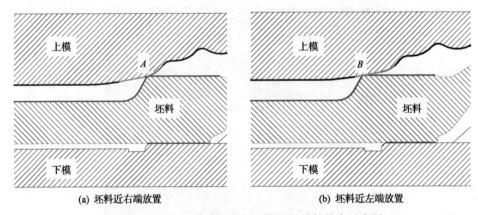

(a) 坯料近右端放置   (b) 坯料近左端放置

图 8.23 不同放置位置下坯料和模具的接触状态示意图

坯料在成形初期存在一个向右刚性移动的阶段，随着上模下压和坯料右移，约束条件是不断变化的，不同位置下的刚性右移距离不等。在以刚性为主的成形阶段结束后的变形过程中，会在成形工件的横向筋（下模横向筋型腔，如图 8.18 所示）附近形成分流层（面）。靠右放置坯料，左端型腔充不满；靠左放置坯料，右端型腔充不满。在二者之间存在使左、右端型腔都充满的坯料放置位。在某一使左、右端型腔都充满的坯料放置位下，其整体模锻过程中温度场与应变场分布分别如图 8.24 和图 8.25 所示。

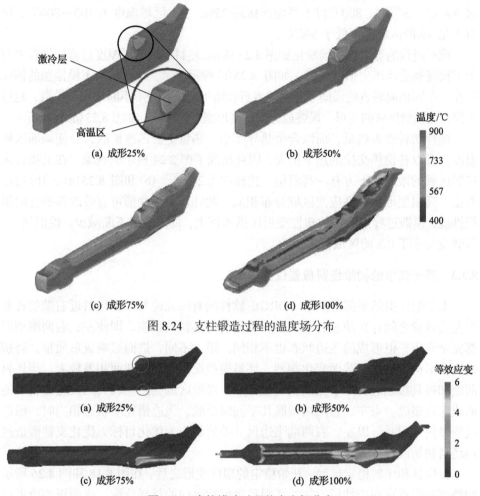

激冷层

高温区

温度/℃

900

733

567

400

(a) 成形25%　　　　　　　(b) 成形50%

(c) 成形75%　　　　　　　(d) 成形100%

图 8.24　支柱锻造过程的温度场分布

等效应变

6

4

2

0

(a) 成形25%　　　　　　　(b) 成形50%

(c) 成形75%　　　　　　　(d) 成形100%

图 8.25　支柱锻造过程的应变场分布

　　成形过程的温度场变化如图 8.24 所示，由于模具预热温度较低(300℃)，模具表面激冷作用明显。与模具接触区域的温度迅速下降，成形 25%时，与模具接触的坯料表面温度约为 550℃，如图 8.24(a)所示。随着成形进行，接触区域表面温度持续降低，但温降程度减缓。成形 100%时，与模具接触的坯料表面最低温度约为 450℃，如图 8.24(d)所示。

　　从图 8.24(a)可以看出，模具激冷作用影响的深度有限，仅在表层，在激冷层下方有一高温层。在成形 50%之前，该高温区域是整个坯料温度最高的区域，都在 860℃以上；在成形 50%之后，这一深度的坯料温度仍可维持在 850℃左右。锻件心部一直维持较高温度，终锻时能够达到 880℃，这和文献[40]中终锻最高温度相当，这也验证了本节所建模型是可靠的。终锻时部分飞边区域坯料温度可超过 900℃。终锻时，800℃以上高温区接近 25%，35%区域温度为 700～800℃，仅有不足 4%的区域温度低于 500℃。

成形过程的等效应变场变化如图 8.25 所示，坯料前端不同厚度过渡区域首先与上下模接触受压产生塑性变形，如图 8.25(a)标示所示。该区域与下模接触的侧面存在一个同轴向垂直的横向筋条，随着行程增加，该处变形不断增加并扩散，超过上模首先接触区域的变形，最终成为锻件变形剧烈的区域，如图 8.25(d)标示所示。

塑性功转变为热量，而钛合金热导率小，热量不会迅速扩散，会使局部区域温度上升以补偿热交换的热量损失，因此出现了图 8.24 所示的现象，在上模首先接触区域的激冷层下方有一高温层。比较图 8.24(a)、(b)和图 8.25(a)、(b)可以看出，高温层形状和高应变区域分布相似。此外，塑性变形可有效改善锻件的组织性能，模锻过程中锻件的塑性变形区迅速扩大，低应变区不断减少。模锻结束，等效应变小于 0.3 的区域仅占 10%。

8.2.3　基于充填的初始坯料放置位置优化

本节的模拟结果都是基于 FORGE 软件的有限元模型。在坯料近右端放置和近左端放置之间存在使左、右端型腔都充满的坯料放置位，即使左、右两端型腔都完全充满，但形成的飞边状态也不相同，阻力不同，进而影响成形质量。特别是所成形构件右端横截面变化剧烈，坯料横截面和构件横截面相差较大。当坯料前端和模具接触后，由于截面积变化剧烈，接触区域会产生较大的拉应力，可能形成宏观裂缝。当左、右两端型腔几乎同时充满，飞边槽充填状态相当时，锻造过程最优。因此，以左、右两端飞边尺寸差值最小为优化目标，优化支柱锻造过程坯料初始放置位置。

在模具和坯料稳定接触，开始稳定的塑性变形之后，在图 8.18 和图 8.26 所示的筋型腔附近存在中性层，初始坯料位置影响纵向的材料分配，进而影响成形过程。为了描述坯料初始放置位置，以下模横向筋型腔中心为原点，以模具、坯料/工件纵向为 x 轴，如图 8.26 所示。

x 反映了坯料的初始放置位置，将 x 作为设计变量。定义当 $x=0$ 时，预成形坯料放置后，$x<0$ 一侧的坯料体积和模具型腔体积比等于 $x>0$ 一侧的坯料体积和模具型腔体积比。按此定义，坯料近左端放置和坯料近右端放置的 x 坐标值分别为-56mm 和 55mm，将此范围作为设计变量优化区间。随着 x 增大，左侧型腔由充满到充不满转变，右侧型腔由充不满到充满转变。

模具型腔和坯料几何特征分析和 8.2.2 节有限元分析结果表明，不恰当的坯料初始放置位置易导致出现充不满缺陷。为此终锻合模状态下，在纵向截面上分别定义左、右两端型腔充填指标 η_1、η_2，如图 8.27 和图 8.28 所示，其值依赖于坯料初始放置位置 x。

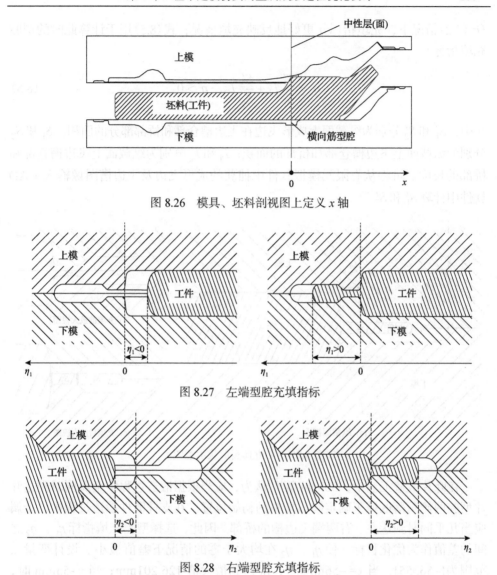

图 8.26　模具、坯料剖视图上定义 x 轴

图 8.27　左端型腔充填指标

图 8.28　右端型腔充填指标

对于图 8.27 所示左端型腔充填指标 η_1，当 $\eta_1 < 0$ 时，型腔未充满，η_1 为纵截面上工件和型腔表面之间的最小距离；当 $\eta_1 > 0$ 时，型腔充满，η_1 与纵截面上飞边尺寸相关。根据模具几何尺寸，$\eta_1 < 126.201\text{mm}$。

对于图 8.28 所示右端型腔充填指标 η_2，当 $\eta_2 < 0$ 时，型腔未充满，η_2 为纵截面上工件和型腔表面之间的最小距离；当 $\eta_2 > 0$ 时，型腔充满，η_2 与纵截面上飞边尺寸相关。根据模具几何尺寸，$\eta_2 < 86.297\text{mm}$。

然而，当形成飞边时，飞边形状并不像图 8.27 和图 8.28 所示的那样规则。飞边槽包括桥部和仓部，图 8.29 图解了真实飞边在飞边仓部内的情况。为了使在 $\eta_i > 0$

($i=1$, 2)情况下，充填指标 η_i 更好地反映充填情况，式(8.5)用于计算此时的型腔充填指标。

$$\eta_i = \frac{S_1'}{S_1} L_1 + \frac{S_2'}{S_2} L_2, \quad \eta_i > 0 \tag{8.5}$$

式中，S_1' 和 S_2' 分别为纵截面上成形飞边在飞边槽仓部和桥部部分的面积；S_1 和 S_2 分别为纵截面上飞边槽仓部和桥部的面积；L_1 和 L_2 分别为纵截面上飞边槽仓部和桥部的长度。可将从有限元模拟软件中捕获的成形飞边及飞边槽图像输入 CAD 软件中计算 S_1' 和 S_2'。

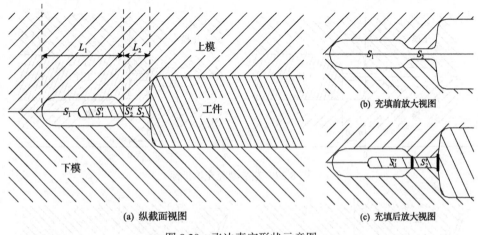

图 8.29　飞边真实形状示意图

在叶片锻造工艺中，Soltani 等[37]认为，应当根据锻造过程中金属同时到达叶片型腔两侧角落区域来确定圆形坯料的初始位置。在支柱锻件锻造过程中，金属应当几乎同时到达左、右两端飞边槽的桥部。因此，选择型腔充填指标 η_1、η_2 之间的差值作为优化目标，使 η_1、η_2 在均大于零的情况下差值最小。设计变量 x 范围为[-56, 55]，当 $x=-56\text{mm}$ 时，η_1 达到最大值 126.201mm；当 $x=55\text{mm}$ 时，η_2 达到最大值 86.297mm。

预成形坯料初始放置位置的优化问题可转化为如下约束规划问题：

$$\min y = |\eta_1 - \eta_2|$$

$$\text{s.t.} \begin{cases} \eta_1 = f_1(x) \\ \eta_2 = f_2(x) \\ 0 < \eta_1 < 126.201\text{mm} \\ 0 < \eta_2 < 86.297\text{mm} \\ -56\text{mm} \leqslant x \leqslant 55\text{mm} \end{cases} \tag{8.6}$$

　　支柱锻造预成形坯料初始放置位置优化流程如图 8.30 所示。η_1 是 x 的单调减函数，η_2 是 x 的单调增函数。因此采用二分法设计数值模拟方案，生成样本数据。本节数值模拟由 FORGE NxT 完成。应用样本数据，分别建立关于 η_1、η_2 的充填函数，即获得目标函数。因此，支柱锻造预成形坯料初始放置位置最优解可通过搜寻目标函数零值点获得。然后将所获取的预成形坯料初始放置位置最优解用于支柱锻造过程数值模拟。定义目标值误差为式(8.7)，如果有限元分析预测的目标值满足给定的误差范围(Error<5%)，则停止优化，当前预成形坯料初始放置位置解为最优解；否则，将当前有限元分析结果加入样本函数，重新建立充填函数和目标函数。重复上述步骤，直至满足停止准则。

$$\text{Error} = \frac{|\eta_1 - \eta_2|}{\min(\eta_1, \eta_2)} \times 100\% \tag{8.7}$$

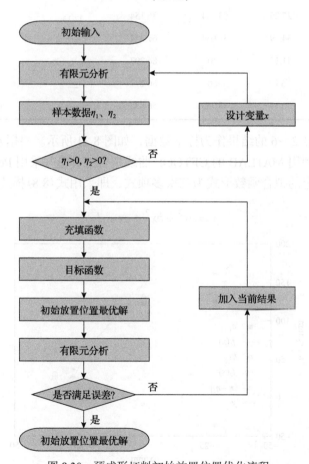

图 8.30　预成形坯料初始放置位置优化流程

　　基于二分法的虚拟试验(编号 1~8)结果列于表 8.3。试验编号为 1 的有限元分析中，左端型腔完全充满，成形后期飞边槽也完全充满并溢流，指定的上模行程并未完成。对于右端型腔，在试验编号为 7 和 8 的有限元分析中也出现类似现象。因此，试验编号为 1、7 和 8 这三组数据剔除未用。

表 8.3　样本数据及结果

试验编号	x/mm	有限元结果			备注
		η_1 /mm	η_2 /mm	y/mm	
1	−56	126.201	<0	—	飞边槽溢流
2	−28.25	125.995	−35.722	161.923	—
3	−0.50	122.201	−8.909	131.11	—
4	13.38	104.787	14.085	90.702	—
5	27.25	63.284	36.154	27.13	—
6	34.19	31.054	61.354	30.3	—
7	41.13	<0	86.297	—	飞边槽溢流
8	55	<0	86.297	—	飞边槽溢流
9	30.61	48.752	56.832	8.08	首次添加数据

　　将试验编号 2~6 的结果作为样本数据，如图 8.31 所示。根据 η_1、η_2 数据点的分布特征，利用 MATLAB 的 CFTOOL 曲线拟合工具箱并采用 Polynomial 拟合类型，最终选定的拟合函数形式为三次多项式，即采用式(8.8)描述充填函数。

$$y = ax^3 + bx^2 + cx + d \tag{8.8}$$

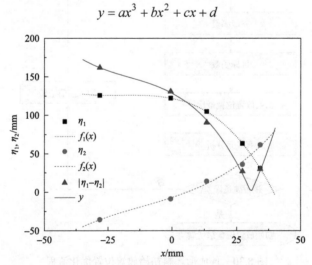

图 8.31　初始样本数据及拟合函数

应用试验编号 2~6 提供的样本数据，充填函数可分别表示为

$$f_1(x) = \eta_1 = -0.00061x^3 - 0.03669x^2 - 0.6932x + 121.9 \tag{8.9}$$

$$f_2(x) = \eta_2 = 0.0003495x^3 + 0.01275x^2 + 1.104x - 6.949 \tag{8.10}$$

目标函数可表示为

$$y = |\eta_1 - \eta_2| = \left|0.0009595x^3 + 0.04944x^2 + 1.7972x - 128.849\right| \tag{8.11}$$

回归方程的决定系数（即 R^2）可反映回归方程和实际数据之间的拟合程度，其值越高，回归模型越好，可靠性就越高，决定系数取值范围为[0, 1]。$f_1(x)$ 和 $f_2(x)$ 的决定系数分别为 1.000 和 0.995。

根据式(8.9)和式(8.10)，令 $f_1(x)=0$ 和 $f_2(x)=0$，可求得左、右两端型腔刚好完全充满时预成形坯料临界放置位置，分别为 x_1=39.45mm 和 x_2=5.84mm。有限元分析预成形坯料临界放置位置 x_1 和 x_2 下支柱锻造过程，最终充填状态如图 8.32(a)、(b)所示，其结果和充填函数的解析预测结果基本吻合。因此，为保证左、右两端型腔完全充满，预成形坯料初始放置位置的范围为 $x \in (5.84, 39.45)$。

根据式(8.11)可求解出预成形坯料初始放置位置最优解 x^*=30.61mm。进行最

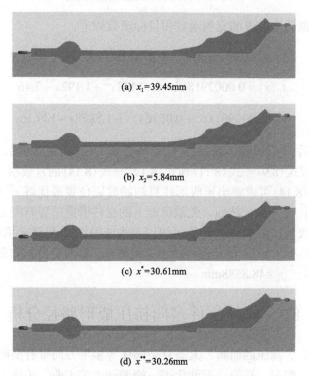

(a) x_1=39.45mm

(b) x_2=5.84mm

(c) x^*=30.61mm

(d) x^{**}=30.26mm

图 8.32　不同初始放置位置下的充填状态

优解下支柱锻造过程有限元模拟,最终充填状态如 8.32(c)所示。将关于 η_1、η_2 的有限元预测结果代入式(8.7),计算可得误差为 16.574%。根据图 8.30,将当前有限元结果(表 8.3 中试验编号为 9 的数据)添加入样本数据,并重新拟合,如图 8.33 所示。从图中可以看出,添加的新数据和初始样本数据变化趋势一致,因此式(8.8)仍可用于描述充填函数。

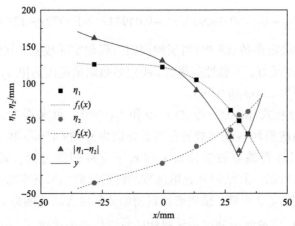

图 8.33　首次添加数据及拟合函数

添加新数据后,改进的充填函数和目标函数如下:

$$f_1(x) = -0.0006093x^3 - 0.03671x^2 - 0.6942x + 121.9 \qquad (8.12)$$

$$f_2(x) = 0.0002918x^3 + 0.01493x^2 + 1.192x - 7.46 \qquad (8.13)$$

$$y = \left| 0.0009011x^3 + 0.05164x^2 + 1.8878x - 129.36 \right| \qquad (8.14)$$

首次改进后,$f_1(x)$ 和 $f_2(x)$ 的决定系数分别为 1.000 和 0.990,回归模型是可靠的。分别比较式(8.9)~式(8.11)和式(8.12)~式(8.14)的常数项,发现常数项变化较小。由式(8.14)可求解出预成形坯料初始放置位置最优解 x^{**} =30.26mm,其和 x^* 相比,变化也不大。然而,此最优解下的支柱锻造过程有限元分析表明充填状态有很大的改善,由式(8.7)计算可得误差为 4.048%,最终充填状态如 8.32(d)所示。由于误差小于 5%,优化进程结束,此时左、右两端型腔的充填指标分别为 η_1 =50.8365mm、η_2 =48.8588mm。

8.3　阀体零件多向挤压成形路径分析

三通管接头、高压四通阀、大型复杂阀体等多个方向带有型腔或凸缘零件广泛应用于宇航、舰船、兵器、石油化工、能源动力等工业。传统工艺采用多火次开式模锻成形此类构件，其工艺过程包括多次加热及多次切飞边，生产效率低、材料利用率低[44,45]，而且难以满足高精度、高强度轻质难变形材料(如 7075 铝合金)的复杂阀体类零件的成形。

多向模锻(多向挤压)工艺十分适用于此类构件的成形制造。邱积粮[46]进行了筒形零件多向模锻工艺试验研究，通过对飞机歼七外筒零件多向模锻的试验，积累了一些工艺参数。徐吉生[47]研究了等径三通多向模锻工艺，进行了二维弹塑性有限元研究，实现三通阀体在多向模锻液压机(水压机)上的成形制造。同时基于铅试验件的分析，指出三个凸模同时加载有利于金属流动并获得较高的成形质量，但不便于工业生产中的操作。传统多向模锻多采用顺序加载或通过复杂传动装置实现多向加载，工艺柔性差，控制困难。

多向主动加载成形是通过在轴向和横向(侧面或径向)等一个以上的方向多组模具同时或顺序地对坯料局部区域主动施加载荷，并配合适合的变形温度、模具结构等条件使坯料发生塑性变形，以获得预期形状、尺寸、精度和性能的零件，可一次成形多个方向带有复杂型腔构件的多向加载工艺，为此类复杂构件的精密成形提供了有效的途径[48]。

图 8.34　西安交通大学研制的
数控多向成形液压机

西安交通大学研制的紧凑型数控多向成形(多向模锻)液压机如图 8.34 所示，为多向主动加载路径控制、复杂加载路径实现提供了硬件平台，可进一步推进主动加载技术生产化应用。该多向成形设备的液压缸主要包括顶部缸、底部缸、周向 4 个侧边缸及移动横梁提升缸，可实现 6 个方向的主动加载，利用机架及特制液压缸有效减少了液压系统安装空间。

但是多个方向的局部加载加剧了变形的不均匀性，容易导致成形缺陷的产生，加载路径的复杂性导致参数优化和过程控制十分困难，这严重制约着该工艺的应用推广。因此，掌握复杂多向加载路径下的变形行为和场变量分布对工艺过程的实现和产品性能控制具有重要的意义。

柏立敬等[49]、Sun 等[50]较早对此类多个方向带有复杂型腔构件三通阀多向加载成形基本规律展开研究。张大伟等基于 DEFORM 环境建立了多通阀体类零件多向加载成形过程的热力耦合有限元模型，探讨了三通阀、四通阀多向锻造成形特征[48,51,52]，着重研究了高强铝合金四通阀多向锻造过程的材料变形行为[53,54]。相关建模方法及模型也用于 40Cr(AISI-5140)三通阀多向挤压成形工艺与开裂预测的研究[55,56]。

8.3.1　多向挤压过程热力耦合有限元建模

1. 材料模型及模拟参数

基于 DEFORM 软件，建立了多通阀体类零件多向加载成形工艺的热力耦合三维刚塑性有限元模型。本节讨论所用的工件材料为 AISI-5140、AISI-1045、AL-7075，模具材料为 H13 热作模具钢。AISI-5140、AISI-1045 材料的热物理性能取自软件自带数据库。AL-7075、H13 热物理性能参数列于表 8.4。在热力耦合有限元模型中，工件视为塑性体，模具视为刚性体，塑性体应用 Mises 屈服准则。

采用剪切摩擦模型描述工件与模具之间的摩擦状态，忽略凸、凹模之间的摩擦。同样剪切摩擦模型的一般表达式为式(3.2)，引入金属塑性成形的有限元分析中需进行一定的处理，详见 3.1.2 节。结合多向加载的工艺特征，有限元分析所用相关参数及传热系数列于表 8.5。根据钢和模具钢之间的摩擦状态，可取 $m=0.2$；根据铝合金和模具钢之间的摩擦状态，可取 $m=0.4$。由于铝合金热传导率远大于模具钢，对变形温度敏感。因此，对于 7075 铝合金多向加载成形时的模具温度预热至 400℃，较接近于坯料温度，同时以较快的加载速度(10mm/s)完成四通阀多向加载成形过程。相对于铝合金，碳钢(如 1045 钢)的锻造温度较宽，对变形条件无特殊要求，因此 1045 钢多向加载成形工艺条件采用较低的模具预热温度(300℃)或不预热，加载速度为 4~12mm/s。对于合金钢，锻造前模具也进行适当预热。

表 8.4　多通阀体多向挤压用材料物理性能参数

物理性能	AL-7075	H13
热膨胀系数/K^{-1}	2.2×10^{-5}	200℃：1.22×10^{-5} 315℃：1.24×10^{-5} 425℃：1.30×10^{-5} 480℃：1.31×10^{-5}
热导率/[W/(m·K)]	180	215℃：24.6 350℃：24.4 475℃：24.2
比热容/[N/(mm^2·K)]	2.43	200℃：3.0 315℃：3.2 425℃：3.8 530℃：4.5
辐射率	0.1	0.3

表 8.5　多通阀体多向挤压过程有限元模拟基本参数

参数	三通阀	四通阀	
工件材料	AISI-5140	AISI-1045	AL-7075
模具材料	H-13	H-13	H-13
环境温度 T_e/℃	20	20	20
坯料初始温度 T_b/℃	1100	1050	450
模具初始温度 T_d/℃	300	20, 300	400
凸模加载速度 v/(mm/s)	8	4, 8, 12	10
剪切摩擦因子 m	0.2	0.2	0.4
模具、工件与环境之间的传热系数/[kW/(m²·K)]	0.02	0.02	0.02
模具、工件之间接触面上传热系数/[kW/(m²·K)]	11	11	11

2. 坯料与挤压模具的几何模型及网格划分

多通阀体多向加载成形工艺采用无飞边闭模锻造。成形过程中，上下凹模(z方向)先合模形成封闭模腔，水平方向($x、y$ 方向)凸模同时或顺序加载。坯料为根据体积相等原则计算所得棒料。在 CAD 软件中，如 UG 中建立相应的坯料、模具几何模型，以 STL 文件格式输入到 DEFORM 软件，并调整其空间位置。

多通阀多向加载成形过程有限元模型如图 8.35 所示。为加快计算时间和节约存储容量，根据对称性可取锻件的 1/2 模型进行模拟研究，对称面上的节点位移在对称面法向受到限制，并对模具结构进行了一定简化：①省略凸模后面的夹持安装部分，凸模由冲头和模座两部分组成；②减少了模座的厚度；③减少了凹模外部尺寸。

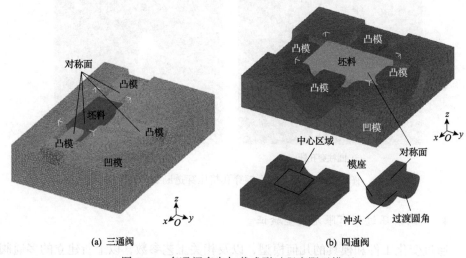

(a) 三通阀　　　　　　　　　　　(b) 四通阀

图 8.35　多通阀多向加载成形过程有限元模型

采用四面体单元划分坯料、模具网格，如图 8.35 所示。初始网格划分中采用局部细化技术，模具与工件接触区域的网格较密，模拟过程中对工件网格采用使用网格局部细化和自动重划分技术，以提高计算效率和避免网格畸变。

3. 损伤指标

为了评估复杂应力状态下多向锻造过程中裂纹出现的可能性，采用损伤因子 D_f 作为衡量的指标，该指标以综合拉应力和变形量为判断依据。该损伤因子模型是基于 Cockcroft-Latham 延性断裂准则发展而来的[57]，即

$$D_f = \int_0^{\bar{\varepsilon}_f} \frac{\sigma^*}{\bar{\sigma}} d\bar{\varepsilon}, \quad \sigma^* = \begin{cases} \sigma_1, & \sigma_1 \geqslant 0 \\ 0, & \sigma_1 < 0 \end{cases} \tag{8.15}$$

式中，σ_1 为最大主应力；$\bar{\sigma}$ 为等效应力；$\bar{\varepsilon}$ 为等效应变。

当塑性应变超过损伤门槛应变值后，D_f 达到临界值 D_c 时将产生微裂纹引起损伤[58]。损伤因子值越大，产生裂纹的倾向越大；相反，其值越小，成形质量越好。该模型成功用于钛合金饼状试件热成形过程中的断裂预测[59]，也被用于钛合金模锻成形过程中的工件成形质量评估[34]。

Semiatin 等[59]的研究表明，热锻成形中应变速率对伤临界值 D_c 的影响不甚明显，损伤临界值和成形温度密切相关。因此，取圆柱自由表面损伤临界值，可得不同温度下 TC4(Ti-6Al-4V)钛合金的损伤临界值。在此基础上，张大伟等[60]研究了 TC4 钛合金实心锭穿孔挤压穿孔过程的断裂行为，发现断裂面形状与穿孔针形状密切相关，如图 8.36 所示。圆柱形穿孔针下的断裂行为类似于冲裁断裂，而瓶形穿孔针下的约束增强，其断裂面近似呈倒 L 形。

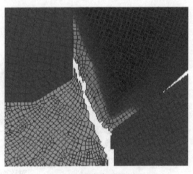 

(a) 圆柱穿孔针　　　　　　　　　　(b) 瓶形穿孔针

图 8.36　钛合金实心锭穿孔挤压穿透断裂仿真[60]

4. 多向挤压过程有限元模型验证

通过变化工件和模具的几何模型，以及相关工艺参数，以上所建立的多通阀

体多向锻造三维有限元模型也完全适用于其他多通阀体类零件及其多个方向带有孔穴或凸缘的复杂零件多向加载整体成形过程的数值模拟研究。为了验证多向加载成形三维有限元模型的可靠性，根据本节的建模方法，采用与 Gontarz[45] 和胡忠等[61] 研究中相同的几何模型、材料参数、成形条件，对两种三通件顺序多向锻造过程进行数值模拟。

　　三通阀锻件 A、B 的几何尺寸分别由文献[45]和[61]总结而来，其锻件形状和尺寸如图 8.37 所示。文献[61]未明确的材料参数与工艺参数，本节模拟中分别为：工件材料 AISI-5115，T_b=1000℃，K=210MPa，E=206000MPa，v=0.3，m=0.2。在文献[45]和[61]中，三通阀锻件的多向加载路径均相同：第一成形阶段，与坯料轴线方向平行的两个凸模（水平凸模）加载至终锻位置，然后保持；第二成形阶段，与坯料轴线方向垂直的凸模（垂直凸模）加载至终锻位置；至此，三个凸模均加载到位。以上的加载路径和表 8.6 所列的其他相关参数用于对锻件 A、B 的数值模拟中。

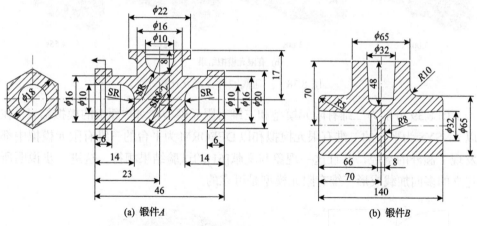

(a) 锻件A　　　　　(b) 锻件B

图 8.37　三通阀锻件图（单位：mm）

SR. 球半径

表 8.6　文献[45]、[61]中的基本参数

参数	文献[45]	文献[61]
工件材料	铅	低碳合金钢
成形温度 T_b/℃	室温	热成形
本构关系	$\sigma = 24.8027\dot{\varepsilon}^{0.0882}$	$\sigma = K\varepsilon^{0.3\,*}$
弹性模量 E/MPa	18000	—
泊松比 v	0.42	—
摩擦模型	库仑摩擦模型	剪切摩擦模型
摩擦参数（μ 或 m）	0.2	—

*模拟计算中按等温过程处理。

图 8.38 是锻件 A 有限元模拟结果和试验结果的比较。从图中可以看出，三维有限元模拟的三通阀锻件形状和试验件的形状完全一致。这说明了所建立的三维有限元模型是可靠的。

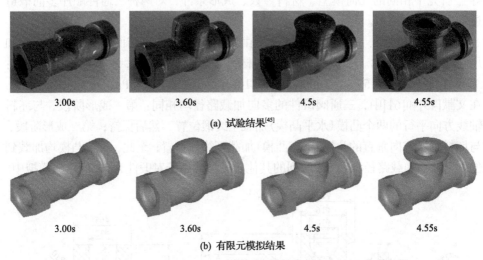

(a) 试验结果[45]

(b) 有限元模拟结果

图 8.38　三通阀锻件 A 形状比较

图 8.39 分别为二维有限元模型和三维有限元模型在对称面上的模拟结果。在以 ANSYS 为平台的二维有限元模拟和以 DEFORM 为平台的三维有限元模拟中都发现了额外的空腔，并且这一现象与文献[61]的试验结果相符，这进一步说明所建立的多向加载成形三维有限元模型是可靠的。

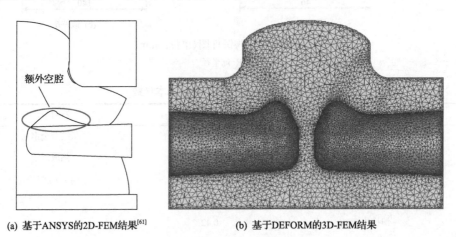

(a) 基于 ANSYS 的 2D-FEM 结果[61]　　　　　(b) 基于 DEFORM 的 3D-FEM 结果

图 8.39　成形过程中的空腔现象

8.3.2　阀体多向挤压成形特征

图 8.38 和图 8.39 的三通阀多向锻造工艺采用顺序加载路径,在此路径下三通阀多向加载成形过程中,水平凸模前端材料强烈地向垂直型腔流动,特别是在水平凸模冲头进入垂直型腔后,这种流动趋势会使材料脱离冲头表面,从而形成一个空腔。该空腔在水平凸模加载至终锻位置时达到最大。

在第二成形阶段垂直凸模加载,使空腔逐渐被压平。但由于水平型腔已完全充填,空腔上部的金属沿水平方向流动受阻,因此空腔上部不同部分的金属极易汇流而形成折叠缺陷,如图 8.40 所示。

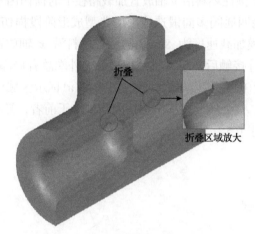

图 8.40　折叠缺陷

为了避免折叠缺陷产生,应当在先加载凸模(水平凸模)抵达终锻位置前,垂直凸模开始加载。采用水平凸模运动到垂直型腔的位置后,垂直冲头开始加载,最终水平、垂直凸模同时到达终锻位置。有限元模拟表明,在这种加载路径下,三通阀成形过程中没有发现额外空腔,同时也没有折叠缺陷产生,并可成形形状符合要求的三通阀,如图 8.41 所示。从图中可以看出,主管的损伤因子在零附近,

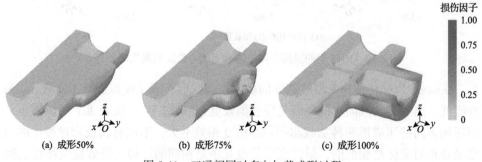

(a) 成形50%　　　(b) 成形75%　　　(c) 成形100%

图 8.41　三通阀同时多向加载成形过程

支管的损伤因子稍高,挤出支管拉应力较大,因此三通阀多向挤压用坯料沿主管方向放置。

四通阀多向锻造整体成形过程中也出现三通阀多向锻造中的空腔现象,因此为了避免折叠产生,在四通阀多向加载成形工艺中,采用同时加路径,即各个方向的凸模同时加载至终锻位置。四通阀多向锻造成形总是有两个支管需挤出成形,承受较大拉应力。因此,根据加载条件和锻件尺寸,四通阀锻件有两种实现方案:①圆柱坯料沿 x 轴放置;②圆柱坯料沿 y 轴放置。

损伤因子是评估裂纹出现可能性的重要指标。圆柱坯料沿 x 轴放置加载路径下的损伤因子普遍大于圆柱坯料沿 y 轴放置加载路径下的损伤因子。图 8.42 为两种成形方案下 1045 钢四通阀多向锻造成形的典型成形阶段损伤因子分布,其中模具温度为室温,凸模加载速度为 8mm/s。圆柱坯料沿 x 轴放置的加载路径下,y 轴方向的凸模与工件接触后,与 y 轴凸模接触的外端总有局部区域的损伤因子大于 0.5,更甚者接近 1 可能引起宏观裂纹(图 8.42(a)标示区域)。圆柱坯料沿 y 轴放置的加载路径下,整个成形过程中损伤因子远小于前者,普遍低于 0.2,局部区域的最大值也都小于 0.5。

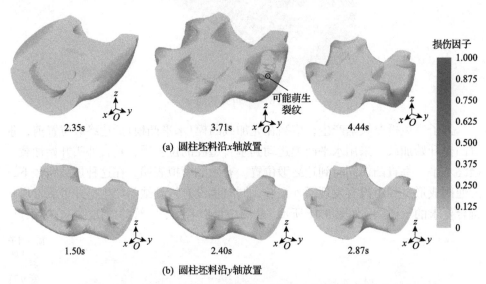

图 8.42　1045 钢四通阀多向锻造典型成形阶段的损伤因子分布

Gontarz[45]对具有三个型腔阀体的多向加载成形有限元模拟进行了研究,认为耗能低、出现裂纹倾向小的原因是应变值较低(变形量小)。从表 8.7 可以看出,四通阀多向挤压成形两种加载路径最终应变相差不大,不同材料成形过程中的应变场分布与演化是相似的,最终变形量也几乎是相同的。最大等效应变都在 3.50

表 8.7　终锻件的变形指标

工件材料	加载路径	节点等效应变		
		最大值	平均值	标准差
AISI-1045	坯料沿 x 轴放置	3.50	1.35	0.83
	坯料沿 y 轴放置	3.50	1.24	0.76
AL-7075	坯料沿 x 轴放置	3.51	1.32	0.82
	坯料沿 y 轴放置	3.51	1.23	0.76

附近，而两种加载路径在平均等效应变和等效应变标准差方面相差 5%~10%。但两种工艺方案的锻造载荷、裂纹产生倾向相差甚远。不同加载路径(工艺方案)间的显著差异不仅仅是变形量大小引起的，其主要塑性变形区变形方式和金属流动情况起着主导作用。

坯料沿 x 轴放置的加载路径下，大部区域的塑性变形发生在成形过程的最后阶段。在 y 轴方向型腔形成前，x 轴方向型腔已初步形成，因此工件中心区域的金属向 x 轴方向流动比向 y 轴方向流动困难，大量涌向 y 轴方向造成 y 轴方向型腔内表面局部区域拉应力过大，产生裂纹，引起缺陷。而在坯料沿 y 轴放置的加载路径下，主要塑性变形区域迅速屈服发生塑性变形，并且工件中心区域的金属向各个水平方向的流动趋势均等。

图 8.41 所示的三通阀多向锻造加载路径和图 8.42(a)所示的四通阀多向锻造加载路径相似，即坯料沿 x 轴放置，x 轴凸模先加载，随后 y 轴凸模加载，x、y 轴凸模同时到达终锻位置。成形过程中其支管(y 轴型腔)的变形行为是相似的，因此二者的支管形状演化和场变量分布是相似的。比较图 8.41 和图 8.42(a)，可以看出三通阀、四通阀成形过程中的支管形状演化相似，即先形成凸台，随后在垂直凸模反挤作用下形成型腔，而且损伤因子分布和危险区域也是相似的。这进一步说明所建立的三维有限元模型是可靠的。

图 8.43 为图 8.41 所示的三通阀和图 8.42(a)所示的四通阀多向锻造过程中的凸模载荷-行程曲线。在这种加载路径下，载荷变化主要分五个阶段，比较可以看出载荷变化趋势是相似的，只是工件形状、凸模加载时间的迥异导致不同成形阶段的区间和量值有所不同。

第一阶段，仅有 x 轴凸模加载。x 轴凸模载荷变化平缓，升幅较小。第二阶段，从 y 轴凸模开始加载至 x 轴凸模座过度圆角区域开始接触工件。y 轴凸模载荷的变化趋势与第一阶段 x 轴凸模载荷变化类似，x 轴凸模载荷变化平缓。第三阶段，从第二阶段结束到 x 轴凸模座与工件接触。x 轴凸模载荷急剧上升，y 轴凸模载荷上升趋势稍微滞后，而且上升幅值较少。第四阶段，第三阶段结束到 y 轴凸模载荷凸模座过度圆角区域开始接触工件。x 轴、y 轴凸模载荷保持在一个稳定值，特别是 y 轴凸模载荷呈明显的台阶，而 x 轴凸模载荷稍为上升。第五阶段，第四阶段结束至成形结束。x 轴、y 轴凸模载荷都急剧上升。

　　五个阶段的分布变化受到构件形状、材料属性、加载条件等影响。四通阀多向加载成形过程中第四阶段的特征不是很明显。凸模载荷在第三、第五阶段急剧上升，但这两个成形阶段占整个成形过程的 5%左右，大部分成形时间内的载荷变化是平稳的。总的来说，相似加载路径下三通阀、四通阀多向锻造成形过程中存在类似的规律，但最佳加载路径必须根据所成形的构件结构确定。

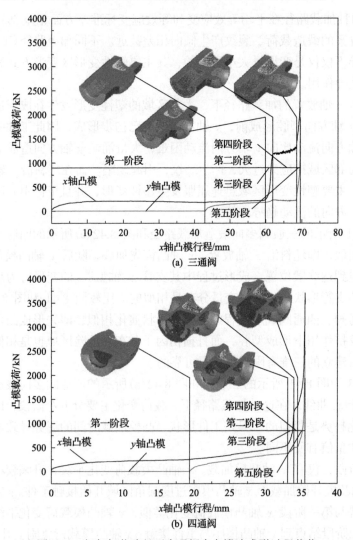

图 8.43　相似加载路径下多通阀多向锻造成形过程载荷

对于碳钢材料，工艺参数较为宽松，在给定的加载路径下，模具初始温度和凸模加载速度是主要的工艺参数。在图 8.42(a)所示 1045 钢四通阀成形工艺基础上，设计了几组不同模具初始温度和凸模加载速度组合的工艺方案，如表 8.8 所示。当改变模具初始温度和凸模加载速度时，成形过程中工件温度场分布、载荷变化相似。为考察模具初始温度和凸模加载速度对工件温度场、载荷的影响，选择工件上平均温度和最大节点温度以及模具最大载荷为指标，如图 8.44 所示。

表 8.8   1045 钢四通阀多向锻造工艺参数组合

成形方案号	模具初始温度 T_d/℃	凸模加载速度 v/(mm/s)
1	20	12
2	20	8
3	20	4
4	300	12
5	300	8
6	300	4

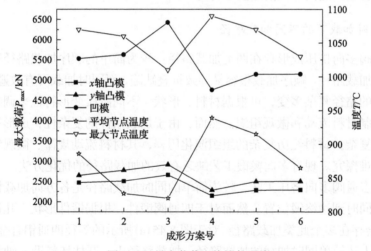

图 8.44   最大载荷和终锻件温度

当模具预热时，可有效降低由于模具表面激冷作用产生的温度梯度，终锻件温度场中平均温度明显提高，如图 8.44 所示。但当凸模速度较低(v=4mm/s)或较高(v=12mm/s)时，这种效果有所降低。六组有限元分析中，最大节点温度上升的温度仅为 40℃，不足以引起坯料的过烧。温度降低较快的区域多分布在低应变或不变形的区域，对阀体锻件塑性成形性影响甚微。

通过平均温度和最大节点温度的极差分析可知，模具初始温度和凸模加载速度对终锻件平均温度的影响程度相当，而凸模加载速度是终锻件最高温度的主要影响因素。通过方差分析可知，当显著性水平 $\alpha = 0.01$ 时，只有凸模加载速度对终锻件最高温度影响显著。这是因为终锻件温度较高区域主要发生在塑性变形剧烈的区域，而凸模加载速度显著影响着该区域的塑性变形。

从图 8.44 可以看出，随着凸模加载速度的增加和模具初始温度的提升，各个模具的锻造载荷逐渐降低。模具初始温度、凸模加载速度对凸模载荷的影响不大，对凹模合模力的影响较大。在模具初始温度较低（20℃）时，$v < 8\text{mm/s}$ 的范围内，凸模加载速度的变化对模具锻造载荷影响较明显，特别是对凹模合模力的影响十分显著；在模具温度较高（300℃）时，$v > 8\text{mm/s}$ 的范围内，凸模加载速度的变化对模具锻造载荷影响较明显。因此，在不预热模具的成形工艺中必须保证较高的凸模加载速度（$v > 8\text{mm/s}$），在加热模具的成形工艺中可适当降低凸模加载速度。

模具初始温度、凸模加载速度的变化对损伤因子几乎没有影响，这是因为成形过程中主要塑性变形区的温度总是适宜变形的。因此，采用适当的加载路径，可忽略模具初始温度、凸模加载速度对锻件内部微裂纹的影响。

8.3.3 铝合金四通阀多向挤压变形行为

1. 同时加载下的不同加载路径

多通阀多向挤压成形存在两类加载路径：较为简单的顺序加载路径和较为复杂的同时加载路径。顺序加载很容易导致折叠缺陷，而同时加载可有效避免折叠。同时加载的路径复杂多变，可根据材料、形状、不同阶段变形特征来调整加载条件，以控制材料流动和微观组织。然而，由于加载条件的复杂性，成形过程中的流动异常复杂，材料经历复杂的组织演化历程，其材料流动规律、微观组织演化规律也较难探究。现有多向模锻工艺缺乏有效的加载路径的优化方法。

对于多通阀多向挤压工艺，较为简单的同时加载路径是各方向加载模具在相同速度下同时到达终锻位置。然而对于四通阀锻件，根据锻件形状、几何尺寸等不同，也会存在多个此类加载路径。对于图 8.45(a) 所示的等径四通铝合金阀锻件，存在两个上述简单同时加载的加载路径：加载路径 Ⅰ，圆柱坯料沿 x 轴放置，如图 8.45(b) 所示；加载路径 Ⅱ，圆柱坯料沿 y 轴放置，如图 8.45(c) 所示。

根据凸模轴线和坯料轴线的位置，可将凸模分为两类：轴线方向与坯料轴线方向平行的凸模，记为 MD1；轴线方向与坯料轴线方向垂直的凸模，记为 MD2。图 8.45(b)、(c) 所示两种工艺方案凸模运动次序不同：①加载路径 Ⅰ，圆柱坯料沿 x 轴放置，x 轴凸模为 MD1，y 轴凸模为 MD2，MD1 先运动，MD2 再运动；②加载路径 Ⅱ，圆柱坯料沿 y 轴放置（图 8.35(b)），x 轴凸模为 MD2，y 轴凸模为 MD1，MD2 先运动，稍后 MD1 运动。

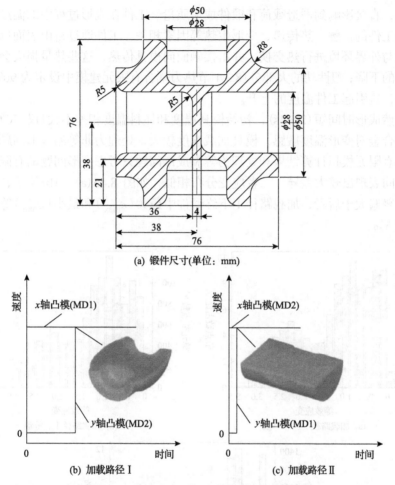

(a) 锻件尺寸(单位：mm)

(b) 加载路径 I

(c) 加载路径 II

图 8.45 铝合金四通阀锻件及同时加载路径

根据凸模与坯料的接触状态，两种成形方案下的成形过程都可分为三个成形阶段：①第一成形阶段，从先运动的凸模开始加载到后运动的凸模开始加载；②第二成形阶段，后运动的凸模开始加载到 MD1 模座与坯料接触为止；③第三成形阶段，MD1 模座与坯料接触到成形结束。不同成形方案中三个成形阶段的长短不一，在不同成形阶段，其变形模式、材料流动方向、速度大小不尽相同。

徐吉生[47]应用数值模拟方法研究了等径三通多向模锻工艺，指出成形过程中存在反挤、侧挤及其组合的复合挤压。在四通阀多向挤压成形过程中，除以上的变形方式外，还可能存在正挤及正挤和侧挤的复合挤压。

2. 铝合金非等温多向挤压过程特征

在锻造成形过程中，工件温度场的变化反映到金属流动应力和塑性成形能力的变化，直接影响到锻造载荷和锻件成形质量。工件在成形过程中的温度场变化与模具工件的接触、热传递、变形生热等因素相关。工件通过自由表面以对流辐射方式与外界环境进行热交换，并由接触面向模具传热，这些热量损失会造成工件温度的下降；塑性功的大部分(8.3.1 节热力耦合有限元建模中设定为 90%)转变成热量，这引起工件温度的上升。

虽然成形时间短(2~4s)，初始模具温度和坯料温度相差不大(仅 50℃)。但由于铝合金对变形温度敏感，模具加载速度较大，处理为非等温成形问题的热力耦合的有限元模拟计算结果和处理为等温成形问题只考虑变形问题的有限元模拟结果之间表现出较大差异。二者应变分布相似，如图 8.46(a)、(b)所示，但前者的应变普遍大于后者，加载路径 I 下终锻件中最大(ε_{max})和最小(ε_{min})等效应变相差近 5%。

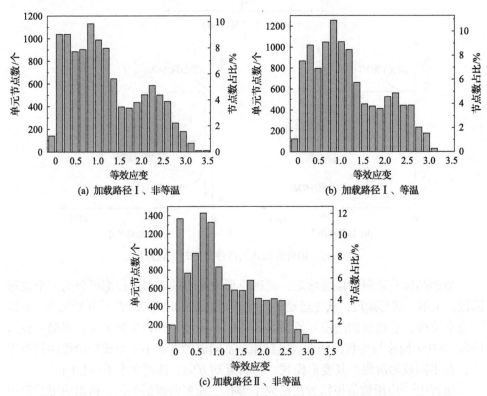

图 8.46 铝合金四通阀终锻件应变分布

图 8.47 比较了是否考虑成形中热事件以及采用不同加载路径，有限元模拟计算铝合金多向锻造过程中的载荷。热力耦合和仅考虑变形行为的两种有限元分析结果在成形最后阶段表现出了显著差异。在加载路径 I 下，仅考虑变形行为的有限模拟中最大成形载荷比热力耦合分析分别增大了 27%(对于 x 轴)、36%(对于 y

轴)、42%(对于 z 轴)。这说明塑性功转变的热量对成形后期的变形和变形区的流动应力影响比较重要，应当采用热力耦合有限元分析方法研究铝合金四通阀多向加载成形过程。

由于锻件 x、y 轴方向型腔深度的差异，两种加载路径下的凸模位移不同。设 x、y 轴方向的凸模位移分别为 s_x、s_y，则对方案 Ⅰ，有 $s_x/s_y \approx 2.2$，对方案 Ⅱ，有 $s_x/s_y \approx 1.1$。从图 8.46(a) 和 (c) 可以看出，两种加载路径的最终变形量相差不大，最大值、最小值和平均值都十分接近。

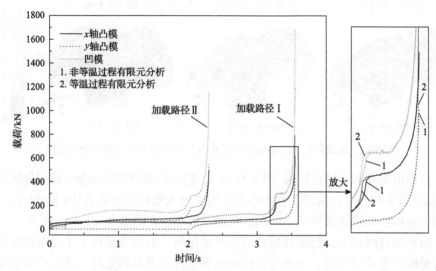

图 8.47　铝合金四通阀多向锻造过程中的载荷

加载路径 Ⅱ 中，由于 x、y 轴凸模位移相差不多，工件中心区域(图 8.35(b))的金属向各个水平方向的流动趋势均等。而加载路径 Ⅰ 中，在 y 轴凸模加载阶段，由于 x 轴方向型腔已初步形成，工件中心区域的金属向 x 轴方向流动比向 y 轴方向流动困难。

不同加载路径下的成形载荷比较如图 8.47 所示。加载路径 Ⅰ 下的 x 轴凸模和凹模的最大载荷大于加载路径 Ⅱ 下的；加载路径 Ⅰ 下的 y 轴凸模的最大载荷小于加载路径 Ⅱ 下的。加载路径 Ⅰ 下，x、y 轴方向的凸模所承受的最大锻造载荷相差近 40%，而在加载路径 Ⅱ 下相差不足 8%，这十分有益于改善模具的使用寿命。另外，加载路径 Ⅱ 下，凸模位移较小，模具与工件接触时间较短，耗能低于方案 Ⅰ。

两种加载路径下的应变场分布与变化相似，只是由于初始坯料放置位置不同，终锻件应变分布在 xy 平面内相差 90°。以方案 Ⅱ 为例分析变形过程中的应变场分布与变化，如图 8.48 所示。

初始阶段变形主要发生在凸模前端的过渡圆角处(图 8.48(a))，接着向四周扩散，沿凸模进给方向扩展较快(图 8.48(b))。最终变形几乎贯穿于坯料轴向垂直方向(对于加载路径 I 是 y 向、加载路径 II 为 x 向)，而在坯料轴向两端位置材料几乎不变形，沿型腔做刚性移动，如图 8.48 所示。

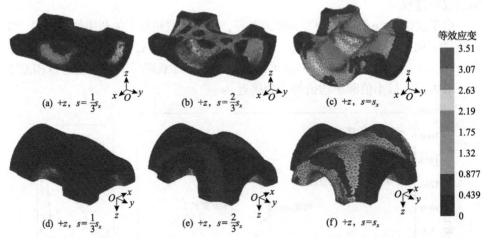

图 8.48　加载路径 II 下多向锻造过程典型阶段的等效应变场分布云图

　　凸模前端存在一刚性区域(图 8.48(a))，随着凸模位移的增加，该刚性区域不断减小(图 8.48(b))，最终工件中心部位完全进入塑性变形状态(图 8.48(c))。与凹模接触的表面进入塑性状态较晚，变形量较小，如图 8.48(d)～(f)所示。

　　两种加载路径下，终锻件塑性变形区域相当，但加载路径 I 主要塑性变形发生普遍晚于加载路径 II，大部分塑性变形发生在成形最后阶段，并且凸模前端的刚性区几乎存在于整个变形过程中。

　　两种加载路径下的温度场变化如图 8.49 所示。两种加载路径的终锻件温度场分布相似，最大值、最小值几乎一致，平均值及方差都相似，温度场分布在 xy 平面内相差 90°，如图 8.49(c)、(f)所示。

　　变形初期由于工件与模具之间的 50℃温度差，工件与模具接触区域及周边区域温度下降，如图 8.49(a)、(d)所示；随着变形加剧，主要塑性变形发生在工件中心位置(图 8.48)。由于热量损失较少，而塑性功转变的热量较多，该区域温度不断上升，最终比初始温度升温约 20℃。由于热交换损失的热量得不到变形热的补偿，低应变区也是工件温度较低的区域，特别是材料做刚性移动的区域温度持续降低，成形过程中下降约 20℃。工件温度一直为 430～470℃，始终保持在适宜的成形温度范围之内。

　　加载路径 II 中，工件与凸模前端接触的区域温度先降后升，并很快高于初始坯料温度(图 8.49(e))。而在加载路径 I 中，该区域温度在成形最后阶段才高于初始坯料温度(图 8.49(c))。这主要是不同方案之间塑性变形扩散速度差异造成的。

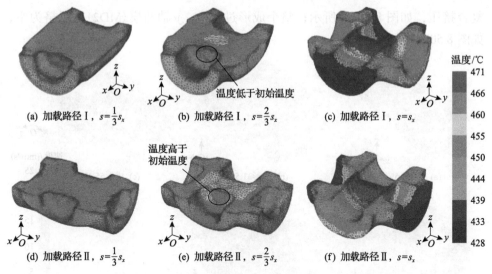

(a) 加载路径 I, $s=\frac{1}{3}s_x$　　(b) 加载路径 I, $s=\frac{2}{3}s_x$　　(c) 加载路径 I, $s=s_x$

温度低于初始温度

温度高于初始温度

(d) 加载路径 II, $s=\frac{1}{3}s_x$　　(e) 加载路径 II, $s=\frac{2}{3}s_x$　　(f) 加载路径 II, $s=s_x$

图 8.49　多向锻造过程典型阶段的温度场分布云图

只考虑变形问题和热力耦合的有限元模拟所获得的应变分布和载荷变化规律相似,只是量值上表现出了较大差异,特别是成形后期的锻造载荷差别显著。塑性功转变的热量对成形后期的变形和流动应力的影响不容忽视。变形首先发生在冲头前端,并向中心部位和与坯料轴向垂直方向迅速扩展。凸模前端的工件区域存在一刚性区,随着凸模位移的增加,该刚性区不断减小,但其减小速度依赖于加载条件。

3. 不同加载路径下的材料流动特征

两种加载路径都能够避免折叠缺陷,终锻件的变形量相当,但加载路径 II 的模具受力比加载路径 I 中均匀,应变场、温度场的分布更有利于四通阀成形。显然,相对于变形量,变形历程对四通阀成形影响更显著。不同加载路径下的成形进程中的变形行为不同,导致材料流动的迥异,最终表现为场变量的演化、载荷、充填行为的差异。

根据冲头作用下材料的流动特征,在两种加载路径下,变形过程中存在正挤(forward extrusion, FE)、反挤(backward extrusion, BE)、正挤和侧挤复合(forward-lateral extrusion, FLE)、反挤和侧挤复合(backward-lateral extrusion, BLE)四种变形行为。

加载路径 I 下的成形过程:第一成形阶段,x 轴凸模(MD1)正挤、正挤和侧挤复合挤压,如图 8.50(a)、(b)所示;第二成形阶段,x 轴凸模(MD1)以反挤为主,如图 8.50(c)、(d)所示;第三成形阶段,x 轴凸模(MD1)正挤和侧挤复合挤压，如图 8.50(e)所示；整个成形过程中，y 轴凸模(MD2)以反挤为主，如图 8.50(c)～(e)所示。

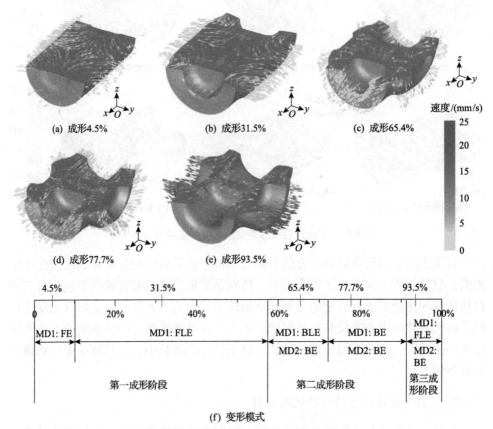

(a) 成形4.5%　　　　　　　　(b) 成形31.5%　　　　　　　(c) 成形65.4%

(d) 成形77.7%　　　　　　　(e) 成形93.5%

(f) 变形模式

图 8.50　加载路径 Ⅰ 成形过程的典型速度场及变形模式

加载路径 Ⅰ 下第一成形阶段，成形时间较长，超过成形过程的一半，典型速度场如图 8.50(a)、(b)所示。在变形初始阶段，变形仅发生在凸模冲头前端的过渡圆角处。冲头前端材料几乎做刚性移动，冲头周侧材料几乎不发生位移。坯料端面位置保持在成形前位置，即坯料 x 轴向长度保持 75mm 不变。此时 x 轴型腔正挤成形，冲头周侧材料类似正挤成形中挤压筒的地位，其速度场分布如图 8.50(a)所示。但这一初始正挤阶段的过程很短，约占整个成形过程的 1/10，不到第一成形阶段的 1/5。

随着成形的继续，凹模表面 x、y 轴圆柱型腔相贯线(图 8.35(b))开始对坯料外表面起到约束限制作用，金属开始充填 y 轴型腔形成正挤和侧挤复合挤压变形模式。此时不仅冲头前端区域的材料，冲头周侧材料也沿凸模进给方向运动，凹模 x 轴型腔侧壁类似挤压筒的地位。x 轴端面不再保持垂直平面，产生凹陷现象

（图 8.51（a）、（b））。此后成形稳定地以正挤和侧挤复合挤压形式进行。由于正挤变形内外侧金属流速的差异（内侧大于外侧），坯料端面的凹陷现象越来越明显。至第一阶段结束时，端面凹陷达到最大，坯料 x 轴长度小于初始长度，外侧减少约 0.5mm，内侧减少约 6mm；而 y 轴长度增加大于 14mm，如图 8.51（a）所示。同时从图 8.51（a）可以看出，坯料 y 轴端面呈明显的弧形，中部高、两边低，在第二阶段成形中，其两侧材料仍得不到有效补偿，两侧充填明显不足，如图 8.51（b）所示，这可能会导致充不满缺陷出现。

加载路径 I 下第二成形阶段，该阶段约占整个成形过程的 1/3，典型速度场如图 8.50（c）、（d）所示。在第二成形阶段中 y 轴型腔在 MD1 侧挤和 MD2 反挤变形下充填，但充填缓慢，该阶段结束时工件 y 轴长度仅增加了 4mm，如图 8.51（b）所示。在此成形阶段中，x 轴端面的凹陷现象得到改善，但仍然存在，在该阶段结束时内外侧相差接近 4mm，如图 8.51（b）所示。

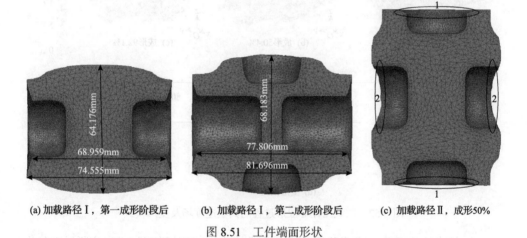

(a) 加载路径 I，第一成形阶段后　　(b) 加载路径 I，第二成形阶段后　　(c) 加载路径 II，成形50%

图 8.51　工件端面形状

由于 y 轴凸模开始加载，y 轴型腔流动阻力增大。x 轴冲头周侧材料沿其进给相反方向流动，充填 x 轴向型腔，但反向流动速度较小。冲头前端的材料仍以流向 y 方向为主，x 轴凸模的变形模式是反挤和侧挤复合挤压，如图 8.50（c）所示。随着 y 轴凸模进给量的增加，y 向材料流动阻力进一步增加。此时 x 轴冲头周侧材料流动速度增大，冲头前端交汇区域材料向 x 方向型腔流动，x 轴凸模的变形模式是反挤，如图 8.50（d）所示。当 x 轴冲头和凸模座之间的过渡圆角区域与工件接触时，x 轴方向的材料流动速度开始减小。

加载路径 I 下第三成形阶段，第二成形阶段结束后，工件 x 向长度大于终锻件要求，因此在第三成形阶段 x 轴型腔内的材料被强迫沿进给方向流动，材料流动方向再次反向。在这一阶段，x 轴凸模（MD1）正挤和侧挤复合挤压，y 轴凸模

（MD2）反挤变形，其典型速度场如图 8.50（e）所示。临近成形结束，凸模冲头前端中心交汇区材料受到四个冲头的限制，材料沿冲头之间狭小空隙快速流向 y 轴型腔。此阶段，x、y 向材料都以较快速度流动，特别是 y 向材料流动速度陡升。成形结束时，端面凹陷现象完全消除。

　　加载路径 Ⅱ 下成形过程：第一成形阶段，x 轴凸模（MD2）反挤和侧挤复合挤压，但效果都不甚明显，如图 8.52（a）所示；第二成形阶段，y 轴凸模（MD1）、x 轴凸模（MD2）以反挤为主，如图 8.52（b）所示；第三成形阶段，y 轴凸模（MD1）正挤和侧挤复合挤压，x 轴凸模（MD2）反挤，如图 8.52（c）所示。

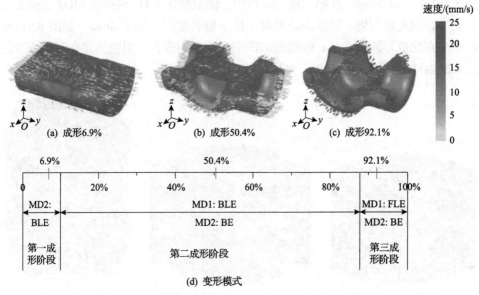

图 8.52　加载路径 Ⅱ 成形过程的典型速度场及变形模式

　　加载路径 Ⅱ 下第一成形阶段，第一阶段的典型速度场如图 8.52（a）所示，在此阶段成形时间短，不足全程的 1/10。坯料 y 轴端面无约束，x 轴凸模（MD2）作用下的反挤、侧挤效果都不甚明显，坯料在 x、y 轴方向的长度变化量甚微，侧挤变形可忽略。

　　加载路径 Ⅱ 下第二成形阶段，该阶段约占整个成形过程的 4/5，x、y 轴凸模主要以反挤形式充填型腔，y 轴凸模（MD1）侧挤变形可忽略，其典型速度场如图 8.52（b）所示。x 向的充填速度远大于 y 向，且 x 向经历剧烈的塑性变形。与方案 Ⅰ 相同，坯料轴线方向（对于方案 Ⅰ，x 轴向；对于方案 Ⅱ，y 轴向）的型腔端面出现凹陷现象（图 8.51（c）所示区域 1），但内外侧长度差较小，并在第二阶段结束时该缺陷已完全消失。与坯料轴线垂直方向（对于方案 Ⅰ，y 轴向；对于方案 Ⅱ，x 轴向）的型腔端面的端面缺陷和方案 Ⅰ 相反，中部区域充填不足（图 8.51（c）所示区域 2)。

　　加载路径 Ⅱ 下第三成形阶段,第二成形阶段结束后,工件 x、y 轴方向长度和终锻件所要求的长度相差 ±5mm,并且 x、y 轴差值几乎相等,这比方案 Ⅰ 第二阶段结束后的锻件形状理想。工件 y 向长度大于终锻件要求,因此在第三阶段 y 轴型腔近似正挤变形特征,其典型速度场如图 8.52(c)所示。

　　有限元研究表明,两种成形方案都能够成形出正确形状的锻件,但由于两种成形方案下的变形特征迥异,锻造载荷、型腔充填、材料流动等方面相差甚大。成形过程中在 MD1 加载方向型腔容易出现端面凹陷缺陷,在 MD2 加载方向容易出现端面充填不足缺陷。在方案 Ⅰ 中,端面凹陷缺陷在成形结束时才能消除;而在方案 Ⅱ 中,端面凹陷缺陷在第二阶段自动修复完全消失。两种工艺方案中充填不足缺陷都是到终锻阶段才在模具型腔的限制下得到改善。从图 8.53 可以看出,终锻件中方案 Ⅱ 中的充填不足程度小于方案 Ⅰ。

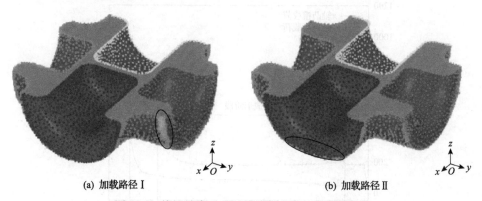

(a) 加载路径 Ⅰ　　　　　　　　(b) 加载路径 Ⅱ

图 8.53　终锻结束时四通阀锻件表面节点触模情况

　　从图 8.54 可以看出,加载路径 Ⅰ、Ⅱ 的载荷在第一、第二成形阶段相差不大,在第三成形阶段表现出较大的差异,但趋势是相似的,MD1 最大载荷大于 MD2 最大载荷。这是因为在第一、第二成形阶段,x、y 轴的型腔充填主要在反挤变形下进行,工件 x、y 轴端面没有约束;而在第三成形阶段,MD1 加载方向型腔充填在正挤变形下进行,约束限制大大增强;前两阶段变形模式不同,导致第三成形阶段约束条件不同。

　　加载路径 Ⅰ 下,第二成形阶段结束后,工件 x 轴长度和终锻件要求长度的差值要小于 y 轴方向的。工件中心区域金属在 x 轴方向受到的约束远大于 y 轴,致使 x 轴凸模载荷远大于 y 轴凸模载荷,二者相差近 40%。而加载路径 Ⅱ 下,第二成形阶段结束后,工件 x、y 轴长度和终锻件要求长度的差值几乎相等。工件中心区域金属在 x、y 轴方向的约束大致相当,这使得 x、y 轴凸模载荷相差不大,不足 8%。

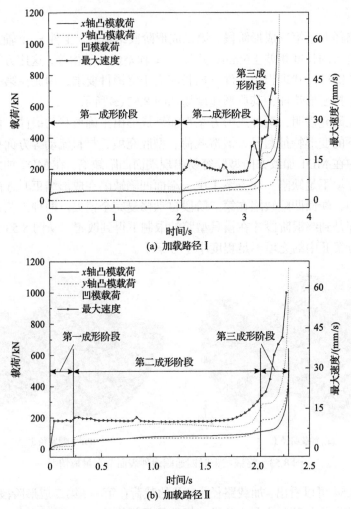

图 8.54　不同加载路径下锻造载荷与最大节点速度

　　加载路径 I 下的第一成形阶段超过整个成形过程的一半，在此阶段型腔成形效果不明显。MD2 加载方向(y 轴)的型腔超过一半的型腔充填行为发生在第三成形阶段，而第三成形阶段的成形过程不到整个成形过程的 1/11。加载路径 II 下的第一、第三成形阶段都占全程的 1/10 左右，第二成形阶段占大部分的成形历程，而且 x、y 轴型腔充填行为都基本发生在第二成形阶段。相对于加载路径 I，加载路径 II 的型腔充填行为就稳定得多，材料流动速度和凸模载荷变化也较为平缓。

　　加载路径 II 下成形过程中，工件速度场的最大节点速度变化较为平稳，在大部分成形时间内保持不变，在临近成形结束时开始缓慢上升，如图 8.54(b)所示。但加载路径 I 下成形过程中，最大节点速度在第二成形阶段就不断波动，第三成形阶段急速上升，如图 8.54(a)所示。

工件端面的材料流动也是十分复杂的，为了研究工件端面材料的流动行为，在工件端面各取三个点，它们在坯料和终锻件上的位置如图 8.55 所示。点 P_1、P_2 所处的位置关于 MD1 轴线对称，点 P_4、P_5 所处的位置关于 MD2 轴线对称。将从模拟中获得的 $P_1 \sim P_6$ 点处的速度分别按式(8.16)和式(8.17)计算，以衡量端面材料的流动状态。

$$v_{\mathrm{HF}_x} = \begin{cases} \dfrac{v_{P_1} + v_{P_2} + 2v_{P_3}}{4}, & \text{加载路径 I} \\ \dfrac{v_{P_4} + v_{P_5} + 2v_{P_6}}{4}, & \text{加载路径 II} \end{cases} \tag{8.16}$$

$$v_{\mathrm{HF}_y} = \begin{cases} \dfrac{v_{P_4} + v_{P_5} + 2v_{P_6}}{4}, & \text{加载路径 I} \\ \dfrac{v_{P_1} + v_{P_2} + 2v_{P_3}}{4}, & \text{加载路径 II} \end{cases} \tag{8.17}$$

式中，v_{HF_x}、v_{HF_y} 分别代表 x、y 轴端面材料的流动速度。当 $v_{\mathrm{HF}_i} > 0$ ($i=x$、y)时，材料流动方向和 i 轴凸模的加载方向一致；当 $v_{\mathrm{HF}_i} < 0$ ($i=x$、y)时，材料流动方向和 i 轴凸模的加载方向相反。

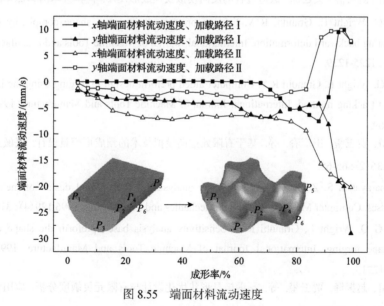

图 8.55　端面材料流动速度

从图 8.55 可以看出，与坯料轴线垂直方向(对于加载路径 I，y 轴向；对于加载路径 II，x 轴向)的端面速度在成形过程中始终是负值；而坯料轴线方向(对于加载路径 I，x 轴向；对于加载路径 II，y 轴向）的端面速度存在正负转变。加载路径 I 下工件 x 轴向端面速度出现两次正负变化，工件 y 轴向端面速度在第三成形阶段急剧变化。相对于加载路径 I，加载路径 II 的工件端面速度变化较为平稳，材料反复流动的次数和程度也小于加载路径 I。

　　不同成形方案的种种差异的根本原因在于不同方向凸模作用于坯料所产生的变形行为不同，致使材料流动过程中其速度不断增加、降低，甚至反向流动，从而对型腔充填、场变量、锻造载荷等产生不同影响。在不同成形阶段表现出的变形模式依赖于加载路径。一般在变形初期会发生正挤或反挤的变形行为；在变形中期以反挤变形模式为主；在终锻阶段一般会发生反挤、正挤和侧挤复合变形模式。为了提高型腔充填稳定性、减少成形缺陷，在变形初期和中期，应增加侧挤变形行为，减少或避免终锻阶段的正挤变形行为。

参 考 文 献

[1] 张大伟. 复杂构件锻造预成形坯料设计综述. 精密成形工程, 2017, 9(6): 143-156.

[2] Park J J, Rebelo N, Kobayashi S. A new approach to preform design in metal forming with the finite element method. International Journal of Machine Tool Design and Research, 1983, 23(1): 71-79.

[3] 赵国群, 阮雪榆, 关廷栋. 锻造过程的反向模拟及预成形设计. 模具技术, 1992, (5): 1-6.

[4] Zhao G, Wright E, Grandhi R V. Forging preform design with shape complexity control in simulating backward deformation. International Journal of Machine Tools and Manufacture, 1995, 35(9): 1225-1239.

[5] Zhao G, Wright E, Grandhi R V. Computer aided preform design in forging using the inverse die contact tracking method. International Journal of Machine Tools and Manufacture, 1996, 36(7): 755-769.

[6] 赵国群, 贾玉玺, 王广春, 等. 基于有限元逆向模拟技术的预成形模具设计. 机械工程学报, 2000, 36(2): 65-68.

[7] Badrinarayanan S, Zabaras N. A sensitivity analysis for the optimal design of metal-forming processes. Computer Methods in Applied Mechanics and Engineering, 1996,129(4): 319-348.

[8] Zhao G Q, Wright E, Grandhi R V. Sensitivity analysis based preform die shape design for net-shape forging. International Journal of Machine Tools and Manufacture, 1997, 37(9): 1251-1271.

[9] 赵国群, 赵振铎, 贾玉玺, 等. 预锻模具形状优化设计与有限元灵敏度分析. 应用力学学报, 1999, 16(4): 68-72, 168.

[10] Kusiak J. A technique of tool-shape optimization in large scale problems of metal forming. Journal of Materials Processing Technology, 1996, 57(1-2): 79-84.

[11] 汤禹成, 周雄辉, 陈军. 基于神经网络响应曲面的预锻模具形状优化与再设计方法. 上海交通大学学报, 2007, 41(4): 624-628.

[12] Tang Y C, Zhou X H, Chen J. Preform tool shape optimization and redesign based on neural network response surface methodology. Finite Elements in Analysis and Design, 2008, 44(8): 462-471.

[13] Roy S, Ghosh S, Shivpuri R. A new approach to optimal design of multi-stage metal forming processes with micro genetic algorithms. International Journal of Machine Tools and Manufacture, 1997, 37(1): 29-44.

[14] Kim D J, Kim B M, Choi J C. Determination of the initial billet geometry for a forged product using neural networks. Journal of Materials Processing Technology, 1997, 72(1): 86-93.

[15] Lu B, Ou H G, Cui Z S. Shape optimisation of preform design for precision close-die forging. Structural and Multidisciplinary Optimization, 2011, 44(6): 785-796.

[16] Yang H, Li H W, Fan X G, et al. Technologies for advanced forming of large-scale complex-structure titanium components//Proceedings of the 10th International Conference on Technology of Plasticity, Aachen, 2011: 115-120.

[17] 张大伟, 杨合. 大型钛合金整体隔框锻件局部加载等温成形技术. 锻造与冲压, 2012, (21): 32-38.

[18] 张大伟. 钛合金筋板类构件局部加载成形有限元仿真分析中的摩擦及其影响. 航空制造技术, 2017, 60(4): 34-41.

[19] 阿尔坦 T, 等. 现代锻造——设备、材料和工艺. 陆索译. 北京: 国防工业出版社, 1982.

[20] Park J J, Hwang H S. Preform design for precision forging of an asymmetric rib-web type component. Journal of Materials Processing Technology, 2007, 187-188: 595-599.

[21] Zhang D W, Yang H. Preform design for large-scale bulkhead of TA15 titanium alloy based on local loading features. The International Journal of Advanced Manufacturing Technology, 2013, 67(9-12): 2551-2562.

[22] Hao N H, Xue K M, Lü Y. Numerical simulation on forming process of ear portion of upper case. Transactions of Nonferrous Metals Society of China, 1998, 8(4): 602-605.

[23] 吕炎, 单德彬, 薛克敏, 等. 大型、复杂形状锻件等温精锻工艺的研究与应用. 机械工人, 2000, (2): 15-16.

[24] Shan D B, Hao N H, Lü Y. Research on isothermal precision forging processes of a magnesium-alloy upper housing// Ghosh S, Castro J C, Lee J K. AIP Conference Proceedings (Volume number: 712). New York: American Institute of Physics, 2004: 636-641.

[25] 张会, 姚泽坤, 戴亮, 等. 金属结构件等温成形过程金属流动规律与充填性的物理模拟. 航空制造技术, 2007, 50(1): 73-76, 91.

[26] Zhang D W, Yang H, Sun Z C. Analysis of local loading forming for titanium-alloy T-shaped components using slab method. Journal of Materials Processing Technology, 2010, 210(2): 258-266.

[27] Zhang D W, Yang H. Metal flow characteristics of local loading forming process for rib-web component with unequal-thickness billet. The International Journal of Advanced Manufacturing Technology, 2013, 68(9-12): 1949-1965.

[28] Zhang D W, Yang H. Loading state in local loading forming process of large sized complicated rib-web component. Aircraft Engineering and Aerospace Technology, 2015, 87(3): 206-217.

[29] Zhang D W, Yang H. Development of transition condition for region with variable-thickness in isothermal local loading process. Transactions of Nonferrous Metals Society of China, 2014, 24(4):1101-1108.

[30] Zhang D W, Yang H. Distribution of metal flowing into unloaded area in the local loading process of titanium alloy rib-web component. Rare Metal Materials and Engineering, 2014, 43(2): 296-300.

[31] Zhang D W, Yang H. Fast analysis on metal flow in isothermal local loading process for multi-rib component using slab method. The International Journal of Advanced Manufacturing Technology, 2015, 79(9-12): 1805-1820.

[32] Zhang D W, Yang H, Sun Z C, et al. Influences of fillet radius and draft angle on local loading process of titanium alloy T-shaped components. Transactions of Nonferrous Metals Society of China, 2011, 21(12): 2693-2704.

[33] Zhang D W, Yang H, Sun Z C, et al. Deformation behavior of variable-thickness region of billet in rib-web component isothermal local loading process. The International Journal of Advanced Manufacturing Technology, 2012, 63(1-4): 1-12.

[34] 张大伟, 赵升吨, 朱骏, 等. 大型钛合金模锻件模锻成形过程建模仿真. 重型机械, 2014, (5):10-14.

[35] 张大伟, 景飞, 赵升吨, 等. 坯料放置位置对 TC18 钛合金支柱模锻过程的影响. 锻压技术, 2014, 39(12): 1-5.

[36] Akgerman N, Kasik D J. Computer-aided process design and simulation for forging of turbine blades// Proceedings of the 11th Design Automation Workshop. Piscataway: IEEE Press, 1974: 47-51.

[37] Soltani B, Mattiasson K, Samuelsson A. Implicit and dynamic explicit solutions of blade forging using the finite element method. Journal of Materials Processing Technology, 1994, 45: 69-74.

[38] Zhan M, Liu Y L, Yang H. Influence of the shape and position of the preform in the precision forging of a compressor blade. Journal of Materials Processing Technology, 2002, 120(1-3): 80-83.

[39] 刘郁丽, 杨合, 詹梅. 摩擦对叶片精锻预成形毛坯放置位置影响规律的研究. 机械工程学报, 2003, 39(1): 97-100.

[40] 黄湘龙, 易幼平, 李蓬川, 等. TC18 钛合金模锻件锻造成形工艺仿真. 锻压技术, 2012, 37(5): 7-11.

[41] Zhang D W, Li S P, Jing F, et al. Initial position optimization of preform for large-scale strut forging. The International Journal of Advanced Manufacturing Technology, 2018, 94(5-8): 2803-2810.

[42] Altan T, Oh S I, Gegel H L. Metal Forming: Fundamentals and Application. Metal Park OH: American Society for Metals, 1983.

[43] Zhang D W, Yang H, Sun Z C, et al. A new FE modeling method for isothermal local loading process of large-scale complex titanium alloy components based on DEFORM-3D//Barlat F, Moon Y H, Lee M G. AIP Conference Proceedings(Volume number: 1252). New York: American Institute of Physics, 2010: 439-446.

[44] Xia J C, Wang Y G. A study of a die set for the multiway die forging of pipe joints. International Journal of Machine Tools and Manufacture, 1991, 31(1):23-30.

[45] Gontarz A. Forming process of valve drop forging with three cavities. Journal of Materials Processing Technology, 2006, 177(1-3): 228-232.

[46] 邱积粮. 筒形零件多向模锻工艺. 金属成形工艺, 1991, 9(4):11-18.

[47] 徐吉生. 等径三通多向模锻金属流动研究. 锻压技术, 2002, 27(4):11-14.

[48] 张大伟, 杨合, 孙志超. 多向加载净成形研究动态. 精密成形工程, 2009, 1(1): 39-46.

[49] 柏立敬, 张治民. 方三通件多向加载过程金属流动研究. 热加工工艺, 2008, 37(5): 64-66, 72.

[50] Sun Z C, Yang H, Guo X F. Modelling of microstructure evolution in AISI 5140 steel triple valve forming under multi-way loading. Steel Research International, 2010, 81: 282-285.

[51] Zhang D W, Yang H, Sun Z C. 3D-FE modelling and simulation of multi-way loading process for multi-ported valves. Steel Research International, 2010, 81(3): 210-215.

[52] 张大伟, 孙志超, 杨合. 四通阀多向加载成形参数影响模拟分析. 锻压技术, 2010, 35(3): 148-152.

[53] Zhang D W, Yang H, Sun Z C. Finite element simulation of aluminum alloy cross valve forming by multi-way loading. Transactions of Nonferrous Metals Society of China, 2010, 20(6): 1059-1066.

[54] Zhang D W, Zhao S D, Yang H. Analysis of deformation characteristic in multi-way loading forming process of aluminum alloy cross valve based on finite element model. Transactions of Nonferrous Metals Society of China, 2014, 24(1): 199-207.

[55] 郭晓锋, 杨合, 孙志超, 等. 三通件多向加载成形热力耦合有限元分析. 塑性工程学报, 2009, 16(4): 85-90.

[56] 李志颖, 孙志超, 杨合, 等. AISI-5140 三通阀多向加载成形开裂预测. 塑性工程学报, 2010, 17(4): 16-22.

[57] 方刚, 雷丽萍, 曾攀. 金属塑性成形过程延性断裂的准则及其数值模拟. 机械工程学报, 2002, 38(S1): 21-25.

[58] Lemaitre J. A Course on Damage Mechanics. Berlin: Springer-Verlag, 1992.

[59] Semiatin S L, Goetz R L, Seetharaman V, et al. Cavitation and failure during hot forging of Ti-6Al-4V. Metallurgical and Materials Transactions A, 1999, 30(5): 1411-1424.

[60] 张大伟, 赵升吨, 朱成成, 等. 钛合金实心锭穿孔挤压穿孔过程有限元分析. 稀有金属材料与工程, 2016, 45(1): 86-91.

[61] 胡忠, 王本一, 刘庄, 等. 三通挤压工艺过程的二维弹塑性有限元模拟. 塑性工程学报, 1996, 3(2): 33-40.

编 后 记

  "博士后文库"是汇集自然科学领域博士后研究人员优秀学术成果的系列丛书。"博士后文库"致力于打造专属于博士后学术创新的旗舰品牌，营造博士后百花齐放的学术氛围，提升博士后优秀成果的学术影响力和社会影响力。

  "博士后文库"出版资助工作开展以来，得到了全国博士后管委会办公室、中国博士后科学基金会、中国科学院、科学出版社等有关单位领导的大力支持，众多热心博士后事业的专家学者给予积极的建议，工作人员做了大量艰苦细致的工作。在此，我们一并表示感谢！

"博士后文库"编委会